极化与干涉 SAR 植被参数反演

张王菲　姬永杰　著

中国林业出版社

图书在版编目（CIP）数据

极化与干涉SAR植被参数反演/张王菲，姬永杰著. —北京：中国林业出版社，2019.2
ISBN 978-7-5038-9927-0

Ⅰ.①极… Ⅱ.①张… ②姬… Ⅲ.①植被–干涉测量法 Ⅳ.①Q947

中国版本图书馆CIP数据核字（2018）第297114号

中国林业出版社教育分社

策划、责任编辑：范立鹏
电　　话：（010）83143626　　　　　　传　　真：（010）83143516

出版发行　中国林业出版社（100009　北京市西城区德内大街刘海胡同7号）
　　　　　　E-mail：jiaocaipublic@163.com　电话：（010）83143500
　　　　　　http：//lycb.forestry.gov.cn/lycb.html
经　　销　新华书店
印　　刷　北京中科印刷有限公司
版　　次　2019年11月第1版
印　　次　2019年11月第1次印刷
开　　本　787mm×960mm　1/16
印　　张　13.5
字　　数　320千字
定　　价　68.00元

前言

　　植被作为陆地生态系统的主体，占到了陆表面积的 1/2 以上，是陆地生态系统中最活跃的因素和人类生存环境的重要组成部分，也是提示自然环境特征最重要的手段。同时，植被作为全球碳源和碳汇的重要组成部分，是全球水循环中一个不容忽视的环节。植被参数估测是目前其作为碳源和碳汇估测的主要手段，因此，植被参数反演对地球生物环境和碳循环平稳性的研究具有重要意义。

　　合成孔径雷达（SAR）具有光学遥感所不具备的全天候、全天时成像能力，而且极化 SAR 对地物的几何结构和形状特征敏感，干涉 SAR 对地物的垂直结构敏感，极化和干涉 SAR 技术应用于植被参数反演，可以进一步提高植被参数定量反演的精度。因此，极化和干涉 SAR 技术应用于植被参数的定量反演是目前研究的热点方向之一。

　　本书从植被参数 SAR 技术定量反演角度出发，系统介绍了 SAR 遥感的基础知识；极化 SAR 和干涉 SAR 遥感定量反演中涉及到的基本概念和常用算法或模型；极化 SAR 和干涉 SAR 在农作物及森林参数反演中的具体应用。

　　本书由张王菲和姬永杰组织编写、统稿、修订并定稿。本书共包括 7 章，书中的主要章节由张王菲、姬永杰撰写；第 5 章由赵磊、张王菲撰写；硕士生张亚红、杨玥提供了第 6 章的部分撰稿内容。硕士生曾鹏、张永鑫、巨一琳、黄继茂、王彩琼、王熙媛、赵丽仙、张庭苇、李云、郭世鹏、康伟完成了全书文献资料的收集与整理、书稿文字校对和参考文献整理相关的工作。

　　本书的研究内容得到了中国林业科学研究院李增元研究员、陈尔学研究员的悉心指导与帮助，在此表示感谢！同时感谢中国林业科学研究院资源信息所白黎娜老师、高志海老师、庞勇老师、田昕老师、李世明老师、刘清旺老师、斯林老师、谭炳香老师、武红敢老师、王烽瑜老师等在本研究内容完成过程中给予的支持和帮助！感谢 SAR 组的李文梅、赵磊、冯琦、杨浩、李兰、王馨爽、范亚雄等在学习中给予的探讨和交流，在数据处理中给与的建议和帮助！

　　本研究得到了国家自然科学基金（项目编号：31860240）、国家重点研发项目（项目编号：2017YFB0502700）、973 计划（项目编号：2013CB733400）、云南省教育厅项目（项目编号：2019J0182）的资助，主要研究工作在西南林业大学和中国林业科学研究院资源信息所完成，特此谢忱！

由于时间仓促和作者水平有限，书中的不足和遗漏在所难免，恳请读者给予批评指正！

编　者

2019 年 2 月于昆明

目录

前　言

第1章

绪　论

1.1　遥感与微波遥感

遥感是 20 世纪 60 年代发展起来的综合性对地观测技术。通常有广义和狭义的理解。广义的遥感泛指一切无接触的远距离探测，包括对电磁力、力场、机械波等的探测；狭义的遥感是指应用探测仪器，不与探测目标接触，从远处把目标的电磁波特性记录下来，通过分析揭示物体的特征性质及其变化的综合性探测技术。

"遥感"一词最早是由美国海军研究局的艾弗林·普鲁伊特于 1960 年提出的。1961 年，在美国国家科学院（National Academy of Sciences）和国家研究理事会（National Research Council）的资助下，于密歇根大学（University of Michigan）的威罗·兰（Willow. Run）实验室召开了"环境遥感国际讨论会"，此后，在世界范围内，遥感作为一门新兴的独立学科，获得了飞速的发展。

遥感技术发展之最初，光学遥感技术占据主导地位。光学遥感首先采用摄影技术，即航空遥感阶段，继而发展到航天遥感阶段，即采用多光谱扫描技术，涉及的遥感波段涵盖可见光、近红外、远红外等。

微波遥感是指利用波长 1～1000mm 电磁波遥感的统称。通过接收地面物体发射的微波辐射能量，或接收遥感仪器本身发出的电磁波束的回波信号，进而对物体进行探测、识别和分析，这是微波遥感的主要目的。雷达是微波遥感中的传感系统，因此，也将微波遥感称为雷达遥感。微波遥感与光学遥感相比，具有以下 4 个优点：

①微波能够穿透云雾、雨雪，具有全天侯、全天时的特点。可见光遥感适用于白昼，红外遥感对温度敏感，可以在夜间进行遥感探测，但由于波长较短，无法穿透云层，因此，在云雾天气，红外和可见光遥感都受到限制。然而地表面有 40%～60% 的地区，特别是占地表 3/5 的海洋上空常年被云层覆盖，在这些区域的研究和监测无法采用可见光和红外遥感完成。微波波长比红外波长要长得多，并且它所接收的仅仅是地物对于雷达传感器本身发出电磁波的反射波，而不依赖于太阳光对于地物的照射，因此，微波遥感在资源调查、自然环境和灾害监测等各个领域得到了广泛的应用。

②微波能够穿透天然植被、人工伪装和一定深度地表层土壤。在微波遥感中，波长越长，其微波穿透力越强，如波长较长的 P 波段能够穿透森林的冠层和树干；但是对于波长较短的微波，其穿透力相对较弱，如 C 波段能够只能穿透茂密森林的冠层，对土壤也有一定的穿透能力，但是这些穿透能力是光学、红外遥感所不具备的，因此微波能够探测到可见光和红外无法探测到的地物特征。所以微波遥感能够用来测量陆地的许多特征，如土壤湿度、雪被深度和地质构造。

③微波能够提供不同于可见光和红外遥感所能提供的某些信息。例如，微波高度计和合成孔径雷达具有测量距离的能力，可用于测定大地水准面；再如，由于海洋表面对微波的散射作用，可利用微波探测海面风力场，有利于提取海面的动态信息。而可见光和红外线在这些方面是无法替代的。

④微波遥感利用干涉测量技术可以获得地表高程或地物的垂直结构信息。

微波波段有很好的大气穿透性(图 1.1)，因此微波是非常重要的遥感信息载体，特别是在它较低的一部分频段(1~30GHz)，对地球资源的探测和海洋监测有重要意义。

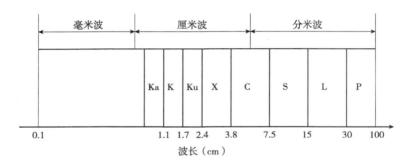

图 1.1 微波波段划分

图 1.1 中微波区域用字母 P、L、S、C、X、Ku、Ka 代表了不同微波的波长范围，对应各个微波波段区间。对于雷达系统来说，它的波长是一个确定的值，并非几个波段信号的混合。这是微波遥感和光学遥感的一个重要区别。

微波遥感分为主动微波遥感和被动微波遥感，主动微波遥感采用有源微波传感器，而被动微波遥感采用无源微波遥感传感器。有源微波传感器的特点是具有向探测目标发射电磁波的能力，通过对地物发射电磁波，接收地物的反射波(反射信号)，对接收到回波信号进行分析，对地物进行探测、分析、反演等。常见的有源微波遥感器主要类型有：真实孔径成像雷达、合成孔径成像雷达(SAR)、微波高度计和微波散射计。

无源微波遥感器的特点是，本身不对地物发射电磁波，只是被动地接收被观测地物辐射的微波能量，通过这种方法来分析被观测地物的特性，其所接收的回波信号强度与目标物体的辐射率、目标背景的温度、性质，特别是目标物体的表面性质密切相关。应用中常用的无源微波遥感器有：微波辐射计、扫描微波频谱仪、扫描微波辐射计和扫描多通道微波辐射计等。

1.2　SAR 技术的提出

雷达（RADAR）一词最初是由英国人 Taylor A. H. 和 Young L. C. 于 1922 年提出的。国际上最早问世的是机载成像雷达遥感系统。第二次世界大战期间，美国、德国和英国发展了实战用的机载雷达。该类雷达不仅作为独立的航空系统，同时作为星载雷达的模拟系统发挥着重要的作用。20 世纪 50 年代早期，科学家研制出的机载真实孔径侧视雷达（SLAR）主要用于军事侦察，而高分辨率 SLAR 图像对于地球科学观测目的的应用直到 20 世纪 60 年代中期才得以实现，之后迅速地在地质制图等方面得到重要应用。

在 1951 年 6 月，美国古德伊尔公司的威利提出使用多普勒频谱分析的办法来改善雷达的方位分辨率，与此同时，伊利诺伊大学控制系统试验室独立地采用非相参雷达进行试验，证实频率分析的方法确实能改善雷达的角分辨率。以后又用相参雷达做试验，用 X 波段雷达产生相参基准信号，发射波束宽为 4.13s 的波束经过孔径综合后波束宽度变为 0.4s。采用非聚焦孔径综合方法，于 1953 年 7 月得到第一张 SAR 图像。

1953 年夏，在美国密歇根大学举办的暑期讨论会上，许多学者提出了载机运动可以将雷达的真实天线合成为大孔径的线性天线阵列的新概念。1961 年，由密歇根大学和一些公司的研究成果被公布，新型的成像雷达——SAR 问世。它克服了真实孔径雷达只能通过增大天线尺寸才能获得高分辨率图像的难题。之后各国相继开展了地面散射计、SAR 的应用研究。

1.3　星载 SAR 技术发展现状

SAR 是 20 世纪 50 年代提出并研制成功的一种微波遥感设备，也是微波遥感设备中发展最迅速和最有成效的传感器之一。SAR 能不受光照和气候条件的限制，可实现全天时、全天候对地观测，还可以透过地表和植被获取地表下信息。这些特点使它在农业、林业、地质、环境、水文、海洋、灾害、测绘与军事领域的应用具有独特的优势；使得 SAR 受到世界各国政府的高度重视与支持。在短短的 50 年间，从构思—实验室—机载—星载，其各个时期的发展都相当迅速，各方面技术也不断发展与完善。

1951 年 6 月，SAR 概念首先由美国 Goodyear 航空公司的 Carl Wiley 在"用相干移动雷达信号频率分析来获得高的角分辨率"的报告中提出的。同年，美国伊利诺伊大学控制系统实验室的一个研究小组在 C. W. Sherwin 的领导下开始对 SAR 进行研究，并于

1953 年 7 月成功地研制了第一部 X 波段相干雷达系统，首次获得了第一批非聚焦 SAR 图像数据，为以后聚焦型 SAR 的研究奠定了基础。1957 年随着第一个聚焦式光学处理机载合成孔径雷达系统的研制成功，SAR 技术进入实用性阶段。1978 年，美国成功地发射了 SEASAT-A 卫星，采用 L 波段、水平极化方式，从此开创了星载合成孔径雷达应用技术研究的历史。

1988 年 12 月 2 日，美国航天飞机"亚特兰蒂斯"号将"长曲棍球（Lacrosse）"军事侦察卫星送入预定轨道，这是世界上第一颗高分辨率雷达成像卫星。1989 年 NASA 开展了一项星球雷达任务——"Magellan 雷达观测金星计划"，将 SAR 的应用拓展到研究其他星球的重要工具之一。

1991 年 7 月 1 日 ESA 发射了其第一颗地球资源卫星 ERS-1，可提供全球气候变化情况，并对近海水域和陆地进行观测。

1992 年 2 月 11 日，日本发射地球资源卫星 JERS-1，携带 L 波段 SAR 系统。1994 年，NASA、DLR（德国空间局）和 ASI（意大利空间局）共同进行了航天飞机成像雷达飞行任务 SIR-C/X-SAR，分别在 1994 年 4 月 9 日至 20 日和 9 月 30 日至 10 月 11 日进行了两次飞行。SIR-C 由 NASA 负责完成，是一部双频（L 波段、C 波段）全极化雷达；X-SAR 由 DLR 和 ASI 共同建造，为单频 X 波段，单极化 VV 雷达。SIR-C/X-SAR 首次实现了利用多频、多极化雷达信号从空中对地球进行观测，SIR-C 图像数据有助于人们深入理解现象背后的物理机理，深入开展植被、土壤湿度、海洋动力学、火山活动、土壤侵蚀和沙化等多项科学研究工作。

1995 年 11 月 4 日，加拿大成功发射了其第一颗资源调查卫星 RADARSAT-1，该星为商业应用和科学研究提供全球冰情、海洋和地球资源数据。

1996 年，NASA 开展了第二项星球雷达任务——观测土星的 Cassini 任务，用于开展观测 Titan 表面的物理状态、地形和组成成分等多项任务，进而推测其内部构造。

2002 年 3 月 1 日，ESA 发射 Envisat 卫星，搭载 ASAR。

2006 年 1 月 24 日，日本发射 ALOS，搭载 PALSAR。2014 年发射了 ALOS-2/PALSAR-2。

加拿大于 2007 年发射了 Radarsat-2。

德国宇航局（DLR）于 2007 年和 2010 年先后发射了 TerraSAR-X 和 TanDEM-X（2010）。

我国星载 SAR 研究起步较晚，20 世纪 70 年代中期，中国科学院电子学研究所率先开展了 SAR 技术的研究。1979 年取得突破，研制成功了机载 SAR 原理样机，获得我国第一批雷达图像。目前，机载 SAR 系统已成为我国民用遥感的有效工具，近年来，在我国洪涝监测中多次发挥重要作用。在星载 SAR 方面，1987 年，我国"863"计划正式提出了星载 SAR 的研究任务，这标志着我国在空间成像领域迈出了重要一步。中国科学院电子学研究所自 1988 年就开始了相关的总体设计和论证工作；1990 年完成了单极化星载 SAR 系统可行性论证；1993 年完成了《星载 SAR 工程样机方案》，1995 年通过了样机设计评审；1997 年完成了工程样机的研制，5m×5m 分辨率，数字记录和成像。经过多年的努力，电子科技大学雷达成像实验室在 SAR 成像算法，SAR 平台运动补偿，SAR 运动目标监测和 SAR 成像并行算法研究等方面取得了很大发展。随着"高新技术研究发展计划"（863 计划）将"星载合成孔径雷达及其成像处理技术"专题列入信息获取与处理技术专题，2006 年月 9 日国务院发布《国家中长期科学和技术发展规划纲要（2006—2020 年）》，确定了未来 15 年力争取得突破的 16 个重大科技专项，其中包括"高分辨率对地观测系统"，重点发展基于卫星、飞机和平流层飞艇的高分辨率先进观测系统；形成时空协调、全天候、全天时的对地观测系统；建立对地观测数据中心等地面支撑和运行系统，提高我国空间数据自给率，形成空间信息产业链。

2006 年 4 月 27 日，我国第一颗 SAR 小卫星"遥感卫星一号"在太原卫星发射中心发射成功。卫星为 L 波段，重约 2.7t，主要用于科学试验、国土资源普查、农作物估产和防灾减灾等领域。2016 年，我国成功发射一颗 C 波段的 SAR 卫星（GF-3）。

纵观各国星载 SAR 系统，可以看出星载 SAR 正往高分辨率、小型化、分布式卫星星座以及多波段、多极化和多工作模式的方向发展。各国星载 SAR 技术发展速度非常之快，关于 SAR 的研究已不再局限于地学领域，已延伸到深空探测。

1.4　基于 SAR 技术植被研究的背景及意义

植被作为陆地生态系统的主体，占到了陆表面积的 1/2 以上，是陆地生态系统中最活跃的因素，是人类生存环境的重要组成部分，也是提示自然环境特征最重要的手段。同时，植被作为全球碳源和碳汇的重要组成部分，更是全球水循环中一个不容忽视的环节。植被参数估测是目前其作为碳源和碳汇估测的主要手段，因此植被参数反演对地球生态环境和碳循环平稳性的研究具有重要意义。目前，可估计的植被参数主要有植被生物量、植被高度和植被叶面积指数。农作物和森林作为陆地主要的植被类型，目前植被相关参数反演的研究多在这两类植被中展开。

《国家中长期科技发展规划纲要》明确将"农业精准化和信息化"列入重点领域的优先主体。遥感技术由于可以在短期内连续获取大范围地面信息，具有客观、及时的特点，在农业资源调查、农作物估产、农作物生长环境监测和自然灾害监测中具有得天独厚的优势，是实现农业信息化的基础。而微波遥感技术由于克服了传统光学遥感技术受云雨天气的影响，具有全天时、全天候遥感的特点，在农作物监测和估产中显示出不可替代的优势。

经过半个多世纪的发展，SAR 系统对地观测能力显著提高，已经从早期的单频、单极化发展为具有全极化对地观测能力的遥感系统。自日本的 ALOS-PALSAR 卫星于 2006 年成功发射以来，相继由多颗具备全极化对地观测能力的卫星进入轨道并投入使用，包括德国的 Terra-SAR-X、意大利的 COSMO-SkyMed 以及加拿大的 Radarsat-2 等，掀起了全极化 SAR 数据研究的热潮。全极化信息的引入，极大地丰富了 SAR 数据量，为农业、海洋、环境等领域开辟了新的方向。

目前，SAR 技术在农业中的应用尚需拓展，而全极化 SAR 的优势还未得到全面探索与发挥，例如，在农作物长势监测和生长参数反演中还有大量研究空间，因此相关的很多研究亟待展开。

森林生物量是森林获取能量的重要体现，它对于完整的分析和理解植被生态系统自然生长过程和经济过程具有重要作用。另外，森林生物量是衡量森林生态系统在一定时间内固碳能力大小的重要指标。在当前全球气候变化的背景下，碳排放权已经成为制约各国经济发展的瓶颈，在国际上争取到足够的碳排放额对于我国经济发展和人民生活的改善至关重要。SAR 极化信息由于对森林散射体形状、方向及散射类型等敏感，可以明确解释森林生物量与 SAR 作用的物理机制；SAR 干涉信息对森林垂直结构敏感，可以反映和量测森林高度；通过 SAR 参数构建水云模型、干涉水云模型可以有效反演大面积森林生物量；因此，SAR 技术被认为是目前大面积进行森林生物量、森林高度估测最具有潜力的遥感手段之一。

德国宇航局(DLR)在 2007 年 6 月发射 TerraSAR-X 卫星后，又于 2010 年 6 月发射了 TanDEM-X 卫星与其组成串行轨道的"姊妹星"，两颗卫星可以同步对地球进行观测，第一次形成无时间去相干的星载干涉数据对，干涉模式包括单基站模式、双机制模式和交互模式；干涉的极化方式包括单极化、双极化和全极化；干涉基线从几十米到上千米。该星的主要目的是精确获取全球的 DEM 数据，因此可以提供全球范围内多种干涉和极化干涉数据，从而使得大面积的森林监测、制图和森林高度反演成为可能，目前国内外正掀起该数据应用研究的热潮。

鉴于星载干涉、极化干涉 SAR 在区域、全球尺度森林高度、生物量估测中的重要性及目前急需高精度的森林高度产品的现状，开展基于星载干涉、极化干涉 SAR 数据的森林高度、生物量估测不仅具有理论意义同时具有较大的应用价值。

1.5 极化 SAR 在农作物监测中的研究现状

全极化 SAR 是 20 世纪 90 年代初出现并迅速发展起来的一种新型成像雷达技术。

其影像记录了地物 HH、HV、VH 和 VV 4 种极化状态的散射强度和相位，并可利用极化合成技术计算任意一种极化状态的后向散射回波。全极化 SAR 完全改变了传统的分析手段，其可以更加透彻地了解地物的散射机制，更加贴近信号相应的物理过程，使得采用 SAR 技术进行高精度作物关键物候期的识别及长势监测成为可能。

全极化 SAR 数据提取的极化特征初期被广泛应用在植被的分类制图、农作物生长物候期的监测中。Lopez-Scanchez et al.（2014）探索了 X 波段、C 波段在西班牙水稻种植区其关键物候期的识别情况。研究结果表明：单个极化参数无法实现水稻不同物候期的识别，但是采用不同极化参数组合，通过决策树分类方法，可以有效实现水稻关键物候期的识别。在 C 波段识别精度高达 96%，但是由于数据源的限制，部分关键生长期无法进行识别。Yang et al.（2014）提取了 11 个简缩极化参数，对江苏地区两个不同水稻的关键生长期进行了监测，研究结果表明这些极化参数对不同的水稻类型，其识别精度区别明显，两种水稻类型的识别精度分别为 85% 和 75% 左右。Yang et al.（2014）通过极化分解技术，提取出若干极化参数，成功了估算了研究区油菜的播种天数，平均误差约为 3d。这些研究结果表明了全极化数据在农作物物候期识别及生长监测中的巨大潜力。

目前，采用全极化 SAR 数据在农作物估产、生长参数估测方面也已经取得了大量研究成果。中国科学院邵云研究院课题组以水稻为目标，利用 SAR 技术为其长势监测及产量预估寻求了一种新型的空间地球观测数据源和一套行之有效的技术方法，研究首次揭示了水稻的后向散射系数规律，首次提出了水稻长势雷达遥感监测及产量预估的最佳时相及图像获取频率选择与组合的模式。Canisius et al.（2017）提取了后向散射系数及多种极化分解参数，分析了这些参数与油菜和大麦 *LAI* 和高度之间的关系，发现大部分极化参数对油菜和大麦的这两个参数敏感，但由于两种农作物整个生长期的散射特征差异较大，因此这些极化参数对两种农作物生长参数的敏感性不同。Wiseman et al.（2014）也提取了一些极化参数，分析了油菜、玉米、大豆和小麦 4 种农作物生物量的极化敏感性，也证实了不同作物由于散射机制的差异，其生物量与极化参数的敏感性差异明显。这些研究表明了极化特征对农作物生长参数的敏感性，在农作物产量估测种具有重要意义。但同时也说明了作物类型不同，其敏感性差异较大，因此需要在多种农作物中展开更广泛的研究。

综上研究表明：遥感技术在农业信息化中具有重要的作用，而采用遥感技术进行农作物的识别，是实现农业精准化的基础，是实现农作物高产的重要保障。SAR 技术，特别是全极化 SAR 技术显现出在农作物分类制图、农作物物候期识别和农作物生长参数估测中的巨大优势，但目前的研究对象多以水稻展开，研究成果多集中在农作物制图及物候期的估测方面。因此，作为研究对象的农作物类型需要进一步拓展；采用全极化 SAR 信息进行生长参数反演的可行性还需要进一步探索。最后，鉴于农业在全国经济发展中的重要地位，迫切需要展开各种主要农作物的相关研究，为农业信息化、精准农业提供科学支撑和技术支持。

1.6　干涉、极化干涉 SAR 在森林高度估测中的应用现状

森林在调节全球碳循环、缓解全球气候变化中具有不可替代的作用。全球气候变化危机导致各国际组织纷纷出台相应政策限制温室气体的产生。森林与温室气体中的碳转换功能，即森林的固碳能力，一般通过森林生物量、特别是森林地上生物量来体现。树高不仅与森林生物量、断面积、立地质量等因子关联，更可用来监测森林间伐、退化等现象，同时有助于构建森林生产力模型和掌握碳储量分布情况。以树高及其他垂直结构参数为基础，采用异速生长方程是常见的森林地上生物量估测方法。作为重要的森林参数，树高的精确测量对于开展森林生产经营、研究全球气候变化及碳循环、评价森林在陆地生态系统中的作用具有重要意义。

区域或全球尺度获得的树高，又称为林分平均高或森林高度，其估测手段多依赖于遥感技术，而其估测精度及连续性则受到遥感数据源对森林垂直结构及气象、气候敏感性的限制。传统的光学遥感数据源由于受到云、雨、雾等影响，无法实现区域及全球范围内连续无缝的森林参数提取。另外，普通的光学传感器难以提供森林垂直分布信息，LiDAR 数据虽可获得垂直结构信息，进而估测森林高度，但由于其获取费用高而使得其大面积应用受到很大局限。SAR 术可实现对观测对象全天时、全天候的连续观测，干涉 SAR（InSAR）具有对森林垂直结构敏感的特性，能够有效的补充目前遥感技术森林高度估测中的不足。目前采用干涉 SAR 技术进行森林高度估测已成为遥感技术森林高度估测的研究热点之一。现行采用干涉 SAR 进行森林高度估测和反演的方法主要包括基于相位信息的 DSM－DEM 差分法和基于相干性幅度和相位信息的 RVoG 模型反演法。

随着 20 世纪 90 年代初 ESR-1 开始大量的提供适合进行干涉 SAR 研究的数据，国外针对干涉 SAR 技术的研究开始大量开展。国外最早采用干涉 SAR 技术进行森林高度估测的文献见于 1995 年。1998 年，英国学者 Cloude 和德国学者 Papathanassiou 提出了采用极化干涉 SAR 技术进行森林高度反演的方法。目前，国外采用干涉、极化干涉 SAR 技术进行森林参数提取的相关研究团队主要有英国的 Cloude 团队、德国的 Papathanssiou、Kugler 等团队、法国的 Poitter、Laurent 等团队、西班牙的 Lopez-Sanchez 等团队，日本的 H. Yamada、Y. Yamaguchi 等团队、瑞典的 Askne、Santoro 等团队。Cloude et al.（2003）在早期研究的基础上，结合 Treuhaft 等（1999）提出植被散射模型，

提出了基于 RVoG(随机地表体散射)和 OVoG(方向地表体散射)模型的多种森林高度反演方法，其中三阶段反演算法得到了广泛的应用。2006 年，Cloude 又提出了采用层析 SAR 技术进行森林参数反演。2011 年，TerraSAR/TanDEM 开始提供单轨极化干涉 SAR 数据以来，Papathanssiou、Kugler 团队针对该数据的相干性影响、DEM 提取精度、森林高度反演的可行性等方面展开大量研究；Poitter、Laurent 针对层析 SAR 关键技术展开了大量的研究；Lopez-Sanchez et al. (2011)的研究多集中于采用干涉 SAR 技术进行有效的地表散射分离和提取；而 Yamada et al. (2001)发展了极化干涉 SAR 技术反演中地表相位及冠层相位提取的优化方法，其中最著名的是其 2001 年提出的 ESPRIT 方法；Askne et al. (2007)提出和发展了基于水云模型、干涉水云模型森林蓄积量、森林高度反演的方法。国内相关研究开始于 20 世纪初，中国科学院电子研究所杨汝良等(2001)率先系统地阐述干涉、极化干涉系统相关理论及应用。中国科学院对地观测与数字地球科学中心郭华东研究小组的李新武等(2002)探索了干涉、极化干涉 SAR 在森林高度反演中的应用，并在 Cloude et al. (2003)提出的三阶段算法基础上提出了模拟加温—退火算法。此外，中国科学院对地观测与数字地球科学中心的王超、张红，清华大学的杨健、于大洋等研究团队也针对极化干涉 SAR 森林结构参数反演进行了深入研究，并在国外已有算法的基础上提出了多种改进算法。中国科学院遥感与数字地球研究所的孙国清、过志峰、倪文俭团队从 SAR 后向散射系数、森林 SAR 散射建模、干涉、极化干涉 SAR 森林高度反演等方面展开了大量的研究。中国林科院资源信息研究所李增元、陈尔学团队对比了不同极化干涉 SAR 算法在森林高度反演中的适用性、并对层析 SAR 技术在森林参数反演中的研究进行了初步的探索。

DSM-DEM 差分法由于算法简单易于实现，被广泛应用在森林高度估测中。DSM-DEM 差分法估测树高的精度主要依赖于获得的 DSM 与 DEM 的精度。森林覆盖区干涉 SAR 获得的 DSM 的精度受到 SAR 参数及森林参数的影响。SAR 参数包括波长、入射角、干涉基线长度、极化方式及相位噪声。森林参数包括森林类型、森林密度、冠层含水量、地表粗糙度，土壤含水量等。2000 年，SRTM (Shuttle Radar Topography Mission)提供了无时间去相干 InSAR 数据用于全球 DSM 数据的获取，大大提高了干涉 SAR 森林高度反演的精度。目前，德国宇航局也可提供高分辨率覆盖全球范围的无时间去相干的 TanDEM InSAR 数据，为区域和全球范围内干涉 SAR 森林高度反演提供了数据源。Solberg et al. (2013)以 TerraSAR-X/TanDEM 极化干涉数据为基础，通过差分法，反演了森林高度，进而估算了研究区生物量，研究结果与 Lidar 获取的生物量具有很强的一致性，研究认为该反演方法具有其他遥感方法不可比拟的优势和精度。然而采用干涉 SAR 技术以差分法进行区域或大范围高精度的森林高度反演受限于大范围的高精度的 DEM 数据的限制。

  Papathanassiou et al.（2001）基于 SIR-C 极化干涉数据研究，发现通过变化极化基可以获得任意极化状态下的干涉图，开创了极化干涉 SAR 理论和应用的先河。随后，Papathanassiou et al.（2002）又发展了 Treuhaft 提出的随机体散射地表模型（RVoG），假设电磁波在垂直高度上的散射率随高度变化，将植被在不同垂直高度的散射与干涉相干性建立联系，并以此成功提取了植被参数及植被覆盖下的地形参数。与 DSM-DEM 差分法采用相位信息获取森林高度不同，RVoG 模型将干涉相干性幅度信息引入来进行森林高度反演。RVoG 模型的提出以 L 波段森林的散射特征为基础，波长直接影响该模型的适用性和估测精度。目前，该模型在 X、L 和 P 波段的适用性都有一些研究，但是对于短波的适用性仍然存在争议性。Pardini et al.（2013）采用双基站模式的 TerraSAR／TanDEM-X 数据，以 RVoG 模型为基础反演了北方森林的森林高度，通过森林高度与生物量之间的关系，计算了研究区的生物量，并成功的区分了不同生物量的林班。研究结果表明，由于该数据不受到时间去相干的影响，而噪声去相干又可以通过天线参数去除，因此相干性主要由森林的体散射主导，从而使得森林高度的估测结果优于以往的重轨极化干涉数据。Sadeghi et al.（2015）研究发现 TerraSAR／TanDEM-X 极化干涉数据可以获得高精度的森林高度，可以有效提高森林地上生物量的反演，但是采用 TerraSAR／TanDEM-X 极化干涉数据进行森林高度反演时，不同树种冠层的含水量造成的介电常数差异可能会影响估测精度。Cloude 基于极化干涉技术提出了干涉相干层析方法，该方法通过 Legendre 展开式求解结构函数，从而达到刻画森林垂直结构分布的目的。罗环敏等（2010）利用该方法得到了森林垂直结构剖面，并对剖面进行参数化，利用 9 个参数建立了森林地上生物量模型，研究结果表明该方法可以有效提高生物量估测精度。

  基于 RVoG 模型的森林高度反演法由于不依托地表精确的 DEM 数据，而是根据森林散射特征进行森林高度反演，因此在大区域尺度进行森林高度反演具有优势。但是在区域尺度内，森林类型、结构复杂，空间异质性大，这些是制约其区域范围内森林高度反演的主要障碍之一。根据森林类型、结构特征，选取和发展鲁棒性较高的森林高度反演方法，是进行大尺度高精度森林高度估测和反演亟待解决的问题。

<h1 style="text-align:center">参 考 文 献</h1>

陈尔学，李增元，庞勇，等. 2007. 基于极化合成孔径雷达干涉测量的平均树高提取技术[J]. 林业科学（4）：66-70.

陈尔学，2004. 星载合成孔径雷达影像正射校正方法研究[D]. 北京：中国林业科学研究院.

陈劲松，林珲，邵云，等，多极化 ASAR 数据在农作物监测中的应用[C]. 遥感科技论坛暨中国遥感应用协会年会. 遥感科技论坛暨中国遥感应用协会 2006 年年会论文集.

陈曦，张红，王超，2009. 极化干涉 SAR 反演植被垂直结构剖面研究[J]. 国土资源遥感（4）：49-52.

冯琦，陈尔学，李增元，等，2016. 机载 X-波段双天线 InSAR 数据森林树高估测方法[J]. 遥感技术与应用, 31(3): 551-557.

冯琦, 2015. 机载 X-波段双天线干涉 SAR 森林结构参数估测方法[D]. 北京: 中国林业科学研究院.

范明义, 2014. 极化干涉 SAR 图像森林高度估计算法研究[D]. 哈尔滨: 哈尔滨工业大学.

姬永杰, 岳彩荣, 赵磊, 等, 2016. 基于 DEM 差分法的 Tandem-X 数据森林高度估测[J]. 西南林业大学学报, 36(6): 73-78.

姜景山, 张云华, 董晓龙, 等, 2000. 微波遥感若干前沿技术及新一代空间遥感方法探讨[J]. 中国工程科学(8): 76-82.

李飞, 2006. 世界星载 SAR 发展综述[DB/OL]. (2006-12)[2020-02]. https://wenku.baidu.com/view/d3e1aceb172ded630b1cb623.html.

李文梅, 李增元, 陈尔学, 等, 2014. 层析 SAR 反演森林垂直结构参数现状及发展趋势[J]. 遥感学报, 18(4): 741-751.

李新武, 郭华东, 廖静娟, 等, 2002. 航天飞机极化干涉雷达数据反演地表植被参数[J]. 遥感学报(6): 424-429.

李志, 2008. 海洋表层盐度遥感反演机理及应用研究[D]. 青岛: 中国海洋大学.

刘茜, 杨乐, 柳钦火, 等, 2015. 森林地上生物量遥感反演方法综述[J]. 遥感学报, 19(1): 62-74.

刘清旺, 谭炳香, 胡凯龙, 等, 2016. 机载激光雷达和高光谱组合系统的亚热带森林估测遥感试验[J]. 高技术通讯, 26(3): 264-274.

罗环敏, 陈尔学, 程建, 等, 2010. 极化干涉 SAR 森林高度反演方法研究[J]. 遥感学报, 14(4): 806-821.

罗环敏, 2011. 基于极化干涉 SAR 的森林结构信息提取模型与方法[D]. 成都: 电子科技大学.

梅安新, 彭望录, 秦其明, 等, 2001. 遥感导论[M]. 北京: 高等教育出版社.

穆喜云, 张秋良, 刘清, 等, 2015. 基于机载激光雷达的寒温带典型森林高度制图研究[J]. 北京林业大学学报, 37(7): 58-67.

庞勇, 李增元, 车学俭, 等, 2003. 干涉雷达技术用于林分高估测[J]. 遥感学报(1): 8-13.

施建成, 杜阳, 杜今阳, 等, 2012. 微波遥感地表参数反演进展[J]. 中国科学: 地球科学, 42(06): 814-842.

舒宁, 2000. 微波遥感原理[M]. 武汉: 武汉大学出版社.

宋桂萍, 汪长城, 付海强, 等, 2014. 植被高度的极化干涉互协方差矩阵分解反演法[J]. 测绘学报, 43(6): 613-619, 636.

宋桂萍, 2013. 极化干涉 SAR 植被高度反演算法研究[D]. 长沙: 中南大学.

谈璐璐, 杨立波, 杨汝良, 2011. 基于 ESPRIT 算法的极化干涉 SAR 植被高度反演研究[J]. 测绘学报, 40(3): 296-300.

王璟睿, 沈文娟, 李卫正, 等, 2016. 基于 Rapideye 的人工林生物量遥感反演模型性能对比[J]. 西北林学院学报, 30(6): 196-202.

吴炳方, 张峰, 刘成林, 等, 2004. 农作物长势综合遥感监测方法[J]. 遥感学报(6): 498-514.

伍雅晴, 朱建军, 付海强, 等, 2016. 引入 PD 极化相干最优的三阶段植被高度反演算法[J]. 测绘通报(5): 32-35, 76.

许丽颖, 李世强, 邓云凯, 等, 2014. 基于极化干涉 SAR 反演植被高度的改进三阶段算法[J]. 雷达学报, 3(1): 28-34.

杨桃, 陈克雄, 周脉鱼, 等, 2007. SAR 图像中目标的检测和识别研究进展[J]. 地球物理学进展(2): 617-621.

杨浩, 2015. 基于时间序列全极化与简缩极化 SAR 的作物定量监测研究[D]. 北京: 中国林业科学研究院.

杨磊, 赵拥军, 王志刚, 2007. 基于西 ESPRIT 算法的极化干涉相位估计[J]. 测绘科学(2): 57-59, 178.

杨震, 2003. 合成孔径雷达干涉与极化干涉技术研究[D]. 北京: 中国科学院电子学研究所.

尹伟伦, 2015. 全球森林与环境关系研究进展[J]. 森林与环境学报, 35(1): 1-7.

于大洋, 董贵威, 杨健, 等. 2005. 基于干涉极化 SAR 数据的森林树高反演[J]. 清华大学学报(自然科学版), (3): 334-336.

喻光正, 1999. 低频超宽带 SAR 原理和技术问题[J]. 电讯技术(1): 53-59.

张红, 谢镭, 王超, 等, 2013. 简缩极化 SAR 数据信息提取与应用[J]. 中国图象图形学报, 18(9): 1065-1073.

张腊梅, 2006. L 波段 PolInSAR 图像地表参数反演方法研究[D]. 哈尔滨: 哈尔滨工业大学.

张廷新. 1998. 星载微波遥感器的技术发展与未来[J]. 空间电子技术(1): 1-8, 25.

张微, 林健, 陈玲, 等. 2014. 基于极化分解的极化 SAR 数据地质信息提取方法研究[J]. 遥感信息, 29(1): 10-14.

张远, 2009. 微波遥感水稻种植面积提取、生物量反演与稻田甲烷排放模拟[D]. 杭州: 浙江大学.

赵海凤, 闫昱霖, 张彩虹, 等, 2014. 森林参与碳循环的 3 种模式: 机制与选择[J]. 林业科学, 50(10): 134-139.

周广益, 熊涛, 张卫杰, 等, 2009. 基于极化干涉 SAR 数据的树高反演方法[J]. 清华大学学报(自然科学版), 49(4): 510-513.

Askne J, Santoro M, 2005. Multitemporal repeat pass SAR interferometry of boreal forests [J]. IEEE Transactions on Geoscience and Remote Sensing, 43(6): 1219-1228.

Askne J, Santoro M, 2007. Selection of forest stands for stem volume retrieval from stable ERS tandem in SAR observations[J]. Geoscience and Remote Sensing Letters IEEE, 4(1): 46-50.

Balzter H, Luckman A, Skinner L, et al., 2007. Observations of forest stand top height and mean height from interferometric SAR and lidar over a conifer plantation at the ford forest[J]. International Journal of Remote Sensing, 28(6): 1173-1197.

Balzter H, Rowland C S, Saich P, et al., 2007. Forest canopy height and carbon estimation at monks wood national nature reserve, UK, using dual - wavelength SAR interferometry [J]. Remote Sensing of Environment, 108(13): 224-239.

Canisius F, Shang J, Liu J, et al., 2017. Tracking crop phenological development using multi-temporal polarimetric radarsat-2 data[J]. Remote Sensing of Environment, 28(6): 1173-1197.

Cloude S R, Papathanassiou K P, 2003. Three-stage inversion process for polarimetric SAR interferometry [J]. IEE Proceedings-radar, Sonar and Navigation, 150(3): 125.

Cloude S R, Papathanassiou K P, 1997. Polarimetric optimisation in radar interferometry[J]. Electronics Letters, 33(13): 1176-1178.

Castel T, Beaudoin A, Stach N, 2001. Sensitivity of space-borne SAR data to forest parameters over sloping terrain. Theory and Experiment[J]. International Journal of Remote Sensing, 22(12): 2351-2376.

Cloude S R, Papathanassiou K P, 1998. Polarimetric SAR interferometry [J]. IEEE Transactions on Geoscience and Remote Sensing, 36(5): 1551-1565.

Cloude S R. 1995. An entropy based classification scheme for polarimetric SAR data [C]. IEEE International Geoscience and Remote Sensing Symposium, DOI: 10. 1109/IGARSS. 1995. 524090.

Dammert P B, Ulander L M, Askne J, et al., 1995. SAR interferometry for detecting forest stands and tree heights: Satellite remote sensing II[J]. Proceedings of the SPIE, 25840: 384-390.

Ferro-Famil L, Huang Y, Pottier E, et al., 2015. Principles and applications of polarimetric SAR tomography for the characterization of complex environments [C]. International Association of Geodesy Symposia, 142 (1-13): 243-255.

Garestier F, Dubois-Fernandez P C, Champion I, et al., 2008. Forest height inversion using high-resolution P-band PolInSAR data[J]. IEEE Transactions on Geoscience and Remote Sensing, 46(11): 3544-3559.

Gerhard Krieger, Manfred Zink, Markus Bachmann, et al., 2013. Tandem-X: A radar interferometer with two formation-flying satellites[J]. Acta Astronautica, 89 (8): 83-98.

Gomezdans J L, Quegan S, 2005. Constraining coherence optimisation in polarimetric interferometry of layered targets[C] PoL in SAR Workshop, 17-21.

Hao Y, Zengyuan, Erxue L, et al., 2014. Temporal polarimetric behavior of oilseed rape (brassica napus L) at C-band for early season sowing date monitoring[J]. Remote Sensing, 6(11): 10375-10394.

Josef K, Wayne W, Leland P, et al., 2004. Vegetation height estimation from shuttle radar topography mission and national elevation datasets[J]. Remote Sensing of Environment, 93(3): 339-358.

Kenyi L W, Dubayah R, Hofton M, et al., 2009. Comparative analysis of SRTM-NED vegetation canopy height to LIDAR-Derived vegetation canopy metrics[J]. International Journal of Remote Sensing, 30(11-12): 2797-2811.

Krieger G, Moreira A, Fiedler L, et al., 2007. Tandem-X: A satellite formation for high-resolution SAR interferometry[J]. IEEE Transactions on Geoscience and Remote Sensing, 45(11): 3317-3341.

Kaasalainen A, Holopainen M, Karjalainen M, et al., 2015. Combining lidar and synthetic aperture radar data to estimate forest biomass: Status and prospects[J]. Forests, 6(1): 252-270.

Kugler F, Lee S K, Hajnsek I. et al., 2015. Forest height estimation by means of Pol-InSAR data inversion: The role of the vertical wavenumber[J]. IEEE Transactions on Geoscience and Remote Sensing, 53(10): 5294-5311.

Kugler F, 2014. Tandem-X Pol-InSAR performance for forest height estimation[J]. IEEE Transactions on Geoscience & Remote Sensing(52): 6404-6422.

Hajnsek I, Krieger G, Werner M, et al., 2007. TanDEM-X: A Satellite Formation for High-Resolution SAR Interferometry[J]. IEEE Transactions on Geoscience and Remote Sensing, 45(11): 3317-3341.

Kenyi W L, Dubayah R, Hofton M, 2009. Analysis of SRTM-Ned vegetation canopy height to lidar-derived vegetation canopy metrics[J]. International Journal of Remote Sensing, 30(11): 2797-2811.

Lopez-Sanchez J M, Vicente-Guijalba F, Ballester-Berman J D, et al., 2014. Polarimetric response of rice fields at C-Band: Analysis and phenology retrieval[J]. IEEE Transactions on Geoscience and Remote Sensing, 52(5): 2977-2993.

Lopez-Sanchez J M, Ballester-Berman J D, Cloude S R, et al., 2011. Monitoring and retrieving rice phenology by means of satellite SAR polarimetry at X-Band [J]. Geoscience and Remote Sensing Symposium IEEE International, 24(8): 2741-2744.

Lopez-Martinez C, Alonso A, Fabregas X, et al., 2010. Ground topography estimation over forests considering polarimetric SAR interferometry[J]. Recercat Principal, 38(1): 3612-3615.

Neeff T, Dutra L V, Santos J D, et al., 2006. Tropical forest measurement by interferometric height modeling and P-band radar backscatter[J]. Forest Science, 51(6): 585-594.

Papathanassiou K, Cloude S R, 2002. Single baseline polarimetric SAR interferometry [J]. IEEE Transactions on Geoscience and Remote Sensing, 39(11): 2352-2363.

Papathanassiou K P, Cloude S R, 2001. Single-baseline polarimetric SARinterferometry [J]. IEEE Transactions on Geoscience and Remote Sensing, 39(11): 2352-2363.

Pardini M, Torano-Caicoya A, Kugler F, et al., 2013. Estimating and understanding vertical structure of forests from multibaseline tandem-X Pol-InSAR data[J]. IEEE International Geoscience and Remote Sensing Symposium (IGARSS), IEEE, DOI: 10. 1109/IGARSS. 2013. 6723796.

Praks J, Kugler F, 2007. Height estimation of boreal forest: Interferometric model-based inversion at L-and X-Band versus hutscat profiling scatterometer[J]. IEEE Geoscience and Remote Sensing Letters, 4(3): 466-470.

Santoro M, Shvidenko A, Mccallum I, et al., 2007. Properties of ERS-1/2 coherence in the siberian boreal forest and implications for stem volume retrieval[J]. Remote Sensing of Environment, 106(2): 154-172.

Shane R. Cloude, 2006. Polarization coherence tomography[J]. Radio Science, 41(4): 495-507.

Solberg S, Astrup R, Breidenbach J, et al., 2013. Monitoring spruce volume and biomass with InSAR data from tandem-X[J]. Remote Sensing of Environment(139): 60-67.

Svein Solberg, Rasmus Astrup J. Weydahl D, et al., 2013. Detection of forest clear-cuts with shuttle radar topography mission (srtm) and tandem-X InSAR data[J]. Remote Sensing, 5(4): 5449-5462.

Treuhaft R N, Cloude S R, 1999. The structure of oriented vegetation from polarimetric interferometry[J]. IEEE Transactions on Geoscience and Remote Sensing, 37(5): 2620-2624.

Wayne S. Walker, Josef M, Kellndorfer, et al., 2006. Quality assessment of SRTM C - and X - band interferometric data: Implications for the retrieval of vegetation canopy height[J]. Remote Sensing of Environment, 106(4): 428-448.

Wiseman G, Mcnairn H, Homayouni S, et al., 2014. Radasat-2 polarimetric SAR response to crop biomass for agricultural production monitoring[J]. IEEE Journal of Selected Topics in Applied Earth Observations and Remote Sensing, 7(11): 4461-4471.

Yamada H, Yamaguchi, 2001. Polarimetric SAR interferometry for forest analysis based on the ESPRIT algorithm[J]. IEICE Trans Electron. 7(11): 4461-4471.

Yang Z, Li K, Liu L, et al., 2014. Rice growth monitoring using simulated compact polarimetric C Band SAR[J]. Radio Science, 49(12): 1300-1315.

第2章

SAR遥感基础理论与知识

2.1 电磁波的物理基础和数学表达

2.1.1 电磁波的概念、特征及数学表达

(1) 电磁波

振动的传播称为波。机械振动的传播是机械波，电磁振动的传播是电磁波。当电磁振荡进入空间，变化的磁场激发了涡旋电场，变化的电场又激发了涡旋磁场，使电磁振荡在空间传播，这就是电磁波。波动是各质点在平衡位置振动而能量向前传播的现象。如果质点的振动方向与波的传播方向相同，称纵波；若质点振动方向与波的传播方向垂直，称横波。电磁波是典型的横波。在横波中，传播方向可以是垂直振动方向的任何方向，且振动方向一般会随时间变化(图2.1)。如果振动方向是唯一的，且不随时间变化，则称为偏振的横波。

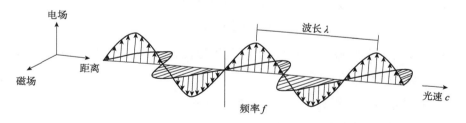

图 2.1　电磁波

(2) 电磁波的性质

电磁波在真空中都以光速的速度传播，在真空中，按电磁波在真空中传播的波长或频率的递增或递减排列，则构成了电磁波谱。电磁波谱按照波长从低到高排列，可以划分为射线、射线、紫外线、可见光、红外线和无线电波。其中，无线电波中波长1mm~1m 的电磁波又称为微波，微波波段波长的单位通常取厘米或毫米。除了用波长 λ 表示电磁波谱外，还可以用频率和能量表示，它们之间的关系为：

$$E = hf \tag{2.1}$$

式 2.1 中的 h 称为普朗克常数，E 的单位为焦耳，但习惯上也取电子伏特（$1\text{eV} = 1.602 \times 10^{-19}\text{J}$）。$E = hf$ 通常用来解释光量子的能量。电磁波既具有波动性又具有粒子性。一般来说，波长较长的电磁波波动性较为突出，例如，波的反射与折射、衍射等，而波长较短的电磁波干涉与衍射等波动现象不明显，更多地表现为粒子性或量子性，如光电效应和康普顿效应。当然波长并不是区分波动性和粒子性的标准，同一波长的电磁波在一些实验中表现为粒子性，而在另一些实验中又表现为波动性。德布罗意提出的物质波认为波粒二象性是个普遍现象。

综上可知，电磁波具有以下特征：①横波；②在真空中以光速传播；③满足 $C = f\lambda$，$E = hf$；④具有波粒二象性。

微波由于波长较长，波动特征明显，在本书中涉及的微波的具体应用，均可以用经典物理中电磁波的波动特征来理解，其与大气、地物作用时发生的反射、折射、吸收、散射、极化等均不考虑其量子特征，例如，在发生散射时，散射波的波长与入射波的波长是一样的。

(3) 电磁波的数学表达

平面时间谐波在电磁波的研究中具有重要作用，这些波通常被称为简谐波或谐波。描述波的数学方法有很多种，每种描述基本都包含了电磁振荡的属性，同时也具有普通情况下描述波所需考虑的其他因素。为了简化问题，同时使涉及的数学理论在尽可能简单且有意义的方式下描述电磁波的性质，这里采用余弦曲线来描述电磁波的基本形式。因此，被描述的电磁波也被称为余弦波。

用函数 $\psi(z)$ 表示电磁波，z 表示波朝着 z 轴方向传播，则电磁波可以表示为：

$$\Psi(z) = A\cos kz \tag{2.2}$$

式中：A 为各点的振幅；k 称为波矢，其符号代表波的传播方向，其绝对值称为波数；kz 的单位是弧度。

式 2.2 将波形描述为距离 z 轴的值为变量的函数。在实际应用中，我们更需要了解波随时间变化的规律，即以速度沿着轴正向移动的波。为了描述波随时间变化的规律，可以将式 2.2 中的 $\Psi(z)$ 写成 $\Psi(z, t)$，需将 z 用它的随时间变化的等效值（$z - vt$）来替换。其表示经过了一段时间 t，波移动了一定的距离 vt。减去 vt 而不是加上 vt 是因为如果波沿着 z 轴的正向传播，只有位于负方向位置的函数，才会在 t 时间后作用于 z 点。则式 2.2 可以表示为：

$$\Psi(z, t) = A\cos k(z - vt) \tag{2.3}$$

这时式 2.2 只是描述当 $t = 0$ 时波的瞬时状态，即：

$$\Psi(z, t)\big|_{t=0} = \Psi(z) = A\cos kz \tag{2.4}$$

如果保持 z 或者 t 固定，式 2.3 仍然具有余弦波扰动特性，因此波在空间和时间上都是周期性的，即固定二者中的一个变量，仍存在可由余弦周期函数描述的扰动。

假设函数 $\Psi(z, t)$ 在空间上的自重复距离为 λ，即一个波长，则在 z 轴上增加或减少若干个波长时，函数具有相同的 Ψ 值，以一个波长为例，式 2.4 可以表示为：

$$\Psi(z, t) = \Psi(z \pm \lambda, t) \tag{2.5}$$

由于：

$$\cos(x \pm 2\pi) = \cos(x)$$

所以：

$$\cos k(z - vt) = \cos k[(z \pm \lambda) - vt] = \cos[kz \pm k\lambda - kvt] = \cos[k(z - vt) \pm 2\pi]$$

给定 $(kz - kvt) \pm k\lambda = (kz - kvt) \pm 2\pi$，其中，$k$ 和 λ 均为正实数，波数 k 跟波长 λ 可以由式 (2.6) 表示：

$$k = \frac{2\pi}{\lambda} \tag{2.6}$$

若使用同样的方式对时间周期 T 进行观察，则 T 表示一个完整的波经过一个固定的观察点所需要的时间，将 T 带入式 2.5，则有：

$$kvT = 2\pi \tag{2.7}$$

将式 2.6 带入式 2.7 则可得周期、波长和波速之间的关系：

$$T = \frac{\lambda}{v} \tag{2.8}$$

由于本书的其他部分仅讨论电磁波，所以可以用常规符号 C 替换式 2.8 中的 v。波的周期 T 与频率 f 之间的关系为：

$$f = \frac{1}{T} \tag{2.9}$$

f 即每单位时间内波的重复或振荡的次数。频率的单位是循环数每秒，以"赫兹 (Hertz)"表示。根据式 2.6 ~ 式 2.9，可得出电磁波的重要属性：$C = f\lambda$，其单位为 ms^{-1}。在实际应用中，经常用角频率 ω 来描述波的运动，即一个周期内波变化的弧度，也称为相位角的变化率，单位是 radians/s，具体表示为：

$$\omega = \frac{2\pi}{T} = kv \tag{2.10}$$

由式 2.10 可以得出常见的波的表达式 (2.11)：

$$\Psi(z, t) = A\cos(kz - \omega t) \tag{2.11}$$

由于波在 $t = 0$ 时刻和在 $z = 0$ 位置（波的初始状态）时并不一致，即不一定满足 $\psi(z, t) = 0$，$\Psi(z, t) = 0$，因此，为了对波的进行完整描述，需要增加一个额外参数，我们称之为初始相位 φ_0 初始相位定义了波在周期中开始传播的位置，因此对波的最完整的描述是：

$$\Psi(z, t) = A\cos(kz - \omega t + \varphi_0) \tag{2.12}$$

在许多情况下，$\Psi(z, t)$ 如果采用指数形式的表达式，运算更方便。根据欧拉公式：

$$e^{i\theta} = \cos\theta + \sin\theta \tag{2.13}$$

如果只取 $e^{i\theta}$ 的实数部分，就得到 $\cos\theta$，写为：

$$\mathrm{Re}(e^{i\theta}) = \cos\theta \tag{2.14}$$

因而式 2.12 式可写成：

$$\Psi(z, t) = \mathrm{Re}[A\cos(kz - \omega t + \varphi_0)]$$

在应用中通常去掉 Re 直接写成：$Ae^{i(\omega t - kz + \varphi_0)}$，但它的含义仍是取其实数部分。

2.1.2 电磁辐射的度量

在近代物理中电磁波也称为电磁辐射。电磁波传播到气体、液体、固体介质时，会发生反射、折射、吸收、透射等现象。在辐射传播过程中，若碰到粒子还会发生散射现象从而引起电磁波的强度、方向等发生变化。这种变化随波长而改变，因此，电磁辐射是波长的函数。

2.1.2.1 辐射源

任何物体都是辐射源。不仅能够吸收其他物体对它的辐射，也能够向外辐射。因此对辐射源的认识不仅限于太阳、炉子等发光发热的物体。能发出紫外辐射、X 射线、微波辐射等的物体也是辐射源，只是辐射强度和波长不同而已。电磁波传递就是电磁能量的传递。因此遥感探测实际上是辐射能量的测定。

2.1.2.2 辐射测量中的基本概念

遥感探测中得到的电磁波信息是需要进行定量分析的，因此对辐射能量的测定需要有严格的度量与标准。这节描述了辐射测量的几个常用概念及计算方法。

辐射能量(W)：即电磁辐射的能量，单位为焦耳，也记作 J；

辐射通量 φ；单位时间内通过某一面积的辐射能量，$\varphi = dW/dt$，单位是瓦特＝焦耳/秒，也记为 $W = J/S$；根据普朗克公式，辐射通量是波长的函数，总辐射通量应该是各谱段辐射通量之和或辐射通量的积分值。

辐射通量密度(E)：单位时间内通过单位面积的辐射能量，$E = d\varphi/dS$，单位：W/m^2。S 为面积。

辐照度(I)：被辐射的物体表面单位面积上的辐射通量，$I = d\varphi/dS$，单位是 W/m^2，S 为面积。

辐射出射度(M)：辐射源物体表面单位面积上的辐射通量，$d\varphi/dS$，单位 W/m^2，S 为面积。辐照度(I)与辐射出射度(M)都是辐射通量密度的概念，不过 I 为物体接收的辐射，M 为物体发出的辐射。它们都与波长 λ 有关，整个电磁波谱的总辐射出射度可以通过某一单位波长的辐射出射度对波长做从 0 到无穷大的积分，即斯忒藩–玻尔兹曼定律。

辐射亮度(L)：假定有一辐射源呈面状，向外辐射的强度随辐射方向而不同，则 L 定义为辐射源在某一方向，单位投影表面，单位立体角内的辐射通量，L 的单位为 W/ $(\text{sr} \cdot \text{m}^2)$

即：

$$L = \frac{\varphi}{\Omega(A\cos\theta)} \tag{2.15}$$

$\Omega = S/R^2$，这里 S 是与球半径垂直地某小面元地面积，R 是小辐射面元中心与球面上面元 S 的距离，即球半径，立体角单位是球面度，无量纲(图 2.2)。球心对全球面所张立体角 $\Omega = 4\pi$。

辐射源向外辐射电磁波时，L 往往随 θ 角而改变。也就是说，接收辐射的观察者以不同 θ 角观察辐射源时，L 值不同。辐射亮度 L 与观察角 θ 无关的辐射源，称为朗伯源。一些粗糙的表面可近似看作朗伯源。太阳通常近似地被看成朗伯源，严格地说，只有绝对黑体才是朗伯源。

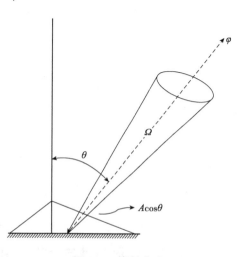

图 2.2　辐射亮度

半球反射率、吸收率与透射率[$\rho(\lambda)$、$\alpha(\lambda)$ 与 $\tau(\lambda)$]：辐射在介面的作用可归纳为反射、吸收与透射 3 部分，用反射率 ρ、吸收率 α 与透射率 τ 来描述，它们代表 2π 空间入射的总通量与反射到 2π 空间的总通量之比，或与吸收的总通量之比，或与透射的总通量之比。ρ、α 和 τ 都是波长 λ 的函数，所以又表示为 $\rho(\lambda)$、$\alpha(\lambda)$、$\tau(\lambda)$。它们都是无量纲的量，数值在 0 与 1 之间。$\alpha(\lambda)$、$\rho(\lambda)$ 与 $\tau(\lambda)$ 之间满足 $\alpha(\lambda) + \rho(\lambda) + \tau(\lambda) = 1$。

雷达散射截面(σ)和后向散射系数(σ^0)：本书中所采用的微波数据均为成像雷达影像，其使用的辐射源为人工辐射源，测量的辐射能量为地物后向散射的辐射通量，通常又称为雷达散射截面(RCS，σ)，通常通过雷达方程计算获得。

在实际应用中，我们通常采用雷达散射截面来描述地物、像元或者散射特征，由于 RCS 的变化范围异常大(远小于 0.01m^2 或远大于 100m^2)，在具体应用中我们通常采用分贝(dB)来描述它，即：

$$\sigma = 10 \times \log \frac{\sigma}{\sigma_{\mathrm{ref}}} \mathrm{dB} \tag{2.16}$$

通常 $\sigma_{\mathrm{ref}} = 1\mathrm{m}^2$，因此 RCS 的单位描述为 dBm^2，以上是对于独立散射体的 RCS 的描述方法，对于连续的面状散射体，如冰雪覆盖的地表或者成片的农田或森林，其 RCS 一般通过单位面积的 σ 来表示，即 $\mathrm{m}^2/\mathrm{m}^2$，又称为后向散射系数 σ^0，单位为 $\mathrm{m}^2/\mathrm{m}^2$。表 2.1 列出了常见的雷达散射截面与 dB 之间的对应关系。

表 2.1　后向散射系数与 dB 转换表

RCS	dB	RCS	dB
0.001	−30	10	10
0.005	−23	20	13
0.01	−20	50	17
0.02	−17	100	20
0.05	−13	200	23
0.1	−10	500	27
0.2	−7	1000	30
0.5	−3	2000	33
1	0	10000	40
2	3	100000	50
5	7		

2.1.2.3　太阳辐射与大气作用

太阳辐射习惯称作太阳光，太阳光通过地球大气照射到地面，经过地面物体反射又返回，再经过大气到达传感器，这时传感器探测到的辐射强度与太阳辐射到达地球大气上空时的辐射强度相比，已有了很大的变化，包括入射与反射后二次经过大气的影响和地物反射的影响。本节主要介绍太阳辐射相关知识和大气对太阳辐射的影响，并在此基础上比较人工微波辐射源及大气对其辐射的影响。

(1)太阳辐射

太阳常数是描述太阳辐射能流密度的一个物理量，是指不受大气影响，在距太阳一个天文单位内，垂直于太阳光辐射方向上，单位面积单位时间黑体所接收的太阳辐射能量。太阳常数的数值为 $1.360 \times 10^3 \mathrm{W/m}^2$。长期观测表明，太阳常数的变化不会超过 1%。从太阳常数可以推算出太阳总的辐射功率为 $3.826 \times 10^{26} \mathrm{W}$ 及太阳表面的辐射出射度为 $6.284 \times 10^7 \mathrm{W/m}^2$。利用斯忒藩—玻尔兹曼定律可算出太阳的有效温度为 5770K。

地面接收太阳辐照度与太阳高度角 h 有关，在忽略大气损失的情况下，地面接收的太阳辐照度是太阳垂直投射到被测平面上的测量值。

如果太阳倾斜入射，则辐照度必然产生变化并与太阳入射光线及地平面产生夹角，即与太阳高度角有关。如图 2.3 所示，表示太阳光线射入地平面的一个剖面，h 为高度角，I 为垂直于太阳入射方向的辐照度，I' 为斜入射到地面上时的辐照度，辐射通量 Φ 不变，则 AB 间面积为 S，BC 间面积为 $S \cdot \sin h$。

$$\varphi = I' \cdot S = I \cdot S \cdot \sin h \qquad (2.17)$$

$$I' = I \cdot \sin h \qquad (2.18)$$

如果用太阳常数 I_Θ 计算，设 D 为日地之间距离，则

$$I' = \frac{I_\Theta \cdot \sin h}{D^2} \qquad (2.19)$$

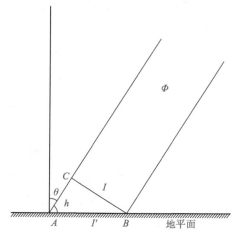

图 2.3 太阳辐照度随高度角变化

由于太阳高度角的年内变化，因此同一观测点太阳辐照度经常变化。如果取太阳入射光线与地平面垂线的夹角 θ，即天顶距或天顶角。因为 $h+\theta = 90°$ 则公式成为：

$$I' = \frac{I_\Theta \cdot \cos\theta}{D^2} \qquad (2.20)$$

在微波波段，太阳辐射能量小于 1%，受到太阳黑子及耀斑的影响，强度变化大。如黑子和耀斑爆发，强度会有剧烈增长，最大时可相差上千倍甚至还多，甚至会影响地球磁场，中断或干扰无线电通讯，也会影响宇航员或飞行员的飞行。光学被动遥感主要利用可见光、红外等稳定辐射，从而使太阳活动对遥感的影响减至最小。

(2) 大气对太阳辐射的作用

大气对太阳辐射作用主要包括大气的散射和吸收作用。

① 散射作用：太阳辐射在传播过程中遇到小微粒而使传播方向改变，并向各个方向散开，称散射。散射现象的实质是电磁波在传输中遇到大气微粒而产生的一种衍射现象。因此，这种现象只有当大气中的分子或其他微粒的直径小于或相当于辐射波长时才发生。大气散射有 3 种情况：

a. 瑞利散射：当大气中粒子的直径比波长小得多时发生的散射。瑞利散射的散射强度与波长的四次方(λ^4)成反比，$I \propto \lambda^4$，即波长越长，散射越弱。瑞利散射对可见光的影响很大，对于红外和微波，由于波长更长，散射强度更弱，可以认为几乎不受影响。瑞利散射引起的消光系数为：

$$k_R(\lambda) = \frac{32\pi^3}{3N_1\lambda^4}(n_0 - 1)^2 \qquad (2.21)$$

式中：N_1 是单位体积中的分子数；n_0 是空气折射率。大气中 N_1 和 n_0 的值是相当

稳定的，因此瑞利散射引起的衰减量也是比较稳定的。

b. 米氏散射：当大气中粒子的直径与辐射的波长相当时发生的散射。这种散射主要由大气中的微粒，如烟、尘埃、小水滴及气溶胶等引起。米氏散射的散射强度与波长的二次方(λ^2)成反比，即 $I \propto \lambda^2$，并且散射在光线向前方向比向后方向更强，方向性比较明显。米氏散射引起的消光系数为：

$$k_M(\lambda) = A\lambda^{-q} \tag{2.22}$$

式中：A、q 是一些常数，q 的取值在 $0 \sim 4$ 之间，可以从实验中确定。

c. 无选择性散射：当大气中粒子的直径比波长大得多时发生的散射。这种散射的特点是散射强度与波长无关，也就是说，在符合无选择性散射的条件的波段中，任何波长的散射强度相同。

由以上分析可知，散射造成太阳辐射的衰减，但是散射强度遵循的规律与波长密切相关。而太阳的电磁波辐射几乎包括电磁辐射的各个波段。因此，在大气状况相同时，同时会出现各种类型的散射。如云中的小雨滴对可见光是无选择性散射，而对微波波段为瑞利散射，散射强度与波长四次方成反比，而微波波长很长，所以微波波段散射最小，透射最大，因此具有穿云透雾的能力。

②吸收作用：太阳辐射穿过大气层时，大气分子对电磁波的某些波段有吸收作用。吸收作用使辐射能量转变为分子的内能，从而引起这些波段太阳辐射强度的衰减，甚至某些波段的电磁波完全不能通过大气。因此在太阳辐射到达地面时，形成了电磁波的某些缺失带。大气中臭氧(O_3)、二氧化碳(CO_2)和水汽(H_2O)对太阳辐射吸收作用最大。

电磁波在大气中传播时，因大气的吸收和散射作用，使强度减弱，被大气衰减，由此而引起的光线强度的衰减称为消光。在可见光波段，吸收作用小(仅3%)，消光主要是由散射引起的。大气对辐射的衰减作用，可用衰减系数 $k(\lambda, h)$ 表示，单位为 m^{-1}。它是吸收系数 α 与散射系数 γ 之和。大气衰减的数值取决于大气状况及电磁波的波长。在特定波长中，吸收的影响具有很复杂的结构；散射的影响主要在约 $2.0\mu m$ 以下，并随着波长的减小而单调增加(透过率减小)。在大气窗口内，大气的衰减作用主要是因散射引起的。

大气对辐射信号的影响不仅表现在使辐射量发生衰减，大气本身的辐射对信号的影响也很大。大气以两种方式影响遥感器所记录地面目标的"亮度"或"辐射亮度"：一是大气的吸收、散射作用使到达地面目标的太阳辐射能量和从目标反射的能量均衰减；二是大气本身作为一个反射体(散射体)的程辐射(path radiance)使能量增加，但它与所探测的地面信息无关。

2.2 SAR 物理基础及数学表达

2.2.1 电磁波理论与微波

微波是电磁波的一种形式，也是无线电波的一种，波长为 1mm 到 1000mm。根据微波波长，可以划分为毫米波、厘米波、分米波和米波。微波由于波长较长，与波长较短的电磁波相比，具有自身的优势和特征，本节将结合电磁波的基本特点，从波的特征、电磁辐射和大气散射对电磁辐射的影响 3 个方面阐述微波的特性。

(1) 波的特征与微波

电磁波具有叠加、干涉、衍射和极化特征。在微波遥感应用中，特别是 SAR 技术应用中，波的叠加、干涉和极化是干涉、极化 SAR 技术发展的基础。

①波的叠加：当空间同时存在由两个或两个以上的波源产生的波时，每个波并不因其它的波的存在而改变其传播规律，仍保持原有的频率(或波长)和振动方向，按照自己的传播方向继续前进，而空间相遇点的振动的物理量则等于各个独立波在该点激起的振动的物理量之和。这即是波的叠加原理，其适用于微波和其他遥感使用的波段。

②波的干涉：由两个(或两个以上)频率、振动方向相同、相位相同或相位差恒定的电磁波在空间叠加时，合成波振幅为各个波的振幅的矢量和。因此，会出现交叠区某些地方振动加强，某些地方振动减弱或完全抵消的现象。这种现象称为干涉。产生干涉现象的电磁波称为相干波，如果两个波是非相干的，则叠加后的合成振幅是各个波的振幅的代数和，交叠区不会出现振动强弱交替的现象。通常单色波都是相干的。

③波的极化：极化是指电磁波的电场矢量振动方向的变化趋势，即电场矢量在垂直于波的传播方向的平面内的投影所形成的轨迹，当轨迹为直线时，称为线极化；当轨迹为椭圆时，称为椭圆极化；当轨迹为圆时，称为圆极化。在全极化 SAR 技术中，通常会形成 HH、HV、VH、VV 4 种极化的图像，称为全极化图像，通过这四种极化图像，可以合成散射地物的任意极化态的影像。

(2) 电磁辐射与微波

在本书中涉及的微波遥感为主动微波遥感，其获取的地物电磁辐射通常来自人工电磁辐射源。所有的物体都能吸收电磁辐射，吸收能力越强，其辐射能力也就越强。理想的"黑体"能够吸收全部外来的电磁辐射，并在一切温度下发射出最大的电磁辐射。因此，人工辐射源通常通过模拟理想"黑体"来人工制作，其电磁辐射规律服从普朗克辐射公式。

由于微波波长较长，这时普朗克公式中的 T 足够大，使得 $hc/(\lambda kT) \ll 1$，这时将普朗克公式分母中的 $e^{hc/\lambda kT}$ 一项按级数展开，即

$$e^{hc/\lambda kT} = 1 + \frac{hc}{\lambda kT} + \frac{h^2 c^2}{2\lambda^2 k^2 T^2} \tag{2.23}$$

将此式带入普朗克公式则可推导出瑞利—金斯辐射公式，即应用于波长相当长的辐射定律，它适用于目前所使用的全部微波波段。在最短波长 1mm 时，相对误差不超过 3%。

$$B_b(\lambda) = 2kT/\lambda^2 \tag{2.24}$$

(3) 大气与微波

同大气对太阳辐射的衰减作用相似，大气对人工微波的衰减作用主要有吸收和散射两种作用。大气中的水汽和氧分子对微波具有吸收作用，氧分子对微波的吸收中心波长位于 0.253cm 和 0.50cm 处，并且氧分子较水汽的吸收作用强。在微波波段，一般可采用 2.06~2.22mm、3.0~3.75mm、7.5~12.5mm 和 20mm 以上的波长作为微波遥感的窗口，在这 4 个波段内大气的吸收作用是很小的。

大气散射中对微波影响的微粒主要 3 大类，即水滴(包括云雾、霾和降水)、冰粒和尘埃，它们的散射因微粒大小和电磁波长的相对关系不同而异。由于由水粒组成的云粒子一般直径很小，不超过 100μm，比微波波长要小一两个量级，故对微波的散射满足瑞利散射条件，但这时散射作用比吸收作用小得多，一般可以忽略，故微波在非降水云层中的衰减，主要由水粒的吸收引起，其衰减系数 K_c 为：

$$K_c = 4.35M \times 10^{[0.0122 \times (291-T)-1]}/\lambda^2 \tag{2.25}$$

式中：M 为云层含水量，g/m^3。

降水云层中的粒子主要有雨滴，冰粒，雪花和干湿冰雹等，其直径均大于 100μm，有的可以达到几毫米(如雨滴)、几厘米(如冰雹)，它们对微波的散射必须按米氏散射来分析。这时吸收情况十分复杂，散射作用一般是不能忽略的。Setzer 的研究结果表明：当微波频率小于 10.69GHz(约 2.81cm)时，水滴的散射衰减作用已经逐渐小于吸收；当微波频率为 4.805GHz(约 6.3cm)时，散射作用只有吸收的 1/10。而当频率大于 10.69GHz 时，水滴的散射作用则完全不能忽略。但如果不是暴雨和大雨，雨滴直径不超过 2.5mm，而频率又不大于 19.35GHz 时，则雨滴的散射作用比吸收小将近十倍，仍可予以忽略。

另外，云层本身也会发射出微波辐射而呈现为亮度温度。这种亮度作为随机干扰噪声叠加在目标亮温上，对目标的微波辐射亮度测量产生影响。频率愈高，这种噪声就愈严重。因此，当目标的发射率较低而微波传感器的工作频段很高时，这种云层干扰噪声的影响就不能忽略，而必须借助于其他波段传感器所获得的资料将这种干扰排除。反之，如果要对云层遥感的话，传感器的工作频率就要尽可能高。

最后，电离层对极化电磁波的影响也会带来微波辐射的测量误差。法拉第发现外界磁场会影响光在媒质中传输的方式，尤其是对其极化方式进行旋转。法拉第旋转的程度和电磁波频率呈平方反比关系，频率越低（波长越长）旋转越严重。当只用线极化波进行观测时，沿着传输路线（line of site）的旋转将影响线极化波的分量。该影响在 L 波段开始变得很严重（旋转角可达100°），而在 P 波段中可达几百度，对观测系统的性能带来了严重的限制。但是采用全极化测量可以解决该问题，因为该效应只是旋转了极化，而不是改变了极化的本质。因此全极化测量中的不变信息不会受电离层影响。

2.2.2 地物散射类型及其微波散射特征

2.2.2.1 常见地物微波散射类型

在微波散射中，常见的地物微波散射机制包括4种，即表面散射、体散射和二面角散射和面散射（图2.4）。雷达波束自天线发射出来，照射到地面时由于传播介质条件的改变，一部分能量发生表面散射返回空中，此时发生的散射类型即为表面散射，若波束特性不变，两种介质接触面为平面，若该平面为光滑平面，即波束将以入射角相等的角度反射出去，称之为镜面反射，若接触界面为粗糙面，波束经再辐射后向多个方向散射回空中（如粗糙地表），形成散射场，该散射场中与入射方向相反的部分，就是雷达的后向散射，即采用后向散射系数来度量。雷达发射出来的波束到达地面后，还有一部分能量透射进入下层介质中，如果下层介质不均匀，则透射波中的部分能量在与其他目标相互作用中发生多次弹射，最后一部分能量可能被再次散射会空中被接收，这种散射现象即为体散射（如森林冠层散射）。若在散射地表中，存在邻近的垂直地区，如城区的建筑物，入射光束则会发生另外一种常见的散射机制，即二面角散射机制（城市房屋或树干），即地表散射的一部分能量再次入射到与地表垂直的表面上，二次散射后的部分能量返回到雷达的接收天线。当地物表面与雷达入射波束接近垂直或垂直（垂直入射角）时，大部分反射能量直接返回到接收天线中，这时发生的散射称为面散射（facet）。

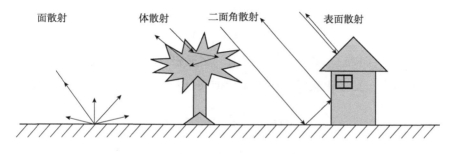

图 2.4 常见的 4 种地物散射机制

2.2.2.2 地物微波散射的物理机制

对于地表散射的物理描述，通常主要利用已经建立的一些理论模型来理解电磁波在随机介质中的传播及散射特征，从而帮助读者更好的理解观测数据，从而在雷达观测数据中提取有用的信息。

(1)表面散射模型

①朗勃特模型(Lambertian model)：完全粗糙的表面在光学遥感中通常称为朗勃特散射面，对于微波遥感中的双机站模式，其后向散射可以描述为：

$$\sigma^0(\theta, \theta_s) = \sigma_0^0 \cos\theta \cos\theta_s \tag{2.26}$$

式中：θ 入射角；θ_s 为反射角；σ_0^0 为垂直方向的后向散射系数，具有极化依赖性。

②小扰动模型(SPM)：小扰动模型又称为布拉格模型(bragg model)，主要用于描述轻度粗糙的地表，一般通过相干模型(镜面)和非相干模型(非镜面)来描述：

$$\sigma^0(\theta) = \sigma_c^0(\theta) + \sigma_n^0(\theta) \tag{2.27}$$

式中：$\sigma_c^0(\theta)$ 为相干模型，不受到极化特征的影响；$\sigma_n^0(\theta)$ 是非相干模型，受极化特征影响明显，其极化影响主要由菲涅尔反射系数的极化依赖性造成。相干模型可以由式 2.27 描述，非相干模型可以由式 2.28 描述。

$$\sigma_c^0(\theta) = 4 \mid \rho(0) \mid^2 \exp\left[-4\left(k^2 s^2 + \frac{\theta^2}{\Theta^2}\right)\right] / \Theta^2 \tag{2.28}$$

式中：Θ 天线的波束宽度(beamwidth)，s 是地表高度的均方根高度，$k = 2\pi/\lambda$ 是波数，$\rho(0)$ 是菲涅尔反射系数。

$$\sigma_n^0(\theta) = 4\beta^4 s^2 l^2 \cos^4\theta \ [1 + 2 \ (kl\sin\theta)^2]^{-3/2} \mid \alpha_{xx} \mid^2 \tag{2.29}$$

式 2.30 中：β 是相位常数，有时也称波数；l 是相关长度，通过自相关方程计算得出，用来代替式 2.28 中的 s；α_{xx} 是反射参数，具有极化敏感性。

$$\alpha_{vv} = \rho_H = \frac{\cos\theta - \sqrt{\varepsilon_r - \sin^2\theta}}{\cos\theta + \sqrt{\varepsilon_r - \sin^2\theta}} \tag{2.30a}$$

$$\alpha_{vv} = \frac{-\varepsilon_r \cos\theta + \sqrt{\varepsilon_r - \sin^2\theta}}{\varepsilon_r \cos\theta + \sqrt{\varepsilon_r - \sin^2\theta}} \tag{2.30b}$$

$$\alpha_{HV} = \alpha_{VH} = 0 \tag{2.31}$$

③半经验模型(SEM)：在 SPM 模型中，交叉极化分量为零，密歇根大学发展了 SEM 模型，模型中交叉极化和同极化采用比值来计算，模型描述见式 2.32。

$$\sigma_{VV}^0(\theta) = \frac{g \cos^2\theta}{\sqrt{p}} (\mid \rho_V \mid^2 + \mid \rho_H \mid^2) \tag{2.32a}$$

$$g = 0.7\{1 - \exp[-0.65 \ (ks)^{1.8}]\} \tag{2.32b}$$

$$\sigma_{HH}^0(\theta) = p\sigma_{VV}^0(\theta) \tag{2.32c}$$

$$\sigma_{HV}^0(\theta) = q\sigma_{VV}^0(\theta) \tag{2.32d}$$

$$p = \left[1 - \left(\frac{2\theta}{\pi} \right)^{0.33 / |\rho(0)|^2} \exp(-ks) \right]^2 \tag{2.32e}$$

$$q = 0.23 |\rho(0)| \left[1 - \exp(-ks) \right] \tag{2.32f}$$

图 2.5 描述了采用以上 3 种模型分别描述的后向散射系数。其中采用朗勃特模型描述的粗糙地表（$\sigma_0^0 = 0.02$），采用 SEM 描述的中度粗糙表面（$s = 0.1\text{cm}$，极化方式为 HH），采用 SPM 描述光滑表面（波长为 3.2cm，天线波束宽度为 0.1rad，$l = 2.5\text{cm}$，$s = 0.04\text{cm}$）。通过设置不同参数的变化，可以反应介电常数、波长、极化方式、地表粗糙度、雷达入射角等对地物后向散射的影响方式及程度。

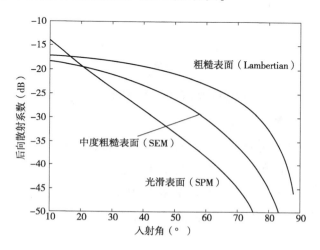

图 2.5　Lambertian、SEM 和 SPM 描述的地表后向散射系数

(2) 体散射模型

森林或者农作物的冠层发生的散射类型以体散射为主，目前普遍接受和广泛应用的体散射物理模型包括密歇根微波冠层散射模型（Michigan microwave canopy scattering model，MIMICS）和水云模型（WCM-water cloud model）。由于密歇根模型是针对森林等高大植被覆盖地表建立的，输入参数复杂庞多，在应用于农业区等较为矮小的植被覆盖地表时，由于植被茎干和植被冠层没有明显区别，该模型显得过于庞大而难于应用。水云模型对植被覆盖层的散射机制进行简化，假定"云"代表植被层，由类似水分子的相同大小的、均匀分布在整个植被空间的颗粒组成，植被层需要考虑的变量是和"云"的水分含量成比例的高度和密度两个变量。水云模型描述的体散射可以表述为：

$$\sigma^0 = \frac{\sigma_v \cos\theta}{2k_e} \left[1 - \exp(-2k_e h \sec\theta) \right] \tag{2.33}$$

式中：σ_v "云"中所有独立散射体散射截面的总和；θ 为入射角；k_e 为消光系数，由冠层散射体的吸收系数和散射损失系数的和确定；h 为冠层高。图 2.6 描述了采用水云模型模拟的体散射和采用朗勃特模型模拟的表面散射。从图中可以看出相对表面散射，体散射受到入射角的影响较小，水云模型的缺点是没有反应极化特征对体散射的影响，体散射具有明显的去极化特征消光特征。

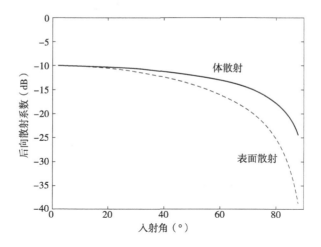

图 2.6 朗伯特模型(表面散射)和水云模型(体散射)

(3)二面角散射模型

二面角散射属于硬目标散射的一种，特别是当雷达图像分辨率较高时，独立树、房屋等会呈现较强的二面角散射特征，特别是当它们是单个像元内的主要散射元素时，其散射系数即为这个像元面积所对应的雷达散射截面。针对这个现象，我们更倾向于采用雷达散射截面来描述硬目标散射后向散射特征。二面角的雷达后向散射可以描述为：

$$\sigma \approx \frac{4\pi A_e^2}{\lambda^2} \qquad (2.34)$$

式中：A_e 为二面角的有效散射面积。

采用二面角和水云散射模型，可以模拟独立树或独立植株的后向散射截面：

$$\sigma = 8\pi t^2 \rho_t^2 \rho_g^2 t \sin^2\theta \frac{c}{\lambda} \exp(-2k_e h \sec\theta) \qquad (2.35)$$

(4)面散射模型

面也属于一种硬目标，当面的面积较大，假设为一个边长分别为 a 和 b 的矩形，则其针对入射角 θ 的雷达散射截面可以表示为：

$$\sigma = \frac{4\pi}{\lambda^2} ab^2 \cos^2\theta m^2 \qquad (2.36)$$

2.2.3　辐射传输理论与雷达方程

2.2.3.1　辐射传输理论

辐射传输理论是理解微波辐射与地物作用的理论基础，同时是采用 SAR 技术进行地物散射正向模型构建和相关参数反向模型反演的理论依据。辐射传输理论是解释电磁波在通过同一或不同媒介时如何变化的理论。这节我们首先介绍电磁波在通过大气时的变化情况，然后介绍电磁波与具体地物作用时的变化情况。

辐射传输理论是钱德拉塞卡（Chandrasekhar）在研究星体（stellar）大气辐射特性时给出的。它描述了媒质在发生吸收、发射和散射时，其中辐射传输强度变化的情况。这里主要考虑了媒质自身发射的电磁波发生吸收、发射和散射的情况。在遥感应用中需要考虑太阳辐射或用于微波遥感的人工辐射源的人工辐射在往返大气层后辐射强度的变化、与地物作用后辐射强度的变化两种情况。因此这里我们首先考虑辐射经过大气的散射、吸收衰减和大气程辐射影响后强度的变化情况，然后介绍辐射与地物作用后强度的变化情况。

（1）大气对辐射信号的衰减

大气对辐射的衰减作用可以消光系数 $k(\lambda, h)$ 表示，k 的单位是 m^{-1}，它表示通过单位距离后辐射衰减的比例，即：

$$\frac{\mathrm{d}E(\lambda)}{E(\lambda)} = -k(\lambda, h)\mathrm{d}h \tag{2.37}$$

通过厚度为 l 的垂直大气层后的辐射强度为：

$$\int_{E^\circ}^{E} \frac{\mathrm{d}E(\lambda)}{E(\lambda)} = -\int_0^l k(\lambda h)\mathrm{d}h$$

$$E(\lambda) = E_0(\lambda)\mathrm{e} - \int_0^l k(\lambda h)\mathrm{d}h \tag{2.38}$$

式中：$E_0(\lambda)$ 为 $l=0$ 处的辐射强度，当考虑地面向外层空间的辐射时以地面为 $l=0$，如考虑太阳辐射通过大气的衰减时以大气顶为 $l=0$；$E(\lambda)$ 为通过垂直高度为 l 的大气层衰减后的辐射强度。

如果辐射以一定的高度角 θ 斜入射，则有：

$$\mathrm{d}h' = \sec\theta \mathrm{d}h \tag{2.39}$$

此时辐射的强度为：

$$E'(\lambda) = E_0(\lambda)\mathrm{e}^{-\sec\theta\int_0^l k(\lambda h)\mathrm{d}h} = E_0(\lambda)\mathrm{e}^{-m(\theta)\tau(\lambda)} \tag{2.40}$$

$$m(\theta) = \sec\theta \tag{2.41}$$

式中：$m(\theta)$ 称为大气质量，它表示斜入射时大气的等效光程与垂直入射大气光程之比。因此，在垂直入射时大气质量为 1。随着 θ 的增加 $m(\theta)$ 也迅速增加。2.41 式是把大气作为一平面层，不考虑它的曲率，同时忽略大气的折射，而后推导出来的。在 $\theta<60°$ 时，用 $\sec\theta$ 作为大气质量还是相当精确的。当 $60°<\theta<80°$ 时，大气的曲率就变得很重要，因此 $m(\theta)$ 要比用 $\sec\theta$ 算出的值小。由 2.39 式可知 $\tau(\lambda)$ 为：

$$\int_0^l k(\lambda, h)\mathrm{d}h = \tau(\lambda) \tag{2.42}$$

式中：$\tau(\lambda)$ 称为垂直光学厚度。大气的垂直光学厚度与大气的吸收与散射情况有关：

$$\tau(\lambda) = \tau_\alpha(\lambda) + \tau_\delta(\lambda) \tag{2.43}$$

式中：$\tau_\alpha(\lambda)$ 是吸收作用引起的垂直光学厚度。

$$\tau_\alpha(\lambda) = \int_0^l k_\alpha(\lambda h)\,\mathrm{d}h \tag{2.44}$$

式中：$k_\alpha(\lambda h)$ 是吸收作用的消光系数。

$\tau_\delta(\lambda)$ 是由散射作用引起的垂直光学厚度：

$$\tau_\delta(\lambda) = \int_0^l k_\delta(\lambda,\ h)\,\mathrm{d}h \tag{2.45}$$

式中：$k_\delta(\lambda,\ h)$ 是散射作用的消光系数。$k_\delta(\lambda h)$ 又可表示成：

$$k_\delta(\lambda h) = k_R(\lambda h) + k_M(\lambda h) + k_L(\lambda h) \tag{2.46}$$

$k_R(\lambda h)$、$k_M(\lambda h)$、$k_L(\lambda h)$ 分别为瑞利散射、米氏散射、大颗粒散射引起的消光系数，它们各自对应的垂直光学厚度为：

$$\tau_\delta(\lambda) = \tau_R(\lambda) + \tau_M(\lambda) + \tau_L(\lambda) \tag{2.47}$$

同理 $k_\alpha(\lambda,\ h)$ 可表示为：

$$k_\alpha(\lambda,\ h) = k_{O_3}(\lambda,\ h) + k_{CO_2}(\lambda,\ h) + k_{H_2O}(\lambda,\ h) + k_A(\lambda,\ h) \tag{2.48}$$

式中：$k_{O_3}(\lambda,\ h)$、$k_{CO_2}(\lambda,\ h)$、$k_{H_2O}(\lambda,\ h)$、$k_A(\lambda,\ h)$ 分别为 O_3、CO_2、H_2O 和其他气体由吸收引起的消光系数，它们各自对应的垂直光学厚度为：

$$\tau_\alpha(\lambda) = \tau_{O_3}(\lambda) + \tau_{CO_2}(\lambda) + \tau_{H_2O}(\lambda) + \tau_A(\lambda) \tag{2.49}$$

把 2.47 式与 2.49 式代入式 2.40 得：

$$E'(\lambda) = E_0(\lambda)\,\mathrm{e}^{-m(\theta)\left[\tau_{O_3} + \tau_{CO_2} + \tau_{H_2O} + \tau_A + \tau_R + \tau_M + \tau_L\right]} \tag{2.50}$$

大气的衰减作用也可用透过率 T 表示：

$$T = \frac{E'}{E_0} = \mathrm{e}^{-m(\theta)\tau} \tag{2.51}$$

式中：$m(\theta)\tau$ 又称为光学厚度。T 与 τ 都是波长及其他气象因素的函数，在不同波段、不同的时间与地点会有很大的差别。

(2) 大气辐射对辐射信号的影响

大气对辐射信号的影响不仅表现为衰减作用，大气的辐射对信号的影响也很大。在高度为 h 的飞行平台上，观测地面物体的辐亮度 L 为：

$$L = L_G T(h) + L_P \tag{2.52}$$

式中：L_G 为地面物体的辐亮度；$T_{(h)}$ 为从地面至高度 h 的大气层透过率；L_p 为地面至高度 h 的大气柱向上的辐射亮度，这些量都是波长、大气层厚度、光学厚度、观察角度的函数。

以太阳辐射作用为主的短波区，如果地面是朗伯体，则 L_G 可表示为式 2.53；

$$L_G = \frac{\rho}{\pi} E \tag{2.53}$$

式中：ρ 为地面的半球反射率；E 为地面的辐照度，而 E 又包括太阳直射 E_δ 及天空漫反射 E_D 的辐照度之和：

$$E = E_\delta + E_D \tag{2.54}$$

并考虑大气透过率的影响，则 E_δ 可写成：

$$E_\delta = \frac{E_0}{D^2} \cdot \cos\theta \cdot T \tag{2.55}$$

式中：E_0 为分谱太阳常数；D 是以日地平均距离为单位的日地距离；T 为整层大气的透过率，它与垂直整层大气的透过率 T_0 的关系为：

$$T = T_0^{-m(\theta)} \tag{2.56}$$

式中：$m(\theta)$ 为大气质量。

把式 2.53～式 2.56 代入式 2.52 得：

$$L = \left[\frac{E_0}{D^2}\cos\theta \cdot T_0^{-m(\theta)} + E_D \right] \cdot \frac{\rho}{\pi} \cdot T(h) + L_P \tag{2.57}$$

式中：E_0、E_D、T、T_0、ρ、L_P 等均是波长的函数，E_D、T、T_0、L_P 等还与大气的吸收情况和散射情况有关，是时间、空间的函数，ρ 与地面的状况及观察角度等各种因素有关，因此要精确地对大气传输的影响进行订正是非常复杂的。

（3）辐射传输方程

辐射传输理论的主要问题是：给定入射到具有一定厚度的大气层一端的入射辐射强度，在其另一端的出射辐射强度是多少？解决辐射传输问题的关键在于，人们希望确定沿着传输路径上任一点 S 处的辐射能量（入射点对应于 = 0）。然而，S 点处的辐射能盘不仅仅是入射的辐射，还包括从 0 到 S 路径中服从普朗克定律的自身辐射能量。而且，这些自身发射的大气辐射和入射能量一样，都要受到由吸收引起的指数型衰减。例如，图 2.7 所示过程即描述了该问题，具体也可由式 2.58 表示，该式又称为辐射传输方程。

s 处的瞬时辐射强度 = 入射能量（经过衰减）+ 路径中累加的发射量（经过衰减）

$$\tag{2.58}$$

若由 $B_v[T(S')]$ 表示位于 0 和 S 之间的任意一点 S' 处的局部发射能量就是经过选择性吸收效应修正后的黑体辐射，$k_f(S')$ 表示频率为 f 时 s' 点的体吸收系数，$\tau_f(S', S) = \int_S^S{}' k_f(S'')$ dS'' 为"光学厚度"或"不透明度"，定义为频率为 v 时路径 S' 到 S 上体吸收系数的积分，则辐射传输方程 2.1 可以表示为：

$$I_v(S) = I_v(0)\,\mathrm{e}^{-\tau_v(0,\,S)} + \int_0^s k_v(S')B_v\big[\,T(S')\,\big]\mathrm{e}^{-\tau_v(S',\,S)}\mathrm{d}S' \tag{2.59}$$

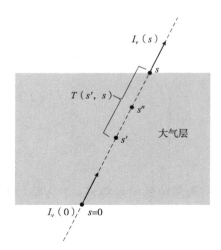

图 2.7 大气层辐射传输方程
推导过程示意图

式中：$I_v(S)$ 为频率为 v 时 S 点处的辐射强度；$I_v(0)$ 为路径起始处(大气层底部)的辐射强度，此时的积分限变成了 0 到 S，由于不透明度服从指数衰减，因此 $I_v(0)$ 也加上了吸收衰减修正项 $\mathrm{e}^{-\tau_v(0,S)}$ (其传输路径为 0 到 S)；$k_v(S')$ 为黑体发射修正项(因为不能把大气等效为纯黑体)。使用吸收系数，是因为根据基尔霍夫定律，吸收和发射是相等的。

(4) 观测地物对微波辐射信号的作用

由于微波的波长较长，经过大气的微波与地物的作用主要包括微波照射到地物表面时地物对微波辐射能量的散射、微波穿过地物时地物对微波的吸收以及地物内部组成对微波的散射衰减。

地物表面对微波的散射可以通过菲涅尔散射系数来表征，菲涅尔散射系数对水平极化(ρ_H)和垂直极化(ρ_V)的散射系数分别可以表示为：

$$\rho_\mathrm{H} = \frac{\cos\theta - \sqrt{\varepsilon_r - \sin^2\theta}}{\cos\theta + \sqrt{\varepsilon_r - \sin^2\theta}}, \qquad \rho_\mathrm{V} = \frac{(\varepsilon_r - 1)\big[\sin^2\theta - \varepsilon_r(1 + \sin^2\theta)\big]}{\big(\varepsilon_r\cos\theta + \sqrt{\varepsilon_r - \sin^2\theta}\,\big)^2} \tag{2.60}$$

式中：ε_r 是复介电常数；θ 是当地入射角。

当微波穿透地物表面进入地物时，对辐射能量的消减可以通过传输系数来表征，极化方式同样对传输系数作用不同，不同极化的传输系数可以通过菲涅尔散射系数来计算得出，水平极化(τ_H)和垂直极化(τ_V)的传输系数可以表示为：

$$\tau_\mathrm{H} = 1 + \rho_\mathrm{H}, \qquad \tau_\mathrm{V} = \frac{\cos\theta}{\cos\theta_t}(1 + \rho_\mathrm{V}) \tag{2.61}$$

式中：θ_t 为传输角或折射角。

微波穿过地物表面，在地物中进行传输时，其辐射能量 $E(r)$ 的传播可以表示为：

$$E(r) = E_\mathrm{o}\exp(-\gamma R) \tag{2.62}$$

式中：R 是传播的方向；E_o 是穿过地物表面后剩余的微波辐射能量；γ 是传播常数，用来描述微波在地物传输中的能量如何被改变。它是一个复数，虚部表示相位的改变，实部描述由于能量衰减造成的信号衰减，在遥感应用中更为重要，因此 γ 又可以表示为：

$$\gamma = \alpha + j\beta \tag{2.63}$$

α 又称为衰减常数，可以表示为：

$$\alpha = \frac{\pi}{\lambda}\frac{\varepsilon_r''}{\sqrt{\varepsilon_r'}}\qquad(2.64)$$

式中：ε_r'' 和 ε_r' 分别为复介电常数的虚部和实部。在应用中通常用吸收系数 (k_a) 来表征媒介对微波辐射吸收造成的损耗其与 α 的关系为：

$$k_a = \frac{2\pi}{\lambda}\frac{\varepsilon_r''}{\sqrt{\varepsilon_r'}}\qquad(2.65)$$

这时吸收系数的单位是 Np/m，将其变成 dB/m，需要乘以 8.686。根据式 2.65，微波在地物传输过程中由地物吸收损耗的能量可以表示为：

$$p(R) = p_0 e^{-k_a R}\qquad(2.66)$$

式中：p_o 是穿过地物表面后剩余的微波辐射能量密度。

微波在地物中传播时，辐射能量损耗不仅包括地物的吸收，还包括地物的散射，用 k_s 表示地物散射系数，则微波辐射在地物中传播的总损耗系数，又称为消光系数 (k_e) 可以表示为：

$$k_e = k_a + k_s\qquad(2.67)$$

因此，微波在地物传输过程中消耗的总的能量密度函数 $p_{\text{Total}}(R)$ 可以表示为：

$$p_{\text{Total}}(R) = p_o e^{-k_e R}\qquad(2.68)$$

2.2.3.2　雷达方程

雷达方程是建立人工辐射源辐射能量与地物反射能量及雷达天线接收地物回波之间关系的基础。在目前主流应用的主动式成像雷达中，通常是通过雷达系统天线发射特定波长的微波，然后利用雷达天线接收目标散射回来的微波能量来实现对地物的观测和监测。假设大气对雷达发射的辐射能量的影响忽略不计，则雷达方程可以表示为：

$$P_r = \frac{P_t G_t G_r \lambda^2 \sigma}{(4\pi)^3 R^4}\qquad(2.69)$$

式中：P_r 为天线接收到的回波能量的功率；P_t 为天线处发射微波的功率；G_t 为发射天线的增益，定义为天线主瓣方向的功率密度与各向同性辐射体辐射的功率密度之比；G_r 为接收天线的天线增益，可以由等效面积 A_r 和波长 λ 由 $G_r = \frac{4\pi}{\lambda^2}A_r$ 计算获得；σ 为后向散射截面，R 为被观测目标到雷达天线的距离。

雷达方程表达了雷达发射、接收的电磁波在和地物发生作用前后，其能量之间的关系及相关的影响因子。由雷达方程可知，在雷达系统参数（波长、发射功率、天线增益、斜距）固定时，雷达接收到的功率由地物的雷达散射截面 (σ) 决定。

雷达散射截面 σ 与目标处入射能量密度 p_i 和雷达接收天线处能量密度 p_r 的关系为：

$$\sigma = 4\pi R^2 \frac{p_r}{p_i} \quad m^2 \tag{2.70}$$

公式 2.8 中，分子 p_r 与球面积 $4\pi R^2$ 的乘积为目标散射波的全功率，分母 p_i 为入射波的功率密度。因此，雷达散射截面又被定义为散射波的全功率与入射波功率密度之比。

值得注意的是，σ 是一个抽象的面积，它的值与目标的几何面积无直接关联，主要受到地物形状、介电常数、相对雷达天线的方向、地表粗糙度等的影响。例如，当地物朝向天线散射很小的功率时，地物的 σ 值将接近 0，其原因可能是因为地物面积较小、地物吸收回波能力强、地物是透明的或者地物对入射波的散射集中在偏离天线的方向。此外，当地物朝向天线方向的散射能量比各向同性情况下的散射能量大很多时，地物的 σ 值会比地物实际面积大得多，例如离散散射体的米氏散射或表面的布拉格散射。

在雷达遥感中，地物类型包括离散的目标(如独立的树木、孤立的楼房等)、分布式目标(如裸露地表、水体等)和离散目标与分布式相结合的目标(如森林、农田等)。对离散的点目标，可以用 σ 完整地表达目标对入射波的散射能力，但对后两者，可以认为一个地面分辨单元内有很多散射体组成，回波信号是分辨单元内所有散射体回波信号的相干叠加，并没有某个散射体的散射强度占主导地位，要描述这种分布式目标、离散与分布式相结合目标的散射特征，需要引入后向散射系数的概念。后向散射系数采用统计方法描述地物的散射能力，表示为单位有效散射单元面积内地物的平均散射截面，单位是 m^2/m^2。

根据有效散射单元面积的不同，后向散射系数有 3 种具体计算方法，分别为 σ^0、γ^0、β^0，计算公式分别见式 2.71、2.72 和 2.73。

$$\sigma^0 = \frac{\langle \sigma \rangle}{A_\sigma} \tag{2.71}$$

$$\gamma^0 = \frac{\langle \sigma \rangle}{A_\gamma} \tag{2.72}$$

$$\beta^0 = \frac{\langle \sigma \rangle}{A_\beta} \tag{2.73}$$

以上 3 种表达方法，分子都是相同的，$\langle \cdot \rangle$ 表示求期望值，可采用一定空间范围内同一种分布式目标的若干观测值的算术平均值替代；分母有所不同，是 3 种不同的有效散射面积计算方法，图 2.8 给出了地表平坦条件下，3 种有效散射单元面积的示意图。

图 2.8 中，A_σ 为地距向的有效散射单元面积，A_γ 为垂直于入射方向的有效散射单元面积，A_β 为斜距向的有效散射单元面积。若像元的距离向和方位向的分辨率分别为 r_r 和 r_α，则 3 种面积可以表示为：

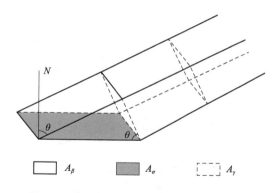

图 2.8　有效散射单元面积的 3 种计算方法

$$A_{\beta} = r_r \cdot r_{\alpha} \tag{2.74a}$$

$$A_{\gamma} = \frac{r_r}{\tan\theta} r_{\alpha} = \frac{A_{\beta}}{\tan\theta} \tag{2.74b}$$

$$A_{\sigma} = \frac{r_r}{\sin\theta} r_{\alpha} = \frac{A_{\beta}}{\sin\theta} \tag{2.74c}$$

式 2.74 中：θ 为该像元的当地入射角（入射波与地表水平面法向量的夹角），当地形平坦时，当地入射角与雷达入射角相等。

若地表存在地形起伏，由于 A_{β} 定义在斜距坐标空间，其值和地形起伏无关，所以地形不会对 β^0 的计算产生任何影响。但会对 A_{σ} 的计算带来较大的影响，从而影响 σ^0。若我们采用 σ^0 进行应用分析，则需要考虑采用数字高程模型（DEM）和雷达成像模型，严格计算有效散射单元的面积，假设计算结果为 $A_{\sigma t}$，则雷达影像的地形辐射校正公式就可写为式 2.75

$$\sigma^0 = \frac{\langle \sigma \rangle}{A_{\sigma t}} \tag{2.75}$$

2.2.3.3　SAR 地物后向散射影响因子

SAR 成像系统中对地物后向散射影响的因此包括雷达系统参数和地物本身的特征，主要的雷达系统参数主要包括入射角、入射波长或频率和极化方式等，地物本身的特征主要包括地表粗糙度和复介电常数等。

（1）雷达系统参数

①入射角：入射角是指雷达波束与大地水准面垂线之间的夹角，是影响雷达后向散射及图像上目标物因叠掩或透视收缩产生位移的主要因素。不同的传感器由于成像的几何方式不同，入射角对其后向散射的影响也各不相同，但与地物的粗糙度、同质性等相比，其影响基本可以忽略。

以相同的散射表面来考虑，入射角度越小，影响越大，即后向散射在近距点的影响最大，在远距点影响相对降低。但是在不同的极化方式下，影响曲线有所变化（图 2.9）。从图 2.9 中可以看出，入射角的变化，对不同极化方式的图像影响不同。对交叉极化方式影响最小，垂直极化次之，而垂直极化影响最大。特别是垂直极化在低入射角地区呈现急剧变化，而在中入射角地区缓慢下降，而在高入射角地区，后向散射突然降低。

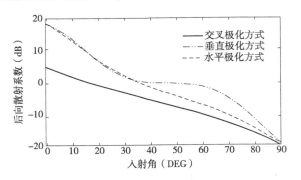

图 2.9 不同极化方式后向散射系数随入射角变化关系

对于不同的散射表面，入射角的影响也不尽相同。如图 2.10 所示，对于光滑表面，在小入射角范围内，后向散射急剧下降。

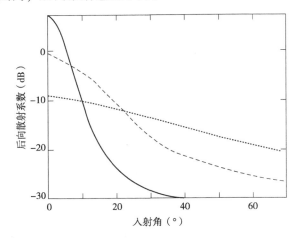

图 2.10 不同粗糙程度后向散射系数随入射角变化关系

平坦地表雷达入射角与雷达视角相等，对于有 α 坡度的地表，其局部入射角为 $\theta =$ 视角 $-\alpha$。回波散射强度对入射角度敏感，当入射波角度较小时，在连续均值的地表，地物的雷达散射截面面积变大(地距方向分辨率变大)，因此包含更大尺度的地貌表面信息，当入射角较大时，地物的雷达散射截面面积变小(地距方向分辨率变小)，回波包含的地貌表面信息尺度变小。

②波长与频率：在雷达遥感中，有源天线能够发射出特定波长或频率的能量。对于雷达波段的划分，通常的规则是根据波长来划分，它的规则如下表：

表 2.2 微波常见波段波长及频率

波段	K	X	C	L	P
波长(cm)	0.75~2.67	2.40~3.75	3.75~7.5	15~30	77~136
频率(MHz)	12000~40000	8000~12500	4000~8000	1000~2000	220~390

波长对地物的后向散射有着明显的影响，长波对小于其波长的物体具有较强的穿透能力，短波则穿透能力较弱，据此可以根据不同的目的选择不同的微波波长。从雷达方程可以看出雷达回波强度与入射波长直接相关。另外波长大小决定了地物表面的粗糙程度及发生散射的类型，从而影响地物的散射能量大小。此外，波长决定了入射雷达波对地物的穿透深度，从而影响了地物吸收入射波能量的大小，进而影响反射电磁波能量的大小。

由于短波长系统的空间分辨率高，早期的机载雷达系统常用短波长波段，如 K 和 X，高分辨率在这里包含着两方面的含义：即高的方位向分辨率和足够高的距离向分辨率。它采用多普勒频移理论和雷达相干理论为基础的合成孔径技术来提高雷达的方位向分辨率；而距离向分辨率的提高则通过脉冲压缩技术来实现。在雷达系统中，沿着平台飞行的方向为方位向，垂直于航线的方向称为距离向。雷达辐射脉冲传播过程中，厚度始终为 ct，但宽度会不断增加，于雷达间距离为 r 的一个点目标会返回一个持续时间为 t 的脉冲，这个脉冲发射后返回平台的时延为 t_d，根据接收信号的不同时延，就可以区分在不同距离上的散射体。最小和最大距离通常称为近距和远距。雷达图像的空间分辨率是指雷达图像上可区分的两个地物目标的最小距离，它包括方位分辨率和距离分辨率，在地面上可以分辨的两目标最短距离就是侧视雷达图像的距离分辨率。

③极化方式：在自由空间中传播的电磁波又是平面波，它是一种电场和磁场相互垂直的横波电磁波经过传播、反射、散射和衍射后会发生电场矢量的改变，即发生极化现象。所谓极化，即电磁波的电场振动方向的变化趋势。线极化是电场矢量方向不随时间变化的情况，它又分为两个方向的极化，即水平极化和垂直极化。水平极化是指电场矢量与入射面垂直，而垂直极化则是指电场矢量与入射面平行。若发射和接收的都是水平极化(或垂直极化)的电磁波，则得到同极化 HH(或 VV)图像，若发射和接收的电磁波是不同极化的电磁波，则所得图像为交叉极化图像(HV 或 VH)。同时成像的多波段多极化 SAR 系统，可以获取地物对不同波段雷达的回波响应及线极化状态下同极化于交叉极化信息，可更准确的探测目标特征，极化波雷达可同时接收想干回波信号的振幅和相位信息，可获取地物的包括线极化、圆极化及其椭圆极化在内的全极化信息，能测量每一像元的全散矩阵，进而可自动识别并提取地面参数。研究区域的 HH 和 HV 极化方式的图像如图 2.11 所示。

(2)地物参数

①地表粗糙度：表面粗糙度(定义为高度变化的均方根值)是描述地物表面起伏、落差、大小特征的计量参数，是影响地物后向散射特性最重要的因素之一。

瑞利根据微波波长、入射角和表面高度差定量地划分了粗糙度界线，根据瑞利判据，有表达式：

图 2.11　HH 和 HV 极化方式影像示例

$$\Delta\varphi = 4\pi/\lambda \cdot \Delta h \cdot \cos\theta \qquad (2.76)$$

式中：$\Delta\varphi$ 为波束相位差；Δh 为表面高度差；λ 为波束的波长；θ 是波束入射角。当 $\Delta\varphi < \pi/2$ 时，相当于 $\Delta h < \lambda/8\cos\theta$，反射面可视为平滑；当 $\Delta\varphi > \pi/2$ 时，相当于 $\Delta h > \lambda/8\cos\theta$，反射面可视为粗糙。因此，地物目标表面究竟是粗糙还是平滑，不仅与雷达波长、入射角有关，还与地表高度有关。

　　给定雷达波长，粗糙表面在图像上的特征较亮，即后向散射较强，相反，光滑表面在图像上表现为暗色，后向散射较弱。地表粗糙度对图像特征的影响主要是由于镜面反射和漫反射造成的。由于粗糙表面发生漫反射，所以造成雷达天线方向回波较强，在图像上表现为亮色，而镜面反射使得反射能量偏移雷达天线而造成回波较弱。而对于同一地表面，在波长较长时显得光滑，在波长较短时就被认为粗糙。另一方面，当入射角很小，即波束接近掠射时，地物表面常常被认为是光滑的。

　　②复介电常数：地物目标的复介电常数是影响雷达回波强度的又一个重要指标。复介电常数由表示介电常数的实部和表示损耗因子的虚部组成。所谓损耗因子是指电磁波在传输过程中的损耗或衰减。干燥的物质(复介电常数小于 80)在图像上显示暗色调，潮湿表面，例如水体，具有高复介电常数(≈ 80)，在图像上显示为亮色调。一般来说，复介电常数越高，反射雷达波束的作用越强，穿透作用越小。在雷达图像解译中，含水量经常是复介电常数的代名词，因此，含水量对雷达的穿透能力有影响，提高地物的含水量将降低雷达的穿透能力提高其反射能

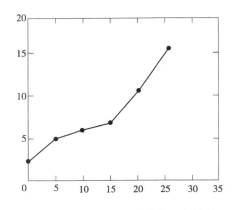

图 2.12　土壤湿度与介电常数之间的关系

力。这对于植被、土壤湿度的分析是十分重要的，图 2.12 显示了土壤湿度与介电常数之间的关系。

2.3　典型植被的散射特性

与光学遥感图像类似，雷达图像也有"同谱异物，同物异谱"现象。影响植被回波主要有含水量、粗糙度、密度和空间几何结构等因素。在植被遥感中，植被反射回波主要受到粗糙度及介质特性的影响，而非受到植物的细胞的影响，因此植被介质对微波影响决定其反演的后向散射系数。植被的后向散射系数随着季节不同，含水量不同，复介电常数不同，其回波信号不同，植被颗粒大小、粗糙度不同，后向散射系数也不同，同时，植被的生长阶段不同，其在 SAR 影像上的散射特征也各不相同，极化方式下植被回波响应也有差异，同极化（HH、VV）比交叉极化（HV、VH）后向散射系数要高。因此，选择合适的极化方式对植被识别也很重要。

2.3.1　农作物的散射特性

大多数的植被都可以认为是粗糙表面，只是粗糙程度不同，根据瑞利准则，随着粗糙度与波长的相对大小的差异，植被所现出的散射特性是极其复杂的，本文对棉花、玉米、水稻 3 种主要农作物的散射特性进行了描述（图 2.13）。

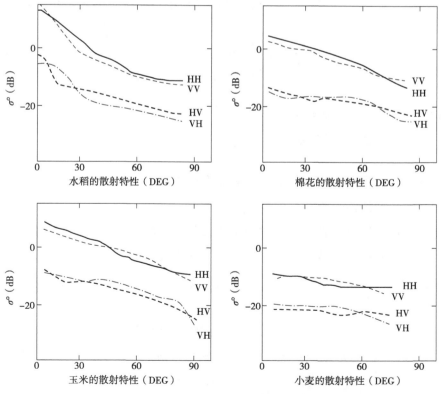

图 2.13　几种常见农作物的微波散射曲线

从图中可以看出，相同农作物的 VV 与 HH 极化方式之间，HV 与 VH 极化方式之间，差别很小，而水平极化与垂直极化之间的后向散射系数之间有 5~15dB 的差异。小麦的后向散射对入射角变化反应不很敏感，而水稻、玉米和棉花相比小麦来讲，受入射角影响较大。

农作物位于不同的生长期，其散射特性可能有所不同，也可能基本不变，根据国内外多组数据分析，一般情况下，小麦散射特性基本稳定，即曲线的形状，散射随入射角的变化幅度基本不变，只是曲线的位置，或者说散射数值有微小改变，但是当病虫害肆虐时，由于叶片密度、形状等都会出现变化，农作物的散射特性就会呈现不同趋势，另外，同一作物不同长势的散射特性也会有所差异。这些差异的研究有利于对农作物生长状况的估计和估产工作的开展。

2.3.2　草地的散射特性

草地的散射特性主要受到含水量的影响，在通常情况下，草地的 VV 与 HH 极化方式之间、HV 与 VH 极化方式之间，差别很小，而同向与交叉极化方式之间存在 10dB 左右的差异，对入射角影响敏感。而含水量高时散射系数值增大，如图 2.14 所示，大约高出 5~10dB。另外，对不同波长的散射系数差异很大，如图中含水量不同的草对波长为 8.6mm 和 3.2mm 的雷达波束的回波散射系数，分析可以得出，对于波长较长的雷达波束，散射系数要小。

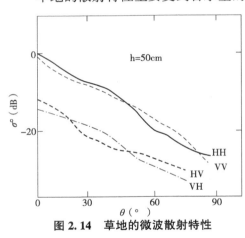

图 2.14　草地的微波散射特性

2.3.3　森林的散射特性

森林在地球上覆盖相当大的面积，其密度的不同、所处地形的变化、不同波长的雷达波束，对于回波信号的影响是不一样的。

雷达的后向散射对地表森林的物理结构参数极为敏感。因此，研究雷达的后向散射和森林参数之间的关系显得尤为重要。它可以使人们更加深入地了解雷达后向散射与森林物候变化的关系，改善森林雷达后向散射模型，从而进一步提高雷达监测生态系统的能力。

采用 C 波段和 X 波段水平与垂直极化方式雷达波束与森林树高、胸径和密度之间的关系分析如图 2.15 所示，树的平均高度和胸径与雷达后向散射强度相关性较高。随着树的平均胸径和高度的增加，C-HH、C-VV、X-HH 和 X-VV 的散射强度增加，由此可以看出，随着树体积的增加，雷达后向散射也相应增强。然而，树的密度与雷达

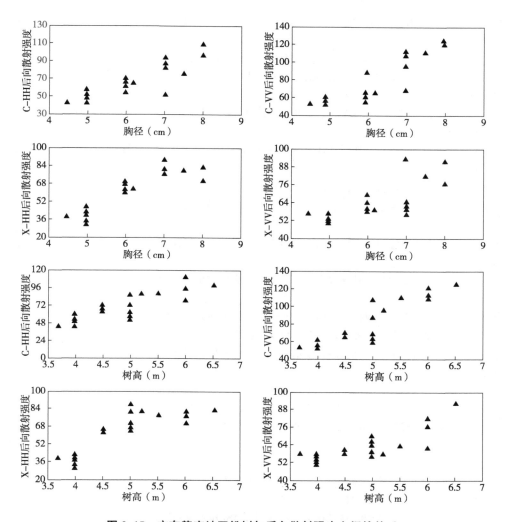

图 2.15　广东肇庆地区松树与后向散射强度之间的关系

的相关性极低，这说明树的密度虽然增加了，但树的体积参数（如胸径、树高、树冠高）的变化却是极不规则的，因而树的密度不是影响雷达后向散射变化的主要因素。

此外，不同的树种森林参数与后向散射系数之间的相关性各不相同，王臣立等（2005；2006）通过对桉树与松树分析，发现两类树种的平均树高和胸径与后向散射系数都呈正对数相关，而桉树树高与后向散射系数之间的相关性大于其胸径与后向散射系数之间的相关性，而松树则相反，即松树后向散射系数受胸径的影响大于树高影响。

参 考 文 献

陈劲松，邵芸，林晖，2004. 全极化 SAR 数据在地表覆盖/利用监测中的应用[J]. 国土资源遥感(2)：42-45.

程千，王崇倡，张继超，2015. RADARSAT-2 全极化 SAR 数据地表覆盖分类[J]. 测绘工程(4)：61-65.

戴玉芳，凌飞龙，2013. 水云模型于 L 波段 SAR 和中国北方森林的适用性分析[J]. 遥感信息，28（4）：46-51.

丁赤飚，陈杰，何国金，2009. 合成孔径雷达图像理解[M]. 北京：电子工业出版社.

董贵威，杨健，彭应宁，2003. 极化 SAR 遥感中森林特征探测[J]. 清华大学学报（自然科学版），43（7），953-956.

范立生，高明星，杨健，等，2005. 极化 SAR 遥感中森林特征的提取[J]. 电波科学学报，20（5）：553-556.

高帅，牛铮，刘晨洲，2008. 基于 RADARSAT SAR 估测热带人工林叶面积指数研究[J]. 国土资源管理，19（4）：35-38.

郭华东，1999. 中国雷达遥感图像分析[M]. 北京：科学出版社.

化国强，王晶晶，黄晓军，等，2011. 基于全极化 SAR 数据散射机理的农作物分类[J]. 江苏农业学报，27（5）：63-67.

康高健，2007. 雷达遥感中地物植被的电磁散射研究[D]. 北京：中国科学院研究生院（电子学研究所）.

李斌，李震，魏小兰，2007. 基于微波遥感和陆面模型的流域土壤水分研究[J]. 遥感信息（5）：96-101.

李增元，陈尔学，2018. 合成孔径雷达森林参数反演技术与方法[M]. 北京：科学出版社.

李震，廖静娟，2011. 合成孔径雷达地表参数反演模型与方法[M]. 北京：科学出版社.

刘伟，2005. 植被覆盖地表极化雷达土壤水分反演与应用研究[D]. 北京：中国科学院研究生院（遥感应用研究所）.

吕斯骅，1981. 遥感物理基础[M]. 北京：商务印书馆.

梅安新，彭望禄，秦其明，等，2001. 遥感导论[M]. 北京：高等教育出版社.

舒宁，2000. 微波遥感原理[M]. 武汉：武汉大学出版社.

王臣立，郭治兴，牛铮，等，2006. 热带人工林生物物理参数及生物量对 RADARSAT SAR 信号响应研究[J]. 生态环境学报，15（1）：115-119.

王臣立，牛铮，郭治兴，等，2005. Radarsat SAR 的森林生物物理参数信号响应及其蓄积量估测[J]. 国土资源遥感，64（2）：24-28.

王芳，孙国清，吴学睿，2008. 基于相干植被模型和 ASAR 数据的玉米地后向散射特征研究[J]. 北京师范大学学报，44（2）：203-206.

王芳，张立新，李丽英，2008. 基于微波植被离散散射模型的小麦双站散射和辐射特征研究[J]. 遥感信息（3）：7-14.

王贺，张路，徐金燕，等，2012. 面向城市地物分类的 L 波段 SAR 影像极化特征提取与分析[J]. 武汉大学学报（信息科学版），37（9）：1068-1072.

王庆，曾琪明，廖静娟，2012. 基于特征向量分解与散射机制判别指数的全极化 SAR 图像地物提取与分类[J]. 遥感信息（2）：9-14.

杨沈斌，2008. 基于 ASAR 数据的水稻制图与水稻估产研究[D]. 南京：南京信息工程大学.

张微，林健，陈玲，等，2014. 基于极化分解的极化 SAR 数据地质信息提取方法研究[J]. 遥感信息，29（1）.

张勇攀，蒋玲梅，邱玉宝，等，2010. 不同地物类型微波发射率特征分析[J]. 光谱学与光谱分析，30（6）：14446-11451.

张钟军，施建成，栾金哲，2006. 植被的微波散射与吸收特征[J]. 遥感学报，10（4）：537-541.

赵英时，2003. 遥感应用分析原理与方法[M]. 北京：科学出版社.

Cloude S R, 1990. A review of target decomposition theorems in radar polarimetry[J]. IEEE Transaction on Geoscience and Remote Sensing, 34（2）：337-348.

Lillesand T M, Kiefer R W, 2007. Renmote sensing and image interpretation[M]. New York: John wiley and Son.

Lopez J P A, 2008. Assessment and modeling of angular backscattering variation in ALOS scanSAR images over tropical forest areas[D]. Twente: International Institute For Geo-Information Scinence And Earth Obervation Enschede.

Max Born and Emil Wolf, 1981. Principles of optics[M]. Cambridge: Pergamon Press.

Nolan M, Fatland D R, 2003. Penetration depth as a DInSAR observable and proxy for soil moisture[J]. IEEE Transactions on Geoscience, 41(3): 532-537.

Reeves R G, 1983. Manual of remote sensing[M]. Washington: American Society of Photogrammetry.

Richards J A, 2008. Radio wave propagation: An Introduction for the non-specialist[M]. Berlin: Springer.

Richards J A, 2009. Remote sensing with imaging radar[M]. Berlin: Springer.

Ulaby F T, Batlivala P P, Dobson M C, 1978. Microwave backscatter dependence on surface roughness, soil moisture and soil texture[J]. IEEE Transactions on Geoscience Electronics, 16(4): 286-295.

Ulaby F T, Elachi C, 1990. Radar polarimetry for geoscience applications[J]. Geocarto International, 5(3): 38-38.

Wang J R, 1980. The dielectric properties of soil-water mixtures at microwave frequencies[J]. Radio Science, 15(5): 977-985.

Woodhouse I H, 2004. Introduction to microwave remote sensing[M]. London: Taylor and Francis.

第3章

极化SAR理论基础

3.1 极化的定义及极化态的描述及表达

3.1.1 电磁波的极化

电磁波是横波，横波的特点是质点的振动方向与波的传播方向垂直，将电磁波的传播方向定义为 z，如图 3.1 所示，当质点沿着 y 轴振动时称为垂直极化(图 3.1a)，当质点沿着 x 方向振动时称为水平极化(图 3.1b)。这种现象在光学遥感中称之为偏振。

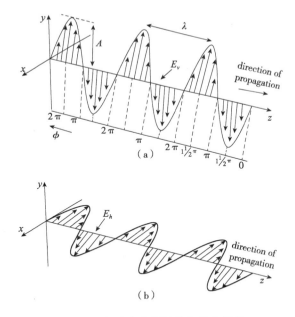

图 3.1　电磁波水平极化和垂直极化

在微波遥感中，若同时发射水平和垂直极化电磁波，并同时接收水平和垂直极化电磁波，可以获得地物不同极化态的观测量，电磁波的极化态可以从物理和几何两个方面来描述。

(1)极化态的物理描述

在微波遥感中，我们通常发射水平、垂直极化波然后接收地物对发射的水平、极化波的后向散射。发射的电磁波经过地物作用后，波的强度、方向等会发生变化，微波遥感正是通过这种地物对波的这些作用来实现地物的区分的。经过地物作用后电磁波的极化态会发生变化，具体包括电场矢量的相位或方向会发生改变。

在微波遥感极化特征的具体应用中，通常需要在一定的坐标系下来描述电场矢量及其极化态的变化。若将位于 O 处的电场矢量的 x，y 分量分别代表 x，y 轴，x 分量表示水平极化的电磁波，y 分量表示垂直极化的电磁波，分别表示为 E_x 和 E_y，根据电磁波的数学表达，E_x 和 E_y 可以分别表示为：

$$E_x = A_1 \cos(kz - \omega t + \varphi_{01}), \qquad E_y = A_2 \cos(kz - \omega t + \varphi_{02}) \tag{3.1}$$

则经过地物作用改变的电磁波的强度可以描述为 $I(\theta, \varepsilon)$，其中 θ 为回波电场矢量与 x 轴的夹角，ε 为 x，y 分量的相位延迟。则回波的电场矢量可以表示为：

$$E(\theta, \varepsilon) = E_x \cos\theta + E_x e^{i\varepsilon} \sin\theta \tag{3.2}$$

电场矢量的强度 $I(\theta, \varepsilon)$ 为：

$$\begin{aligned} I(\theta, \varepsilon) &= \langle E(\theta, \varepsilon) E^*(\theta, \varepsilon) \rangle \\ &= J_{xx} \cos^2\theta + J_{yy} \sin^2\theta + J_{xy} e^{i\varepsilon} \cos\theta\sin\theta + J_{yx} e^{i\varepsilon} \sin\theta\cos\theta \end{aligned} \tag{3.3}$$

式中，J_{xx}、J_{yy}、J_{xy} 和 J_{yx} 是电磁波的相干矩阵 J 的各个元素。

$$J = \begin{bmatrix} J_{xx} & J_{xy} \\ J_{yx} & J_{yy} \end{bmatrix} = \begin{bmatrix} E_x E_x^* & E_x E_y^* \\ E_y E_x^* & E_y E_y^* \end{bmatrix} = \begin{bmatrix} \langle A_1^2 \rangle & \langle A_1 A_2^{i(\varphi_{01}-\varphi_{02})} \rangle \\ \langle A_1 A_2^{-i(\varphi_{01}-\varphi_{02})} \rangle & \langle A_2^2 \rangle \end{bmatrix} \tag{3.4}$$

式中，$*$ 表示复共轭；$\langle \cdots \rangle$ 表示取均值。

当波给定时，相干矩阵的各个元素可以通过实验测定，因此以上描述不仅可以用于电磁波与地物作用后波的极化态，还可以用于定制入射波的极化态。例如，比较方便的几组 (θ, ε) 测量值为：

$$\{0°, 0\}, \quad \{45°, 0\}, \quad \{90°, 0\}, \quad \{135°, 0\}, \quad \left\{45°, \frac{\pi}{2}\right\}, \quad \left\{135°, \frac{\pi}{2}\right\} \tag{3.5}$$

将式 3.5 中的各项分别带入式 3.3，则有：

$$J_{xx} = I(0°, 0)$$

$$J_{yy} = I(90°, 0)$$

$$J_{xy} = \frac{1}{2} \left[I(45°, 0) - I(135°, 0) \right] + \frac{1}{2} i \left[I\left(45°, \frac{\pi}{2}\right) - I\left(135°, \frac{\pi}{2}\right) \right]$$

$$J_{yx} = \frac{1}{2} \left[I(45°, 0) - I(135°, 0) \right] - \frac{1}{2} i \left[I\left(45°, \frac{\pi}{2}\right) - I\left(135°, \frac{\pi}{2}\right) \right] \tag{3.6}$$

(2) 极化态的几何描述

波的极化态还可以通过其几何特征来描述。为了使描述简便，用 τ 来表示式 3.1 中 $kz - \omega t$，δ_1 和 δ_2 分别来表示式 3.1 中的 φ_{01} 和 φ_{02}，a_1 和 a_2 分别来表示式 3.1 中的 A_1 和

A_2，因此，式 3.1 可以重写为式 3.7：

$$\begin{cases} E_x = a_1 \cos(\tau + \delta_1) \\ E_y = a_2 \cos(\tau + \delta_2) \end{cases} \tag{3.7}$$

将式 3.7 中的 τ 消去然后经过数学变换可得式 3.8：

$$\left(\frac{E_x}{a_1}\right)^2 + \left(\frac{E_y}{a_2}\right)^2 - 2\frac{E_x}{a_1}\frac{E_y}{a_2}\cos\delta = \sin^2\delta \tag{3.8}$$

式中，$\delta = \delta_2 - \delta_1$，式 3.8 是圆锥方程式。因为其缔合行列式不是负的，所以它是一个椭圆，椭圆公式如式 3.9：

$$\begin{vmatrix} \dfrac{1}{a_1^2} & -\dfrac{\cos\delta}{a_1 a_2} \\ -\dfrac{\cos\delta}{a_1 a_2} & \dfrac{1}{a_2^2} \end{vmatrix} = \frac{1}{a_1^2 a_2^2}(1 - \cos^2\delta) = \frac{\sin^2\delta}{a_1^2 a_2^2} \geq 0 \tag{3.9}$$

(3)极化态物理和几何描述的融合

①极化椭圆：为了使极化态的物理和几何意义结合，更深入的理解波的极化特征，我们可以建立极化椭圆和 (θ, ε) 的关系。

首先将椭圆内接在矩形中，矩形各边与坐标轴平行，边长为 $2a_1$ 和 $2a_2$。椭圆和各边相切于点 $(\pm a_1, \pm a_2\cos\delta)$ 和 $(\pm a_1\cos\delta, \pm a_2)$，如图 3.2 所示。

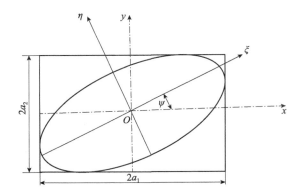

图 3.2　椭圆偏振波，电矢量振动椭圆

通常如图 3.2 所示，椭圆的两个轴都不在 O_x 和 O_y 方向上。设 O_ξ，O_η 为一组沿椭圆长、短轴方向的新坐标轴，并设 $\psi(0 \leq \psi < \pi)$ 为和 O_x 椭圆长轴方向 O_ξ 的夹角（图 3-1）。因此，E_ξ 和 E_η 分量同 E_x 和 E_y 分量的关系如下：

$$\begin{cases} E_\xi = E_x \cos\psi + E_y \sin\psi \\ E_\eta = -E_x \sin\psi + E_y \cos\psi \end{cases} \tag{3.10}$$

如果 $2a$ 和 $2b(a \geq b)$ 是分别为椭圆的长轴和短轴，则 O_ξ，O_η 坐标中的椭圆方程为：

$$\begin{cases} E_\xi = a\cos(\tau+\delta_0) \\ E_\eta = \pm b\sin(\tau+\delta_0) \end{cases} \tag{3.11}$$

正和负两种符号代表电矢量端点描绘该椭圆时所采取的两种方向。通过进一步的计算得出，如果给定任意一组坐标轴中的 a_1，a_2 和相位差 δ，而且令 $\alpha(0\leqslant\alpha\leqslant\pi/2)$ 代表一个角，使得：

$$\tan\alpha = \frac{a_2}{a_1} \tag{3.12}$$

此时可建立了波传播与偏振椭圆之间的联系。即：椭圆的主半轴 a 和 b，以及长轴与 O_x 的夹角 $\psi(0\leqslant\psi<\pi)$ 可由式 3.13 和式 3.14 确定，式中 ψ 为极化椭圆的方向，与 θ 相对应，δ 为相位差，对应 ε。

$$a^2+b^2 = a_1^2+a_2^2 \tag{3.13a}$$

$$\tan2\psi = (\tan2\alpha)\cos\delta \tag{3.13b}$$

$$\sin2\chi = (\sin2\alpha)\sin\delta \tag{3.13c}$$

式中：$\chi(-\pi/4\leqslant\chi<\pi/4)$ 是辅助角，它决定椭圆的形状和转向：

$$\tan\chi = \pm b/a \tag{3.13d}$$

当 $\sin\delta>0$ 且 $0<\chi\leqslant\pi/4$ 时为右旋极化，反之即为左旋极化。

在具体的应用中，线极化、圆极化为椭圆极化的特别情况，被广泛应用于极化微波遥感应用中。

当极化椭圆成一条线时，形成线极化，线极化的公式如式 3.14：

$$\frac{E_y}{E_x} = (-1)^m, \qquad \frac{a_2}{a_1}(\delta=m\pi,\ m=0,\ \pm1,\ \pm2,\ \cdots) \tag{3.14}$$

当极化椭圆成一个圆时，形成圆极化，例如，右旋圆极化公式如 3.15：

$$\frac{E_y}{E_x} = e^{-i\pi/2} = -i(a_1=a_2,\ \delta=\pi/2) \tag{3.15}$$

左旋圆极化电波公式如式 3.15：

$$\frac{E_y}{E_x} = e^{i\pi/2} = i(a_1=a_2,\ \delta=-\pi/2) \tag{3.16}$$

在上述公式中，3.15 式的 E_y/E_x 虚部为负，（3.16）式的 E_y/E_x 虚部为正。

②琼斯（Jones）矢量：若图 3.2 中极化椭圆的长轴平行于 x 轴，短轴平行于 y 轴，则图 3.2 可以变为图 3.3，由 $(E_\xi,\ E_\eta)$ 组成的极化电场矢量 E 可以表示为：

$$E = A_{12}e^\tau \begin{bmatrix} \cos\alpha \\ \sin\alpha^{i\delta} \end{bmatrix} = A_{12}e^\tau E_J \tag{3.17}$$

式中，A_{12} 为电场 E 的振幅，$A_{12}=\sqrt{a_1^2+a_2^2}$；$E_J$ 称为琼斯矢量。根据图 3.2、3.3 和

式 3.13b 可知，$\alpha=\varepsilon$，$\psi=0$，$\delta=\pm90°$，则式 3.17 变为：

$$E=A_{12}e^{\tau}\begin{bmatrix}\cos\alpha\\\pm i\sin\alpha\end{bmatrix}=A_{12}e^{\tau}E_J \tag{3.18}$$

将式 3.18 中 α 的由 ε 表示，则式 3.18 可以简化为：

$$E=A_{12}e^{\tau}\begin{bmatrix}\cos\varepsilon\\i\sin\varepsilon\end{bmatrix}=A_{12}e^{\tau}E_J \tag{3.19}$$

将式 3.19 中的 A_{12} 归一化，设置具体的 ε 值，则在具体应用中几种特殊的极化态可以由表 3.1 中的矢量表示。

表 3.1　几种特殊的极化态的琼斯矢量

极化态	Jones 矢量	极化态	Jones 矢量
水平极化	$\begin{bmatrix}1\\0\end{bmatrix}$	左旋圆极化	$\dfrac{1}{\sqrt{2}}\begin{bmatrix}1\\i\end{bmatrix}$
垂直极化	$\begin{bmatrix}0\\1\end{bmatrix}$	45°线极化	$\dfrac{1}{\sqrt{2}}\begin{bmatrix}1\\1\end{bmatrix}$
右旋圆极化	$\dfrac{1}{\sqrt{2}}\begin{bmatrix}1\\-i\end{bmatrix}$	135°线极化	$\dfrac{1}{\sqrt{2}}\begin{bmatrix}1\\-1\end{bmatrix}$

将图 3.3 中极化椭圆对应的琼斯矢量按照一定的角度 τ 倾斜，则可以得到更多常规的极化态，具体可以表示为：

$$E=\begin{bmatrix}E_{\xi}\\E_{\eta}\end{bmatrix}=\begin{bmatrix}\cos\tau & \sin\tau\\-\sin\tau & \cos\tau\end{bmatrix}\begin{bmatrix}E_x\\E_y\end{bmatrix}=\begin{bmatrix}\cos\tau & \sin\tau\\-\sin\tau & \cos\tau\end{bmatrix}\begin{bmatrix}\cos\varepsilon\\i\sin\varepsilon\end{bmatrix} \tag{3.20}$$

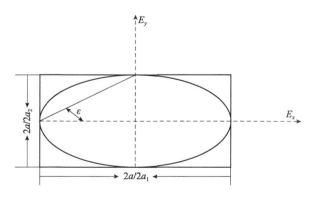

图 3.3　用于推算琼斯矢量的极化椭圆

(4)完全非极化、完全极化和部分极化波

琼斯矢量 E_J 及其共轭转置的积称为波的相干矩阵，即式 3.4 中的矩阵 J，这里重

写为式 3.21：

$$J = \begin{bmatrix} E_x E_x^* & E_x E_y^* \\ E_y E_x^* & E_y E_y^* \end{bmatrix} \tag{3.21}$$

琼斯矢量适用于表示波矢量的两个正交分量的振幅为常数，且相位差为恒定的完全极化波，而相干矩阵 J 不仅可以表示完全极化波，还可以表示部分极化波或者完全非极化波。

① 完全非极化波：若电磁波在与其传播方向相垂直的任何方向上，其振动分量的强度均相同，而且在其振动所分解的任何两个正交分量中预先加上任何相对相位延迟，波的强度均不受影响，即，对于式 3.3 中的一切 (θ, ε) 值而言，$I(\theta, \varepsilon) = $ 常数。这种电磁波称为完全非极化电磁波，通常也称为自然光。这时：

$$J_{xy}(E_x E_y^*) = J_{yx}(E_y E_x^*) = 0 \text{ 和 } J_{xx}(E_x E_x^*) = J_{yy}(E_y E_y^*) \tag{3.22}$$

即 $I(\theta, \varepsilon)$ 不依赖于 θ 和 ε，这时 $j_{xy} = 0$ 和 $J_{xx} = J_{yy}$，也可以表示为 $J_{xy} = J_{yx} = 0$，$J_{xx} = J_{yy}$。因此强度为 $J_{xx} + J_{yy} = I_0$ 的自然光，相干矩阵 J 的值为：

$$J = \frac{1}{2} I_0 \begin{bmatrix} 1 & 0 \\ 0 & 1 \end{bmatrix} \tag{3.23}$$

② 完全极化波：首先假定电磁波是严格单色的。这时 3.7 式中的振幅 a_1 和 a_2 以及相位因子 δ_1 和 δ_2 都不依赖于时间，且相干矩阵 J 具有下列形式：

$$\begin{bmatrix} a_1^2 & a_1 a_2 e^{i\delta} \\ a_1 a_2 e^{-i\delta} & a_2^2 \end{bmatrix} \tag{3.24}$$

式中：$\delta = \delta_1 - \delta_2$，这时 $|J| = J_{xx} J_{yy} - J_{xy} J_{yx} = 0$ 即相干矩阵的行列式为零。这时 E_x 和 E_y 二分量的复相干度（式 3.25）的绝对值为 1（完全相干），而相位等于 (E_x, E_y) 二分量的相位之差。

$$j_{xy} = \frac{J_{xy}}{\sqrt{J_{xx}} \sqrt{J_{yy}}} = e^{i\delta} \tag{3.25}$$

当电磁波处于线极化态时，有 $\delta = m\pi (m = 0, \pm 1, \pm 2, \cdots)$，线极化电磁波的相干矩阵 J 为：

$$\begin{bmatrix} a_1^2 & (-1)^m a_1 a_2 \\ (-1)^m a_1 a_2 & a_2^2 \end{bmatrix} \tag{3.26}$$

式中：电矢量的振动方向由 $E_y / E_x = (-1)^m a_2 / a_1$ 给出。其中矩阵 $I \begin{bmatrix} 1 & 0 \\ 0 & 0 \end{bmatrix}$ 和 $I \begin{bmatrix} 0 & 0 \\ 0 & 1 \end{bmatrix}$ 分别代表强度为 I，电矢量方向分别在 x 方向（$a_2 = 0$）和 y 方向（$a_1 = 0$）的线极化态；而矩阵 $\frac{1}{2} I \begin{bmatrix} 1 & 1 \\ 1 & 1 \end{bmatrix}$ 和 $\frac{1}{2} I \begin{bmatrix} 1 & -1 \\ -1 & 1 \end{bmatrix}$ 分别代表强度为 I，电矢量方向分别与 x 方向形成

45°和135°角($a_1 = a_2$，$m = 0$)和($a_1 = a_2$，$m = 1$)的线极化态。

当电磁波处于圆极化态时，有 $a_1 = a_2$，$\delta = m\pi/2$($m = \pm 1$，± 3，$\cdots$)，其相干矩阵 J 为：

$$\frac{1}{2}I\begin{bmatrix} 1 & \pm i \\ \mp i & 1 \end{bmatrix} \tag{3.27}$$

式中：正负号取上或下需视该极化为右旋或左旋而定。

③部分极化波：任何准单色电磁波均可看成是一个完全非极化波和一个完全极化波之和，二者彼此相互独立，而且表示唯一，如式 3.28 所示：

$$J = J^{(1)} + J^{(2)} \tag{3.28}$$

式中：$J^{(1)}$ 和 $J^{(2)}$ 分别表示完全非极化波和完全极化波。电磁波的总强度可以表示为式 3.29：

$$I_{总} = TrJ = J_{xx} + J_{yy} \tag{3.29}$$

式中：TrJ 表示相干矩阵 J 的迹。

极化部分的总强度为：

$$I_{极化} = TrJ^{(2)} = \sqrt{(J_{xx} + J_{yy})^2 - 4|J|} \tag{3.30}$$

极化部分强度 $I_{极化}$ 对总强度 $I_{总}$ 之比称为电磁波的极化度 P，由式 3.31 表示：

$$P = \frac{I_{极化}}{I_{总}} = \sqrt{1 - \frac{4|J|}{(J_{xx} + J_{yy})^2}} \tag{3.31}$$

因为式 3.31 仅包含相干矩阵 J 的两个旋转不变量($J_{xx} + J_{yy}$ 和 $|J|$)，所以极化度 P 与具体坐标轴的选择无关。极化度 P 的取值为：$0 \leq P \leq 1$。当 $P = 1$ 时，电磁波为完全极化波，这时 $|J| = 0$，$|j_{xy}| = 1$，所以 E_x 和 E_y 是互相干的。当 $P = 0$ 时，电磁波为完全非极化波，这时 $(J_{xx} + J_{yy})^2 = 4|J|$，即：$J_{xy} = J_{yx} = 0$，$J_{xx} = J_{yy}$，由于 $j_{xy} = 0$，所以 E_x 和 E_y 是互不相干的。所有其他情况，即 $0 < P < 1$ 时，电磁波是部分极化的，这时的电磁波称为部分极化电磁波。

3.1.2 斯托克斯(Stokes)矢量及庞加莱球

3.1.2.1 Stokes 矢量

(1)Stokes 矢量的提出

要全面描述波的极化态，一般需要 3 个独立的量，例如振幅、相位差、长短轴或椭圆方向角。在具体应用中，Stokes 与 1852 年研究部分极化波时提出斯托克斯(Stokes)参量了表征极化态。

Stokes 矢量是一种利用功率测量值(实数)定义电磁波偏振态的方法。同波的相干矩阵 J 类似，Stokes 矢量不仅可以描述完全极化波，还可以描述部分极化波。平面单色波的 Stokes 参量包括式 3.17 的 4 个量：

$$g_0 = a_1^2 + a_2^2 \tag{3.32a}$$

$$g_1 = a_1^2 - a_2^2 \tag{3.32b}$$

$$g_2 = 2a_1 a_2 \cos\delta \tag{3.32c}$$

$$g_3 = 2a_1 a_2 \sin\delta \tag{3.32d}$$

式中：a_1、a_2 表示电矢量的两个正交分量 E_x、E_y 的瞬间振幅，δ 表示两者的相位差。

上述等式中只有 3 个参量是独立的，单色波为完全极化波时，4 个参量之间存在关系（式 3.33a），对于部分极化波，4 个参量满足（式 3.33b）关系。

$$g_0^2 = g_1^2 + g_2^2 + g_3^2 \tag{3.33a}$$

$$\langle g_0 \rangle^2 > \langle g_1 \rangle^2 + \langle g_2 \rangle^2 + \langle g_3 \rangle^2 \tag{3.33b}$$

参量 g_1、g_2、g_3 与表征极化椭圆取向的 ψ 角（$0 \leqslant \psi \leqslant \pi$）和表征椭圆转向及形状的 x 角（$-\pi/4 \leqslant \chi \leqslant \pi/4$）之间还存在式 3.34 的关系。

$$g_1 = g_0 \cos 2\chi \cos 2\psi \tag{3.34a}$$

$$g_2 = g_0 \cos 2\chi \sin 2\psi \tag{3.34b}$$

$$g_3 = g_0 \sin 2\chi \tag{3.34c}$$

(2) Stokes 矢量与相干矩阵

Stokes 矢量和相干矩阵 J 具有如下关系：

$$G = \begin{bmatrix} g_0 \\ g_1 \\ g_2 \\ g_3 \end{bmatrix} = \begin{bmatrix} J_{xx} + J_{yy} \\ J_{xx} - J_{yy} \\ J_{xy} + J_{yx} \\ i(J_{yx} - J_{xy}) \end{bmatrix} \tag{3.35a}$$

$$J = \begin{bmatrix} J_{XX} \\ J_{YY} \\ J_{xy} \\ J_{yx} \end{bmatrix} = \begin{bmatrix} \dfrac{1}{2}(g_0 + g_1) \\[6pt] \dfrac{1}{2}(g_0 - g_1) \\[6pt] \dfrac{1}{2}(g_2 + ig_3) \\[6pt] \dfrac{1}{2}(g_2 + ig_3) \end{bmatrix} \tag{3.35b}$$

根据式 3.6 和式 3.35 可知：

$$g_0 = I(0°, 0) + I(90°, 0) \tag{3.36a}$$

$$g_1 = I(0°, 0) - I(90°, 0) \tag{3.36b}$$

$$g_2 = I(45°, 0) - I(135°, 0) \tag{3.36c}$$

$$g_3 = I\left(45°, \frac{\pi}{2}\right) - I\left(135°, \frac{\pi}{2}\right) \qquad (3.36d)$$

式 3.36 的物理意义可以描述为：参量 g_0 代表电磁波的总强度。参量 g_1 代表偏振器两次透射电磁波强度之差，第 1 次让振动方位角 $\theta = 0°$ 的线极化电磁波通过，第 2 次让 $\theta = 90°$ 的通过。参量 g_2 也是代表偏振器两次透射电磁波强度之差，但第 1 次让振动方位角 $\theta = 45°$ 的线极化电磁波通过，第 2 次让 $\theta = 135°$ 的通过。参量 g_3 是右旋和左旋圆极化电磁波检测装置透射波的强度之差。

由式 3.35 可知，由 Jones 矢量及相干矩阵 J 描述的完全非极化波、完全极化波及部分极化波也可以由 Stokes 矢量来描述。例如一个部分极化波可以通过 Stokes 矢量表示为一个完全极化波和完全非极化波的叠加（式 3.37）。

$$G = G^{(1)} + G^{(2)} \qquad (3.37a)$$

$$G^{(1)} = g_0 - \sqrt{g_1^2 + g_2^2 + g_3^2}, \ 0, \ 0, \ 0 \qquad (3.37b)$$

$$G^{(2)} = \sqrt{g_1^2 + g_2^2 + g_3^2}, \ g_1, \ g_2, \ g_3 \qquad (3.37c)$$

式中：$G^{(1)}$ 代表完全非极化部分，$G^{(2)}$ 则代表完全极化部分。其中 g_1，g_2 和 g_3 均为 0 时，该部分极化波为完全非极化波，$g_0^2 = g_1^2 + g_2^2 + g_3^2$ 时该部分极化波为完全极化波，$g_0^2 > g_1^2 + g_2^2 + g_3^2$ 且 g_1，g_2 和 g_3 均不为 0 时为部分极化波。波的极化度 P 可以表示为：

$$P = \frac{\sqrt{g_1^2 + g_2^2 + g_3^2}}{g_0} \qquad (3.38)$$

极化度 P 反映了部分极化波的随机程度，随机性越高，极化度越低，反之，极化度越高。为了更直观的运用 Stokes 矢量来描述实际应用中的部分极化波，式 3.37 又可以表示为：

$$G = \begin{bmatrix} g_0 \\ g_1 \\ g_2 \\ g_3 \end{bmatrix} = G^{pol} + G^{unpol} = \begin{bmatrix} \sqrt{g_1^2 + g_2^2 + g_3^2} \\ g_1 \\ g_2 \\ g_3 \end{bmatrix} + \begin{bmatrix} g_0 - \sqrt{g_1^2 + g_2^2 + g_3^2} \\ 0 \\ 0 \\ 0 \end{bmatrix} = \begin{bmatrix} mg_0 \\ g_1 \\ g_2 \\ g_3 \end{bmatrix} + \begin{bmatrix} (1-m)g_0 \\ 0 \\ 0 \\ 0 \end{bmatrix}$$

$$(3.39)$$

式中：$G^{unpol} = G^{(1)}$；$G^{pol} = G^{(2)}$；$m = P$。

（3）Stokes 矢量与电场矢量

将电磁波的相干矩阵 J 中各元素依次排列，即可得到波的相干矢量，也可以用 Jones 矢量 E 及其共轭转置的 Kronecher 积表示：

$$vec(J) = E \otimes E^{*T} = \begin{bmatrix} |E_x|^2 \\ E_x E_y^* \\ E_y E_x^* \\ |E_y|^2 \end{bmatrix} \tag{3.40}$$

式中：$vec(\cdot)$ 表示将矩阵矢量化；$\otimes$ 表示 Kronecher 乘法。

根据 3.1.1 和 3.1.2 节中 Stokes 矢量与电磁波相干矩阵 J、Jones 矢量 E 之间的关系，Stokes 矢量可与电场矢量之间的关系可以式 3.41 表示：

$$G = RJ = \begin{bmatrix} g_0 \\ g_1 \\ g_2 \\ g_3 \end{bmatrix} = \begin{bmatrix} |E_x|^2 + |E_y|^2 \\ |E_x|^2 - |E_y|^2 \\ E_x E_y^* + E_y E_x^* \\ j(E_x E_y^* - E_y E_x^*) \end{bmatrix} = \begin{bmatrix} |E_x|^2 + |E_y|^2 \\ |E_x|^2 - |E_y|^2 \\ 2\text{Re}(E_x E_y^*) \\ -2\text{Im}(E_x E_y^*) \end{bmatrix} = \begin{bmatrix} |E_l|^2 + |E_r|^2 \\ 2\text{Re}(E_l E_r^*) \\ -2\text{Im}(E_l E_r^*) \\ |E_l|^2 - |E_r|^2 \end{bmatrix} \tag{3.41}$$

式中：$R = \begin{bmatrix} 1 & 0 & 0 & 1 \\ 1 & 0 & 0 & -1 \\ 0 & 1 & 1 & 0 \\ 0 & j & -j & 0 \end{bmatrix}$，$\text{Re}(\cdots)$ 表示复数的实部；$\text{Im}(\cdots)$ 表示复数的虚部，

E_l 和 E_r 分别表示左旋和右旋电场矢量。Stokes 矢量还可以转换为多种方式用以描述电磁波的不同状态，例如，式 3.42 中的多种形式：

$$g = \begin{bmatrix} g_0 \\ g_1 \\ g_2 \\ g_3 \end{bmatrix} = \begin{bmatrix} a_1^2 \\ a_2^2 \\ 2a_1 a_2 \cos\delta \\ 2a_1 a_2 \sin\delta \end{bmatrix} = \begin{bmatrix} |E_x|^2 \\ |E_y|^2 \\ 2\text{Re}(E_x^* E_y) \\ 2\text{Im}(E_x^* E_y) \end{bmatrix} = g_0 \begin{bmatrix} 1 \\ \cos2\psi\cos2\chi \\ \sin2\psi\cos2\chi \\ \sin2\chi \end{bmatrix} = g_0 \begin{bmatrix} 1+\cos2\psi\cos2\chi \\ 1-\cos2\psi\cos2\chi \\ \sin2\psi\cos2\chi \\ \sin2\chi \end{bmatrix}$$

$$\tag{3.42}$$

3.1.2.2 庞加莱球

根据式 3.22a，Stokes 参数描述的电磁波所有的极化态都可以用图 3.4 的球体空间来描述，图 3.3 所示的球体亦称为庞加莱球。当电磁波为完全极化波时，以为 g_0 半径的球体表面可以描述电磁波的任意极化态。g_1、g_2、g_3 可以看成是一个半径为 g_0 的球上某点的笛卡儿坐标，而 2χ 与 2ψ 则是这点相应球面角坐标。其中 ψ 和 χ 分别为表征电磁波极化的椭圆中的椭圆偏离坐标方向的角度和椭圆形状和转向的角度。当电磁波为部分极化波时，以 $g_0(1-m)$ 为半径的球体表面可以描述完全极化部分电磁波的任意极化态。

当给定电磁波强度且该电磁波为完全极化波时（$g_0 =$ 常数），对它每一个可能的偏

振态，庞加莱球上都有一点与之对应，反之亦然。当极化时右旋时 χ 为正，而左旋时 χ 为负，根据式 3.34c 可知，右旋极化态可以由庞加莱球中赤道上面的点点来代表，而左旋极化由庞加莱球赤道下面的点来代表，而线极化则由赤道面上的点来代表。而庞加莱球的北极则代表右旋圆极化态，而庞加莱球的南极则代表左旋圆极化态。

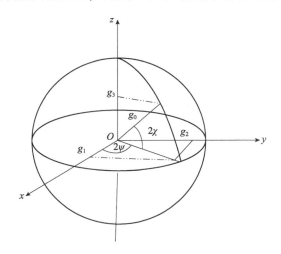

图 3.4 庞加莱球描述的电磁波极化态

为了更直观的了解完全极化波的各种极化态，我们可以将表征极化态的庞加莱球展开为平面(图 3.5)，在该平面中 x 轴描述极化椭圆的方向角，y 轴描述极化椭圆的转向及椭圆率角。

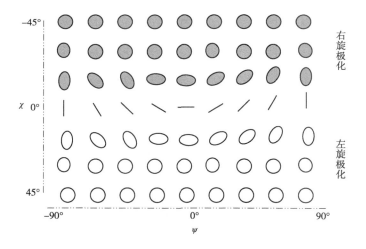

图 3.5 椭圆极化示意图

将式 3.37 和式 3.38 表征的电磁波扩展到庞加莱球体，可得球内任意一点的物理意义。

$P=0$ 时，相应的波为完全非极化波，对应的点在庞加莱球的球心；

$P=1$ 时，相应的波为完全极化波，对应的点在庞加莱球的球面上；

$0<P<1$ 时，相应的波为部分极化波，对应的点在庞加莱球的球内部。

综合运用琼斯向量(Jones Vector)、极化椭圆、斯托克斯向量(Stokes Vector 和庞加莱球(Poincare Sphere)可以有效挖掘极化电磁波的极化信息，提高地物的识别能力。

3.1.3 SAR 极化数据的表达

全极化 SAR 是 20 世纪 90 年代初出现并迅速发展起来的一种新型的成像雷达技术。它同时发射和接收 H、V 两种线性极化雷达脉冲，以 Stokes 矩阵或散射矩阵为基本记录单元，记录了地物 HH、HV、VH、VV 四种极化状态的散射振幅和相位。

极化在微波遥感中具有重要的作用，因为当入射雷达波采用不同的极化入射时，地物的散射回波的极化方式也会不同。另外，有些地物会对入射极化波的极化方式进行一定程度的旋转，即去极化现象。考虑到后向散射的极化依赖现象，我们可以采用 σ_{PQ} 来表示入射波和散射波的极化方式，其中 P 表示地物散射或天线接收的波的极化方式，Q 表示入射或发射波的极化方式。全极化 SAR 可以通过发射 H 极化接收 H 和 V 极化来获得 HH 和 HV 图像，通过发射 V 极化接收 H 和 V 极化来获得 VH 和 VV 图像，因此全极化 SAR 数据通常包括 HH、HV、VH 和 VV 四种极化通道数据；而双极化数据则通常包括 HH 和 HV 极化通道数据或 HH 和 VV 通道数据等。具体应用中，全极化 SAR 数据的后向散射矩阵可以表示为：

$$\sigma_{PQ} = \begin{bmatrix} \sigma_{HH}^0 & \sigma_{HV}^0 \\ \sigma_{VH}^0 & \sigma_{VV}^0 \end{bmatrix} \tag{3.43}$$

3.1.3.1 极化 SAR 数据的散射矩阵表达

(1) 全极化散射矩阵

在全极化 SAR 数据出现后，我们更希望通过极化合成来获取更多的地物信息，因此我们需要引入散射矩阵来分析和提取地物特征。散射矩阵又称为辛克莱尔(Sinclair)矩阵，既包含了地物的散射信息，又包含了地物的生物物理信息。Sinclair 矩阵表示相干散射目标单色波的散射特征，即目标在雷达照射过程中保持不变，并且雷达到目标的方位角不变，散射的波是完全极化波。在水平/垂直线性极化基与单站后向散射体制下，散射矩阵 S_{PQ} 与入射波(E^i)和接收波(E^r)的关系可以表示为式 3.44：

$$\begin{bmatrix} E_H^r \\ E_V^r \end{bmatrix} = \frac{e^{j\beta R}}{R} S_{PQ} \begin{bmatrix} E_H^i \\ E_V^t \end{bmatrix} = \frac{e^{j\beta R}}{R} \begin{bmatrix} S_{HH} & S_{HV} \\ S_{VH} & S_{VV} \end{bmatrix} \begin{bmatrix} E_H^i \\ E_V^t \end{bmatrix} \tag{3.44}$$

$$S_{PQ} = \begin{bmatrix} S_{HH} & S_{HV} \\ S_{VH} & S_{VV} \end{bmatrix} \tag{3.45}$$

式中：$e^{j\beta R}$ 表示波在传输过程中相位发生的变化；下标 H 和 V 分别代表波的极化方式，其中 H 为水平极化，V 为垂直极化。根据后向散射截面与入射波和接收波的关系

可知后向散射系数矩阵与散射矩阵之间的关系为:

$$\sigma_{PQ} = \frac{4\pi \, |S_{PQ}|^2}{r_a r_g} \tag{3.46}$$

式中: r_a 和 r_g 分别为 SAR 图像在距离向和方位向上的分辨率。

在大量已有文献中,极化散射矩阵 S_{PQ} 又称为 S 矩阵或 S_2 矩阵,由式 3.45 表示。当系统满足互易性原则时,有 $S_{HV} = S_{VH}$。极化散射矩阵包含了目标的全部极化信息,通常情况下,它具有复数的形式。极化散射矩阵不但取决于目标本身的尺寸、介电常数、结构、形状等物理因素,同时也与目标和收发天线之间的相对姿态取向、空间几何位置关系以及雷达工作频率等有关。

由于极化散射矩阵 S 局限于描述单一目标(点目标或纯目标)的极化散射信息,无法表示像元尺度内复杂时变的分布式目标,因此常选取散射矩阵的二阶统计量矩阵如协方差矩阵 C、相干矩阵 T 等作为地物极化散射特征分析的对象。C 和 T 矩阵由式 3.47 表示,这两者是多种极化分解算法的基础。

$$C = \begin{bmatrix} \langle |S_{HH}|^2 \rangle & \sqrt{2}\langle S_{HH}S_{HV}^* \rangle & \langle S_{HH}S_{VV}^* \rangle \\ \sqrt{2}\langle S_{HV}S_{HH}^* \rangle & 2\langle |S_{HV}|^2 \rangle & \sqrt{2}\langle S_{HV}S_{VV}^* \rangle \\ \langle S_{VV}S_{VV}^* \rangle & \sqrt{2}\langle S_{VV}S_{HV}^* \rangle & \langle |S_{VV}|^2 \rangle \end{bmatrix} \tag{3.47a}$$

$$T = \frac{1}{2} \begin{bmatrix} <(S_{HH}+S_{VV})(S_{HH}^*+S_{VV}^*)> & <(S_{HH}+S_{VV})(S_{HH}^*-S_{VV}^*)> & 2<(S_{HH}+S_{VV})S_{HV}^*> \\ <(S_{HH}-S_{VV})(S_{HH}^*+S_{VV}^*)> & <(S_{HH}-S_{VV})(S_{HH}^*-S_{VV}^*)> & 2<(S_{HH}-S_{VV})S_{HV}^*> \\ 2<S_{HV}(S_{HH}^*+S_{VV}^*)> & 2<S_{HV}(S_{HH}^*-S_{VV}^*)> & 4<S_{HV}S_{HV}^*> \end{bmatrix}$$

$$\tag{3.47b}$$

值得注意的是:无论是协方差矩阵的迹还是相干矩阵的迹都等于散射矩阵的总功率,即:

$$\text{SPan} = T_{11}+T_{22}+T_{33} = C_{11}+C_{22}+C_{33} = |S_{HH}|^2 + 2|S_{HV}|^2 + |S_{VV}|^2 \tag{3.48}$$

(2)双极化散射矩阵

双极化 SAR 发射极化方式 X,同时接收 X 和 Y 的后向散射回波,组成 XX/XY 组合的双极化工作模式。其中极化方式 X 表示水平极化 H 或垂直极化 V,极化方式 Y 表示水平极化 H 或垂直极化 V。因此,常见的双极化组合有:HH/HV,HH/VV 和 VV/VH。与全极化 SAR 相比,双极化 SAR 仅有两个极化通道数据。双极化的矩阵通常可以表示为:

$$S_{XY} = \begin{bmatrix} S_{HH} & 0 \\ 0 & S_{VV} \end{bmatrix} \text{或} \begin{bmatrix} S_{HH} & S_{HV} \\ 0 & 0 \end{bmatrix} \text{或} \begin{bmatrix} 0 & 0 \\ S_{VH} & S_{VV} \end{bmatrix} \tag{3.49}$$

3.1.3.2 典型 S 矩阵对应的地物散射类型

地物目标对入射电磁波能量的反射过程称之为目标的散射机理,在全极化 SAR 成像过程中,地物目标对不同极化状态下的入射电磁波将表现出不同的散射特性,这种过程称为极化散射机理。极化散射机理可以通过相应的极化散射矩阵 S 表达，典型的地物散射类型包括 2.2.2 节中提到的表面散射、体散射和二面角散射和面散射等。其中典型的表面散射包括漫散射和布拉格散射。漫散射也称为朗伯特（Lambertian）散射，是指表面非常粗糙时发生的散射，表面粗糙度可以通过式 2.76 判断。布拉格（Bragg）散射是指具有一定规律性变化的粗糙表面发生的散射类型，例如具有明显行列排列的农田等。典型的体散射包括体空间分布的散射体是圆形、椭圆形及针状等类型的体散射。典型二面角散射包括二面角、三面角散射体，例如，森林中的树干与地面形成散射、城市建筑物的墙壁与地面形成的散射类型等。面散射通常也叫表面散射，是指比较光滑的表面发生的散射，例如公路路面、平静的水面等。典型地物的极化散射矩阵及其对应的图示、描述见表 3.2。

表 3.2　基本纯散射体及其散射矩阵

散射体类型	散射矩阵	说　明
由球形散射体组成的介质的单次反弹体散射	$S=\begin{bmatrix}1&0\\0&1\end{bmatrix}$	水平和垂直响应都相同，无交叉极化响应
各向异性散射体的单次反弹体散射	$S=\begin{bmatrix}a&0\\0&b\end{bmatrix}$	a 和 b 是反映散射体形状各向异性的复杂指标
由细针状散射体组成的介质的单次反弹体散射	$S=\begin{bmatrix}1&0\\0&0\end{bmatrix}$	该矩阵假设它们水平对齐，因此没有垂直响应；通过旋转坐标系可以导出其他方向的散射矩阵
二面角反射体	$S=\begin{bmatrix}1&0\\0&-1\end{bmatrix}$	这也可以代表树木的树干相互作用，其中反射器可被定向以获得最大响应
三面角反射体	$S=\begin{bmatrix}1&0\\0&1\end{bmatrix}$	
表面散射	$S=\begin{bmatrix}a&0\\0&b\end{bmatrix}$	基于 Bragg 模型，其中 a 和 b 元素与表面反射系数有关

3.2　极化合成

3.2.1　极化合成的概念

全极化 SAR 测量的是每一个像元的全散射矩阵，可利用极化合成技术计算任意一种极化状态的后向散射回波，具体可合成包括线性极化、圆极化及椭圆极化在内的多种极化图像。全极化 SAR 能记录任意一种极化状态的回波功率，不同极化状态回波所记录的地物信息或多或少的存在差异。对于探测目标和背景介质来说，必然有一种极化状态，在它记录及合成的雷达影像上，探测目标和背景介质的灰度差异值最大，探测目标最易识别。极化合成就是充分利用全极化数据的特点和优势，将最有利于解释地面目标的信息提取出来，如极化度、相位差及相关度等。因此能提取更多的地物极化信息和目标信息，从而更准确地描述地面散射特征，提高对地物的识别能力。

3.2.2　极化合成的算法

根据目标的散射矩阵可以计算在任意发射和接收天线极化组合下接收到的回波功率，这种技术称为极化合成。极化技术的一个主要优点是通过两个正交的线性极化信号获得任意极化入射波的目标响应，如果已知目标的极化散射特性，就可以通过极化合成技术获得任意极化状态下的接收功率。

3.2.2.1　极化合成的 Stokes 矢量表达

Sinclair 矩阵不能有效的描述目标的去极化特性，而 Stokes 参数可以有效描述目标的去极化特征。Kennaugh 矩阵是描述去极化特征常用的矩阵，矩阵中的所有元素均为实数，目标散射矩阵的极化合成可以通过 Stokes 矢量和 Kennaugh 矩阵来实现。

若采用 Kennaugh 矩阵表征目标时，忽略常数项，雷达接收功率为：

$$P_r = G_{Ar}^{T} K G_{At} \tag{3.50}$$

式中：G_{Ar}，G_{At} 分别为接收天线和发射天线的 Stokes 矢量。将发射天线和接收天线的 Stokes 矢量归一化，并使用几何描述参数 (ψ, χ) 表示，可得接收功率为：

$$P_r = \begin{bmatrix} 1 \\ \cos2\psi_r\cos2\chi_r \\ \cos2\psi_r\sin2\chi_r \\ \sin2\psi_r \end{bmatrix}^{T} K \begin{bmatrix} 1 \\ \cos2\psi_t\cos2\chi_t \\ \cos2\psi_t\sin2\chi_t \\ \sin2\psi_t \end{bmatrix} \tag{3.51}$$

式中：r 表示接收天线；t 表示发射天线。该式即为极化合成公式。

3.2.2.2　极化特征图

应用式 3.51 计算雷达接收功率时，发射天线和接收天线的极化状态可以在其有效范围内任意取值。当发射天线和接收天线极化状态一致，即 $\psi_r = \psi_t$，$\chi_r = \chi_t$ 时，称为相同极化方式；当发射天线和接收天线极状态正交时，即 $\psi_r = \psi_t + \pi/2$，$\chi_r = -\chi_t$ 时，称为交叉极化方式。在这两种情况下，可以用三维图的形式将雷达接收功率和极化状态之间的关系表示出来，分别称为相同极化特征图和交叉极化特征图。极化特征图能直观描述目标之间的差异，可用来对目标进行极化分析。图 3.6 分别示例了几种典型地物的相同极化和交叉极化表示的极化特征图。

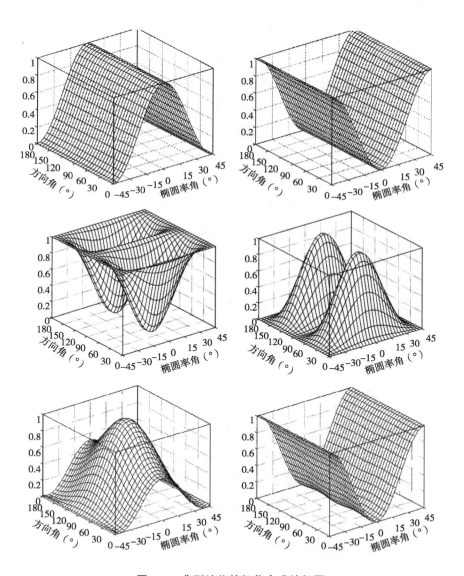

图 3.6　典型地物的极化合成特征图

3.3 极化分解

由于极化数据的 Kennaugh 矩阵或散射矩阵 S 通常反映的是散射体几何的平均散射特性，直接利用它们分析地物目标的散射特性是困难的。极化目标分解技术是分析和提取极化信息的一种常用方法，其可以有效地提取蕴含在全极化散射矩阵中的地物散射信息，从而为目标分类、地物的相关参数如生物量、地表粗糙度及土壤含水量等的反演奠定基础。极化目标分解就是将地物回波的复杂散射过程分解为几种单一的散射过程，每种散射过程都有一个对应的散射矩阵，这有利于分析目标的散射特性，有助于解译地物的散射机理。

根据目标散射特性的变化特征，极化目标分解方法主要包括两大类：一类是针对目标散射矩阵的分解，称为相干目标分解。该分解要求目标的散射特征确定及稳定，散射回波相干。该分解方法包括 Pauli 分解、SDH 分解、Cameron 分解和 SSCM 分解等；另一类是针对极化协方差矩阵 $[T]$、极化相干矩阵 $[C]$、Mueller 矩阵或 Stokes 矩阵的分解，此时目标可以是非确定性的，回波是非相干的，也称为非相干分解。该分解包括 Huynen 分解、Cloude 分解、Holm&Barnes 分解、Freeman–Durden 分解等。

相干目标分解没有经过期望平均运算，所以不会损失任何关于目标的信息，而非相干目标分解之前需要进行集合平均运算，因此会损失一些目标信息。相干目标分解只能用来研究相干目标，也称为点目标或纯目标。然而，大自然界中存在大量的复杂目标，目标散射特性呈现出很强的变化性，此类目标一般需要通过多次测量或集合平均的方法，才能来提取或解释研究目标的物理特性，因此在具体应用中非相干分解适用性更广。本书中仅介绍后续案例用到的部分非相干分解方法及其相应参数的提取方法。

3.3.1 Freeman–Durden 分解

基于协方差矩阵 C_3 的 Freeman–Durden 目标分解方法，是在满足反射对称性的前提下，对三种重要的散射机理——表面散射 S，偶次散射 D 和体散射 V 进行物理建模。其中表面散射模型是用布拉格散射表示地表的散射；偶次散射模型是用不同材料组合的二面角散射模拟地面——树干的二次散射；体散射模型是用均匀分布的偶极子散射模型模拟森林冠层的体散射。

在 Freeman–Durden 分解中，第一个分量为模拟描述微粗糙表面散射的一阶布拉格表面散射模型，根据 3.1.3 节中描述布拉格散射模型的极化散射矩阵可知，该模型中的交叉极化项可以省略。将 3.1.3 节的布拉格表面散射模型的散射矩阵中的 a 表示为

R_{H}，b 表示为 R_{V}，则其极化散射矩阵可以表示为：

$$S = \begin{bmatrix} R_{\mathrm{H}} & 0 \\ 0 & R_{\mathrm{V}} \end{bmatrix} \tag{3.52}$$

水平极化的反射系数分别由式 2.60 中的菲涅尔反射系数表示，即：$R_{\mathrm{H}} = \rho_{\mathrm{H}}$，垂直极化的反射系数则表示为：

$$R_{\mathrm{V}} = (\varepsilon_r - 1) \frac{\sin^2\theta - \varepsilon_r(1 + \sin^2\theta)}{\left[\varepsilon_r\cos\theta + \sqrt{\varepsilon_r - \sin^2\theta}\right]^2} \tag{3.53}$$

由该散射矩阵得到的表面散射分量的协方差矩阵 C_{3S} 为：

$$C_{3S} = \begin{bmatrix} |R_{\mathrm{H}}|^2 & 0 & R_{\mathrm{H}}R_{\mathrm{V}}^* \\ 0 & 0 & 0 \\ R_{\mathrm{V}}R_{\mathrm{H}}^* & 0 & |R_{\mathrm{V}}|^2 \end{bmatrix} = f_S \begin{bmatrix} |\beta|^2 & 0 & \beta \\ 0 & 0 & 0 \\ \beta^* & 0 & 1 \end{bmatrix} \tag{3.54}$$

式中：f_S 对应布拉格表面散射分量对 $|S_{\mathrm{VV}}|^2$ 分量的贡献，β 为实数，定义如下：

$$f_S = |R_{\mathrm{V}}|^2 \quad \text{和} \quad \beta = \frac{R_{\mathrm{H}}}{R_{\mathrm{V}}} \tag{3.55}$$

偶次散射分量模拟二面角反射器(例如地表与树干构成的二面角散射体，其中反射器表面由两种不同的电介质材料构成)的散射。垂直树干表面对水平极化和垂直极化波的反射系数分别是 R_{TH} 和 R_{TV}。水平地面的菲涅尔反射系数分别是 R_{GH} 和 R_{GV}。水平和垂直极化的两个相位分量分别为 $\mathrm{e}^{2j\gamma_{\mathrm{H}}}$ 和 $\mathrm{e}^{2j\gamma_{\mathrm{V}}}$，其中复系数 γ_{H} 和 γ_{V} 代表电磁波传播过程中的各种衰减和相位变化的影响。则偶次散射分量的散射矩阵为：

$$S = \begin{bmatrix} \mathrm{e}^{2j\gamma_{\mathrm{H}}}R_{\mathrm{TH}}R_{\mathrm{GH}} & 0 \\ 0 & \mathrm{e}^{2j\gamma_{\mathrm{V}}}R_{\mathrm{TV}}R_{\mathrm{GV}} \end{bmatrix} \tag{3.56}$$

由散射矩阵可以得到二次散射的协方差矩阵 C_{3D} 为：

$$C_{3D} = \begin{bmatrix} |R_{\mathrm{TH}}R_{\mathrm{GH}}|^2 & 0 & \mathrm{e}^{2j(\gamma_{\mathrm{H}}-\gamma_{\mathrm{V}})}R_{\mathrm{TH}}R_{\mathrm{GH}}R_{\mathrm{TV}}^*R_{\mathrm{G}}^* \\ 0 & 0 & 0 \\ \mathrm{e}^{2j(\gamma_{\mathrm{V}}-\gamma_{\mathrm{H}})}R_{\mathrm{TV}}R_{\mathrm{GV}}R_{\mathrm{TH}}^*R_{\mathrm{GH}}^* & 0 & |R_{\mathrm{TV}}R_{\mathrm{GV}}|^2 \end{bmatrix} = f_D \begin{bmatrix} |\alpha|^2 & 0 & \alpha \\ 0 & 0 & 0 \\ \alpha^* & 0 & 1 \end{bmatrix} \tag{3.57}$$

式中：f_D 对应二次散射分量对 $|S_{\mathrm{VV}}|^2$ 的贡献，α 是复数，定义为：

$$f_D = |R_{\mathrm{TV}}R_{\mathrm{GV}}|^2 \quad \text{和} \quad \alpha = \mathrm{e}^{2j(\gamma_{\mathrm{H}}-\gamma_{\mathrm{V}})}\frac{R_{\mathrm{TH}}R_{\mathrm{GH}}}{R_{\mathrm{TV}}R_{\mathrm{GV}}} \tag{3.58}$$

体散射模型对来自森林冠层的散射建模，森林冠层被近似为一片由随机取向的类圆柱散射体构成的云层。水平取向的基本偶极子的散射矩阵表示为线极化正交基的形式：

$$S = \begin{bmatrix} a & 0 \\ 0 & b \end{bmatrix}_{a \gg b} \tag{3.59}$$

式中：a 和 b 是与每个质点相关的坐标系下的复散射系数。

当水平取向的偶极子绕雷达视线方向旋转角度 θ 时，散射矩阵可以表示为：

$$S(\theta) = \begin{bmatrix} \cos\theta & \sin\theta \\ -\sin\theta & \cos\theta \end{bmatrix} \begin{bmatrix} a & 0 \\ 0 & b \end{bmatrix} \begin{bmatrix} \cos\theta & -\sin\theta \\ \sin\theta & \cos\theta \end{bmatrix} = \begin{bmatrix} a\cos^2\theta + b\sin^2\theta & (b-a)\sin\theta\cos\theta \\ (b-a)\sin\theta\cos\theta & a\sin^2\theta + b\cos^2\theta \end{bmatrix} \tag{3.60}$$

假设散射体形状类似于细长圆柱，相对于雷达视线方向的取向角是随机分布的，则协方差矩阵 C_{3v} 的二阶统计平均为：

$$\langle S_{HH}S_{HH}^* \rangle = |a|^2 I_1 + |b|^2 I_2 + 2\text{Re}(ab^*)I_4$$

$$\langle S_{HH}S_{HV}^* \rangle = (b-a)^*(aI_5 + bI_6)$$

$$\langle S_{HV}S_{HV}^* \rangle = |b-a|^2 I_4$$

$$\langle S_{HH}S_{VV}^* \rangle = (|a|^2 + |b|^2)I_4 + ab^* I_1 + a^* b I_2 \tag{3.60}$$

$$\langle S_{VV}S_{VV}^* \rangle = |a|^2 I_2 + |b|^2 I_1 + 2\text{Re}(ab^*)I_4$$

$$\langle S_{HV}S_{VV}^* \rangle = (b-a)(a^* I_6 + b^* I_5)$$

式中：

$$I_1 = \int_{-\pi}^{\pi} \cos^4\theta\, p(\theta)\,\mathrm{d}\theta, \quad I_2 = \int_{-\pi}^{\pi} \sin^4\theta\, p(\theta)\,\mathrm{d}\theta$$

$$I_3 = \int_{-\pi}^{\pi} \sin^2 2\theta\, p(\theta)\,\mathrm{d}\theta \equiv 4I_4, \quad I_4 = \int_{-\pi}^{\pi} \sin^2\theta\cos^2\theta\, p(\theta)\,\mathrm{d}\theta \tag{3.61}$$

$$I_5 = \int_{-\pi}^{\pi} \cos^3\theta\sin\theta\, p(\theta)\,\mathrm{d}\theta, \quad I_6 = \int_{-\pi}^{\pi} \sin^3\theta\cos\theta\, p(\theta)\,\mathrm{d}\theta$$

如果方向角的概率密度函数符合均匀分布，$p(\theta) = \dfrac{1}{2\pi}$，则

$$I_1 = I_2 = \frac{3}{8}, \quad I_3 = \frac{1}{2}, \quad I_4 = \frac{1}{8}, \quad I_5 = I_6 = 0 \tag{3.62}$$

且

$$\langle S_{HH}S_{HH}^* \rangle = \frac{1}{4}(|a|^2 + |b|^2) + \frac{1}{8}(|a+b|^2), \quad \langle S_{HH}S_{HV}^* \rangle = 0$$

$$\langle S_{HV}S_{HV}^* \rangle = \frac{1}{8}|b-a|^2, \qquad\qquad \langle S_{HH}S_{VV}^* \rangle = \frac{1}{8}(|a|^2 + |b|^2) + \frac{3}{4}\text{Re}(ab^*)$$

$$\langle S_{VV}S_{VV}^* \rangle = \frac{1}{4}(|a|^2 + |b|^2) + \frac{1}{8}(|a+b|^2), \quad \langle S_{HV}S_{VV}^* \rangle = 0$$

$$\tag{3.63}$$

假设体散射模型是一片由若干随机取向的、在水平方向上非常细的 $(b \mapsto 0)$ 类圆柱

体构成的散射体云，则其平均协方差矩阵 $\langle C_{3V} \rangle_\theta$ 为：

$$\langle C_{3V} \rangle_\theta = \frac{f_V}{8} \begin{bmatrix} 3 & 0 & 1 \\ 0 & 2 & 0 \\ 1 & 0 & 3 \end{bmatrix} \qquad (3.64)$$

式中：f_V 对应散射分量的贡献。由于协方差矩阵的秩为 $\langle C_{3V} \rangle_\theta$，因此，体散射不能用单个稳态目标的散射矩阵来描述。

假设体散射、二次散射和表面散射成分间互不相关，则总的二阶计量是上述每个独立散射机制成分的统计量之和。因此，总的后向散射模型为：

$$C_3 = C_{3S} + C_{3D} + \langle C_{3V} \rangle_\theta = \begin{bmatrix} f_S |\beta|^2 + f_D |\alpha|^2 + \dfrac{3f_V}{8} & 0 & f_S\beta + f_D\alpha + \dfrac{f_V}{8} \\ 0 & \dfrac{2f_V}{8} & 0 \\ f_S\beta^* + f_D\alpha^* + \dfrac{f_V}{8} & 0 & f_S + f_D + \dfrac{3f_V}{8} \end{bmatrix} \qquad (3.65)$$

为了求解这些未知参量，首先假设散射体满足互易性和反射对称性，相同极化和交叉极化散射波之间的相关性为 0，即 $\langle S_{HH}S_{HV}^* \rangle = \langle S_{HV}S_{VV}^* \rangle = 0$。由该模型可以得到 4 个等式，包含 5 个未知量。其中，体散射分量的贡献 $\dfrac{f_V}{8}$、$\dfrac{2f_V}{8}$ 或 $\dfrac{3f_V}{8}$ 可以在 $|S_{HH}|^2$、$|S_{VV}|$ 和 $S_{HH}S_{VV}^*$ 三项中抵消。这时，剩余 3 个等式包含 4 个未知量：

$$\begin{aligned} \langle S_{HH}S_{HH}^* \rangle &= f_S |\beta|^2 + f_D |\alpha|^2 \\ \langle S_{HH}S_{VV}^* \rangle &= f_S\beta + f_D\alpha \\ \langle S_{VV}S_{VV}^* \rangle &= f_S + f_D \end{aligned} \qquad (3.66)$$

在 van Zyl 提出的算法中，根据 $\langle S_{HH}S_{VV}^* \rangle$ 实部的正负，可以判断剩余项中的主导散射是二次散射还是表面散射。当 $\mathrm{Re}(\langle S_{HH}S_{VV}^* \rangle) \geqslant 0$ 时，认为表面散射是主导散射机制，参数 α 可以确定，即 $\alpha = -1$；当 $\mathrm{Re}(\langle S_{HH}S_{VV}^* \rangle) \leqslant 0$ 时，认为二次散射是主导散射机制，参数 β 可以确定，即 $\beta = +1$。然后利用雷达实测数据，从残余项中估计出权重 f_S 和 f_D，以及参数 α 和 β。最后，由各散射成分权重的估计，可得到总的散射功率 Span 为：

$$\mathrm{Span} = |S_{HH}|^2 + 2|S_{HV}|^2 + |S_{VV}|^2 = P_S + P_D + P_V \qquad (3.67)$$

式中：

$$\begin{aligned} P_S &= f_S(1 + |\beta|^2) \\ P_D &= f_D(1 + |\alpha|^2) \\ P_V &= f_V \end{aligned} \qquad (3.68)$$

3.3.2 Yamaguchi 四分量分解

Freeman-Durden 三分量散射功率模型是在满足反射对称性假设条件实现的 SAR 数据的目标分解，即 $T_{13} = 0$ 且 $T_{23} = 0$，然而在一幅 SAR 图像中有可能存在某些区域不满足反射对称性假设条件，例如，某些目标的 T_{13} 和 T_{23} 的数值较大无法满足反射对称性的假设。Yamaguchi 等（2005）在 Freeman-Durden 三分量散射模型的基础上提出了一个四分量散射模型，他们将地物目标散射分解成表面散射、偶次散射、体散射和螺旋体散射四种图散射成分的加权螺旋散射机制的概念主要是在 Krogager 相干目标分解理论中发展起来的。Yamaguchi 分解的另一个改进是对体散射模型的扩展。

螺旋体散射成分通常会出现在非均匀区域，例如具有复杂形状的目标或人造建筑中。根据目标的螺旋性，对于所有线极化入射波，螺旋体目标将产生左旋或右旋圆极化回波。左手螺旋体目标和右手螺旋体目标的散射矩阵形式分别为：

$$S_{LH} = \frac{1}{2}\begin{bmatrix} 1 & j \\ j & -1 \end{bmatrix} \quad 和 \quad S_{RH} = \frac{1}{2}\begin{bmatrix} 1 & -j \\ -j & -1 \end{bmatrix} \tag{3.69}$$

对应的左手/右手螺旋体的协方差矩阵可以表示为：

$$C_{3LH} = \frac{f_C}{4}\begin{bmatrix} 1 & -j\sqrt{2} & -1 \\ j\sqrt{2} & 2 & -j\sqrt{2} \\ -1 & j\sqrt{2} & 1 \end{bmatrix} \quad 和 \quad C_{3RH} = \frac{f_C}{4}\begin{bmatrix} 1 & j\sqrt{2} & -1 \\ -j\sqrt{2} & 2 & j\sqrt{2} \\ -1 & -j\sqrt{2} & 1 \end{bmatrix} \tag{3.70}$$

在式 3.70 的两种情况中，f_c 均表示螺旋散射分量的贡献。

Yamaguchi 等（2005）在四分量分解模型中作出的另一个重要改进是利用同极化的后向散射功率 $<|S_{HH}|^2>$ 与 $<|S_{VV}|^2>$ 之比，修正了体散射机制的散射矩阵。在 Freeman-Durden 体散射的理论模型中，假设构成云状散射体的随机取向偶极子的取向角概率服从 $[0, 2\pi]$ 均匀分布。然而，在植被覆盖区域，垂直结构相对占优势，例如树木的树枝可能更加倾向于垂直方向的分布。因此 Yamaguchi 等（2005）提出式 3.71 的偶极子概率分布函数，该分布函数更适合森林等茂密植被覆盖的区域。

$$p(\theta) = \begin{cases} \frac{1}{2}\cos\theta, & 0 \leqslant \theta \leqslant \pi \\ 0, & 0 < \theta < 2\pi \end{cases} \quad \text{with} \quad \int_0^{2\pi} p(\theta)\,\mathrm{d}\theta = 1 \tag{3.71}$$

式中：θ 是偶极子散射体与水平轴线方向的夹角。式 3.61 中定义的积分等于：

$$I_1 = \frac{8}{15}, \quad I_2 = \frac{3}{15}, \quad I_3 = \frac{8}{15}, \quad I_4 = \frac{2}{15}, \quad I_5 = I_6 = 0 \tag{3.72}$$

假设体散射模型是一片由若干随机取向的、在水平方向上非常细的（$b \mapsto 0$）类圆柱体构成的散射体云，则其平均协方差矩阵 $\langle C_{3V} \rangle_\theta$ 为：

$$\langle C_{3V} \rangle = \frac{f_V}{5} \begin{bmatrix} 8 & 0 & 2 \\ 0 & 4 & 0 \\ 2 & 0 & 3 \end{bmatrix} \tag{3.73}$$

假设体散射模型是一片由若干随机取向的、在垂直方向上非常细的（$a \mapsto 0$）类圆柱体构成的散射体云，则其平均协方差矩阵 $\langle C_{3V} \rangle_\theta$ 为：

$$\langle C_{3V} \rangle = \frac{f_V}{15} \begin{bmatrix} 3 & 0 & 2 \\ 0 & 4 & 0 \\ 2 & 0 & 3 \end{bmatrix} \tag{3.74}$$

式 3.73 和式 3.74 中，f_V 均表示体散射分量的贡献。

另外，根据 $10\log(\langle |S_{VV}|^2 \rangle / \langle |S_{HH}|^2 \rangle)$ 的大小，可以调整协方差矩阵的形式，使其符合实测数据。即可以根据不同场景需要选择合适的体散射平均协方差矩阵 $\langle C_{3V} \rangle_\theta$。

与 Freeman-Durden 三分量分解方法类似，假设体散射、二次散射、表面散射和螺旋散射成分之间互不相关，则总的二阶统计量是上述每个独立散射机制成分的统计量之和。因此，总的散射模型为：

$$C_3 = C_{3S} + C_{3D} + C_{3LH/RH} + \langle C_{3V} \rangle_\theta = \begin{bmatrix} f_S|\beta|^2 + f_D|\alpha|^2 + \dfrac{f_C}{4} & \pm j\dfrac{\sqrt{2}f_C}{4} & f_S\beta + f_D\alpha - \dfrac{f_C}{4} \\ \pm j\dfrac{\sqrt{2}f_C}{4} & \dfrac{f_C}{2} & \pm j\dfrac{\sqrt{2}f_C}{4} \\ f_S\beta^* + f_D\alpha^* - \dfrac{f_C}{4} & \pm j\dfrac{\sqrt{2}f_C}{4} & f_S + f_D + \dfrac{f_C}{4} \end{bmatrix} + f_V \begin{bmatrix} a & 0 & d \\ 0 & b & 0 \\ d & 0 & c \end{bmatrix} \tag{3.75}$$

该模型可得到 5 个等式，包含 6 个未知量 α、β、f_S、f_D、f_C 和 f_V。其中，依据选择的体散射平均协方差矩阵 $\langle C_{3V} \rangle_\theta$，可确定参数 a、b、c 和 d 的值。由各散射成分权重的估计，可得到总的散射功率 Span 为：

$$\text{Span} = |S_{HH}|^2 + 2|S_{HV}|^2 + |S_{VV}|^2 = P_S + P_D + P_C + P_V \tag{3.76}$$

式中：

$$P_S = f_S(1 + |\beta|^2), \quad P_D = f_D(1 + |\alpha|^2) \tag{3.77}$$
$$P_C = f_C, \quad P_V = f_V$$

3.3.3 $H/A/\overline{\alpha}$ 分解

3.3.3.1 $H/A/\overline{\alpha}$ 极化分解基础理论

1997 年，Cloude 和 Pottier 提出了一种利用二阶统计量的平滑算法来提取样本平均参数的方法。该方法不依赖于某种特定的统计分布假设，因此也不受这种多变量模型物理约束条件的限制。它利用 3×3 相干矩阵 T_3 的特征矢量分析，将相干矩阵分解为不同的散射过程类型(特征矢量)及其对应的相对幅度(特征值),原因是特征矢量分析可提供散射体的基不变描述。

根据式 3.47b T_3 矩阵的表达式可知,该矩阵为 3×3 埃尔米特(Hermitian)平均相干矩阵,即该矩阵的特征值为实数,而且用于找到该矩阵对角矩阵的特征向量矩阵是酉矩阵。即 T_3 可以表示为:

$$T_3 = U_3 \Sigma U_3^{-1} \tag{3.78}$$

式中:Σ 是 3×3 对角阵,其矩阵元素均为非负实数,$U_3 = [\begin{matrix} u_1 & u_2 & u_3 \end{matrix}]$ 是 T_3 特征向量的一个 3×3 酉矩阵,其中 u_1、u_2 和 u_3 分别是由列组成的 3 个正交的单位特征向量。

通过计算 3×3 埃尔米特平均相干矩阵 T_3 的特征矢量,可以获得 3 个互不相关的目标,根据这组目标可以进一步构造出一个简单的统计模型,其过程包括将 T_3 展开为 3 个相互独立的目标之和,每个独立目标由一个散射矩阵描述,可以表示为酉矩阵中的一个酉列向量。因此式 3.78 可以表示为式 3.79 表示的分解过程

$$T_3 = \begin{bmatrix} u_1 & u_2 & u_3 \end{bmatrix} \begin{bmatrix} \lambda_1 & 0 & 0 \\ 0 & \lambda_2 & 0 \\ 0 & 0 & \lambda_3 \end{bmatrix} \begin{bmatrix} u_1^* & u_2^* & u_3^* \end{bmatrix}$$

$$= \sum_{i=1}^{i=3} \lambda_i u_i u_i^{*T} = \lambda_1 u_1 u_1^{*T} + \lambda_2 u_2 u_2^{*T} + \lambda_3 u_3 u_3^{*T} \tag{3.79}$$

式中:λ_i 是实数,对应 T_3 的特征值,分别描述 3 个归一化目标分量 u_i 的统计权重;T^* 表示矩阵的转置共轭;u_i 表示单位向量。对于无方位对称性的散射媒质,其可以表示为式 3.80:

$$u = [\begin{matrix} \cos\alpha e^{j\varphi} & \sin\alpha\cos\beta e^{j(\delta+\varphi)} & \sin\alpha\sin\beta e^{j(\gamma+\varphi)} \end{matrix}]^T \tag{3.80}$$

对于由 3.80 表示的散射机制,如果需要从一个散射基变成另外一个散射基,仅需要简单的平面旋转矩阵 L 对进行变换(式 3.81),由于正交的散射机制遵循向量约化定理和互易性,因此这些散射机制都能通过一系列的矩阵变化得到单位矩阵(式 3.82)。

$$u' = L_1 u = \begin{bmatrix} 1 & 0 & 0 \\ 0 & \cos\Delta\beta & -\sin\Delta\beta \\ 0 & \sin\Delta\beta & \cos\Delta\beta \end{bmatrix} u, \quad u' = L_2 u = \begin{bmatrix} \cos\Delta\alpha & -\sin\Delta\alpha & 0 \\ \sin\Delta\alpha & \cos\Delta\alpha & 0 \\ 0 & 0 & 1 \end{bmatrix} u \tag{3.81}$$

式中:$\Delta\alpha$ 和 $\Delta\beta$ 分别为变化的散射角和方位角。

$$u = \begin{bmatrix} 1 \\ 0 \\ 0 \end{bmatrix} = \begin{bmatrix} \cos\alpha & \sin\alpha & 0 \\ -\sin\alpha & \cos\alpha & 0 \\ 0 & 0 & 1 \end{bmatrix} \begin{bmatrix} 1 & 0 & 0 \\ 0 & \cos\beta & \sin\beta \\ 0 & \sin\beta & \cos\beta \end{bmatrix} \begin{bmatrix} e^{j\varphi} & 0 & 0 \\ 0 & e^{j(\delta+\varphi)} & 0 \\ 0 & 0 & {}^{j(\gamma+\varphi)} \end{bmatrix} \tag{3.82}$$

式中:α 表示目标散射类型,且 $0° \leqslant \alpha \leqslant 90°$,$\beta$ 表示目标方位角,且 $-180° \leqslant \beta \leqslant 180°$,$\varphi$、$\delta$ 和 γ 为目标的相位因子。根据式 3.79、3.80、3.81、3.82 可知式 3.78 中

的酉矩阵可以表示为式 3.83：

$$U_3 = \begin{bmatrix} \cos\alpha_1 e^{j\varphi_1} & \cos\alpha_2 e^{j\varphi_2} & \cos\alpha_3 e^{j\varphi_3} \\ \sin\alpha_1\cos\beta_1 e^{j(\delta_1+\varphi_1)} & \sin\alpha_2\cos\beta_2 e^{j(\delta_2+\varphi_2)} & \sin\alpha_3\cos\beta_3 e^{j(\delta_3+\varphi_3)} \\ \sin\alpha_1\sin\beta_1 e^{j(\gamma_1+\varphi_1)} & \sin\alpha_2\sin\beta_2 e^{j(\gamma_2+\varphi_2)} & \sin\alpha_3\sin\beta_3 e^{j(\gamma_3+\varphi_3)} \end{bmatrix} \qquad (3.83)$$

据式 3.79 可知，矩阵 T_3 可以被分解为由 3 个特征值表征的 3 个独立分量。若被分解的 T_3 矩阵中只有一个特征值不为零，则 T_3 仅对应一个单一的散射目标，只与一个简单散射矩阵相关。若所有的特征值均相等，则相干矩阵 T_3 由 3 个幅度相等的正交散射机制组成，该目标被称为"随机"的，即完全丢失了极化状态信息。介于这两种极端情况之间，存在着部分极化目标的情况。该情况指的是相干矩阵 T_3 的非零特征值不止一个，且特征值不完全相等。这时采用极化散射熵 H 和极化散射类型 α 来表征。

(1)极化散射熵 H

极化散射熵表示媒质散射的随机性，通常用于电信信号的度量，但是在雷达图像处理及应用中具有广泛的应用，可以由式 3.84 表示：

$$H = \sum_{i=1}^{3} p_i \log_3 \frac{1}{p_i} = -\sum_{i=1}^{3} p_i \log_3 p_i \qquad (3.84a)$$

$$p_i = \frac{\lambda_i}{\sum_{i=1}^{3} \lambda_i}, \quad \sum_{i=1}^{3} p_i = 1 \qquad (3.84b)$$

由于特征值是旋转不变的，极化熵 H 也是旋转不变的。当极化熵 H 的值较低($H<0.3$)时，可以认为系统是弱去极化的，占主要优势的散射机制可以看成某一指定的等效点目标散射机制，据此可以选择最大特征值对应的特征矢量，而其他的特征矢量则可以被忽略。但是，当极化熵 H 的值较高时，集合平均散射体呈现去极化状态，并且不再存在一个单一散射目标的情况，这需要从整个特征值分布谱考虑各种可能的点目标散射类型的混合比例。当极化熵 H 进一步增大，从极化测量数据中可以识别的散射机制的数目将逐渐减少。当极化熵 H 达到最大值 $H=1$ 时，极化信息为零，目标散射完全是一个随机噪声过程。

极化散射熵 H 对应的散射类型见表 3.3，但是仅用 H 无法区别部分散射类型，因此需要引入极化散射参数 $\bar{\alpha}$ 作为补充。

表 3.3 熵散射类型汇总

熵范围	散射类型
低 (优势散射体)	单二面角反射体散射 单针散射体散射(无实际意义，除非是两极散射) 各向同性散射体的体散射 轻微粗糙表面散射
中	角反射体的随机散射(无实际意义) 弱各向异性散射体的随机定向散射
高 (非优势散射体)	针状随机方向散射 强各向同性粒子的随机定向散射

(2)极化散射参数 $\bar{\alpha}$

极化散射参数 $\bar{\alpha}$ 可以定义为：

$$\bar{\alpha} = \sum_{i=1}^{3} p_i \alpha_i = \sum_{i=1}^{3} p_i \cos^{-1} u_{i1} \tag{3.85}$$

式中：$\bar{\alpha}$ 是用来识别主要散射机制的关键参数，并且它是旋转不变的。

表 3.4　基于散射角 $\bar{\alpha}$ 的散射类型汇总

入射角范围	散射类型
接近 0° 时	轻微粗糙表面散射
接近 45° 时	强各向异性散射体的随机定向散射
	针状散射体的随机方向散射
	单针散射体的散射
	二面体反射体的随机组合散射
接近 90° 时	单角反射体特征散射

对于式 3.80 给出的散射机制一般可以通过分析参数 $\bar{\alpha}$ 来开展，因为 $\bar{\alpha}$ 的值能与散射过程背后的物理性质相联系。参数 $\bar{\alpha}$ 的有效范围对应于散射机制的连续变化，表征从几何光学的表面散射开始 ($\bar{\alpha}=0°$)，经物理光学的表面散射模型，变为布拉格表面散射模型，再由偶极子散射或各向异性质点云的单次散射 ($\bar{\alpha}=45°$)，转变为两个介质表面的二次散射，最后变为金属表面的二面角散射 ($\bar{\alpha}=90°$)。散射角 $\bar{\alpha}$ 对应的散射类型见表3.4，其与极化散射熵 H 相结合，可以有效区分目标散射类型。

(3)极化散射各向异性度(A)

尽管极化熵 H 对于描述散射问题的随机性是一个有效的标量表征，但是它不能完全描述特征值的比值关系。因此，提出了另一个特征值参数，"极化各向异性度"(polarimetric anisotropy)A。将特征值按 $\lambda_1 > \lambda_2 > \lambda_3 > 0$ 的顺序排列，极化各向异性度 A 可定义为：

$$A = \frac{\lambda_2 - \lambda_3}{\lambda_2 + \lambda_3} \tag{3.85}$$

由于特征值是旋转不变的，因此极化各向异性度 A 也是旋转不变参数。作为极化熵 H 参数的补充，极化各向异性度 A 描述了由特征分解得到的第 2 个和第 3 个特征值的相对大小。从实际应用的角度来说，一般当 $H>0.7$ 时，各向异性度 A 才会用于散射机制的识别。这是由于在低熵的情况下，第 2 个和第 3 个特征值受噪声的影响十分严重，进而导致了各向异性度 A 也受到噪声的严重影响。另外，特征分解内嵌的空间平均过程会增大极化熵 H 的值，并且会减少极化观测数据可识别出的散射机制的类别数。必须注意的是，当极化熵 H 增大到较高值时，极化各向异性度 A 成为一个非常有用的参数，它能提高不同类型散射过程的分辨能力。

3.3.3.2　基于特征值的新参数

(1)香农熵

香农熵(Shannon Entropy，SE)由 Morio 等(2006)提出，定义为与强度(SE_I)和极化

(SE_P)相关的两分量之和。SE_I 为与总后向散射功率相关的强度分量，SE_p 为与 Barakat 极化度 P_T 相关的极化分量。

对于任一给定的概率密度函数，香农熵可定义为

$$S[P_T(\underline{k})] = \int P_T(\underline{k}) \log[P_T(\underline{k})] \mathrm{d}\underline{k} \tag{3.86}$$

式中：$\int(\cdot)\mathrm{d}\underline{k}$ 代表三维复积分；$P_T(\underline{k})$ 为复三维目标矢量的概率分布函数。

对于圆对称高斯过程，香农熵可以由式 3.87 表示。

$$SE = SE_I + SE_P \tag{3.87a}$$

$$SE_I = 3\log\left[\frac{\pi e I_T}{3}\right] = 3\log\left[\frac{\pi e T_r(T_3)}{3}\right] \quad SE_p = \log(1-P_T^2) = \log\left[27\frac{|T_3|}{T_r(T_3)^3}\right] \tag{3.87b}$$

(2) 单次反射特征值相对差异度(SERD)和二次反射特征值相对差异度(DERD)

Allain et al. (2005)提出了 SERD 和 DERD 两个基于特征值的参数，用来比较不同散射机制之间的相对大小关系，这两个参数同样基于媒质反射对称性的假设，即相同极化和交叉极化通道之间的相关性等于零。SERD 和 DERD 的表达式如下：

$$SERD = \frac{\lambda_S - \lambda_{3NOS}}{\lambda_S + \lambda_{3NOS}}, \qquad DERD = \frac{\lambda_D - \lambda_{3NOS}}{\lambda_D + \lambda_{3NOS}} \tag{3.88}$$

式中：λ_S 和 λ_D 分别对应于单次散射和二次散射的两个特征值，且由式 3.89 给定：

$$\alpha_1 \leqslant \frac{\pi}{4} \quad 或 \quad \alpha_2 \leqslant \frac{\pi}{4} \Rightarrow \begin{cases} \lambda_S = \lambda_{1NOS} \\ \lambda_D = \lambda_{2NOS} \end{cases}, \quad 且\ \alpha_1 \geqslant \frac{\pi}{4} \quad 或 \quad \alpha_2 \leqslant \frac{\pi}{4} \Rightarrow \begin{cases} \lambda_S = \lambda_{2NOS} \\ \lambda_D = \lambda_{1NOS} \end{cases} \tag{3.89}$$

式 3.88 和式 3.89 中的 λ_{1NOS}、λ_{2NOS} 和 λ_{3NOS} 由式 3.90 给出：

$$\lambda_{1NOS} = \frac{1}{2}\left[\langle|S_{HH}|^2\rangle + \langle|S_{VV}|^2\rangle + \sqrt{((\langle|S_{HH}|^2\rangle - \langle|S_{VV}|^2\rangle)^2 + 4\langle|S_{HH}S_{VV}^*|^2\rangle}\right]$$

$$\tag{3.90a}$$

$$\lambda_{2NOS} = \frac{1}{2}\left[\langle|S_{HH}|^2\rangle + \langle|S_{VV}|^2\rangle - \sqrt{((\langle|S_{HH}|^2\rangle - \langle|S_{VV}|^2\rangle)^2 + 4\langle|S_{HH}S_{VV}^*|^2\rangle}\right]$$

$$\tag{3.90b}$$

$$\lambda_{3NOS} = 2\langle|S_{HV}|^2\rangle \tag{3.90c}$$

SERD 参数对于高极化熵 H 的媒质非常有用，可以确定不同散射机制的特征和大小。DERD 参数可同各向异性参数 A 比较，这两者经常用于表征地表粗糙度。在小粗糙度值的情况下，两者较为相似，但在高频情况下两者的表现则不同。两者的重要性区别为，DERD 的动态变化范围为[-1, +1]，而 A 的动态变化范围为[0, 1]。另外由于 SERD 和 DERD 参数对自然媒质特征敏感，因此可以用于生物和地物参数的定量反演。

(3) 目标随机性参数

Luneburg(2001)提出了目标随机性(target randomness，P_R)参数，定义为式 3.91：

$$P_R = \sqrt{\frac{3}{2}} \sqrt{\frac{\lambda_2^2 + \lambda_3^2}{\lambda_1^2 + \lambda_2^2 + \lambda_3^2}}, \quad 0 \leqslant P_R \leqslant 1 \tag{3.91}$$

对于一个满足 $\lambda_2 \approx \lambda_3 \approx 0$ 的确定性目标，服从 $P_R = 0$；对于一个满足 $\lambda_1 \approx \lambda_2 \approx \lambda_3$ 的完全随机目标，则有 $P_R = 1$。目标随机性 P_R 与极化散射熵 H 非常接近，两者提供近似的信息。

（4）极化不对称性和极化比参数

Ainsworth et al.（2000）提出了极化不对称性和极化比参数。极化不对称性和极化比的计算基于 Barnes-Holm 分解算法，即将相干矩阵 T_3 分解为完全极化和完全非极化两项，如式 3.92：

$$T_3 = U_3 \begin{pmatrix} \lambda_1 & 0 & 0 \\ 0 & \lambda_2 & 0 \\ 0 & 0 & \lambda_3 \end{pmatrix} U_3^{-1} = U_3 \begin{pmatrix} \lambda_1 - \lambda_3 & 0 & 0 \\ 0 & \lambda_2 - \lambda_3 & 0 \\ 0 & 0 & \lambda_3 \end{pmatrix} U_3^{-1} + U_3 \begin{pmatrix} \lambda_3 & 0 & 0 \\ 0 & \lambda_3 & 0 \\ 0 & 0 & \lambda_3 \end{pmatrix} U_3^{-1}$$

$$\tag{3.92}$$

式 3.92 中的第一项为完全极化分量，从式中可以看出最多有两个非零特征值，即最多包含两种不同的散射机制。极化不对称性 PA 根据极化回波中两特征值和与差的比值来表征两种极化散射机制的相对大小，因此等效于极化各向异性度 A，可以表示为 3.93：

$$PA = \frac{(\lambda_1 - \lambda_3) - (\lambda_2 - \lambda_3)}{(\lambda_1 - \lambda_3) + (\lambda_2 - \lambda_3)} = \frac{\lambda_1 - \lambda_2}{\lambda_1 + \lambda_2 - 2\lambda_3} = \frac{\lambda_1 - \lambda_2}{\text{Span} - 3\lambda_3}, \quad 0 \leqslant PA \leqslant 1 \tag{3.93}$$

式 3.92 的第 2 项与发射和接收的极化状态完全无关，因此代表的是雷达回波的完全非极化分量。完全未极化分量在总功率 Span 中所占的百分比为 $3\lambda_3/\text{Span}$，因此极化比 PF 参数的定义如下：

$$PF = 1 - \frac{3\lambda_3}{\text{Span}} = 1 - \frac{3\lambda_3}{\lambda_1 + \lambda_2 + \lambda_3}, \quad 0 \leqslant PF \leqslant 1 \tag{3.94}$$

极化比参数的取值范围在 0 到 1 之间。当 $\lambda_3 = 0$ 时，雷达回波中只有极化分量，未极化分量为 0；当 $\lambda_3 > 0$ 且逐渐增大时，极化比下降。

在实际应用中可以去掉总功率 Span 的影响，即将特征值归一化，仅针对纯极化度进行分析。归一化后的特征值用 Λ_i 表示，满足条件 $\Lambda_1 + \Lambda_2 + \Lambda_3 = 1$，因此归一化条件下 PA 和 PF 的表达式为：

$$PA = \frac{\Lambda_1 - \Lambda_2}{1 - 3\Lambda_3} = \frac{\Lambda_1 - \Lambda_2}{PF}, \quad PF = 1 - 3\Lambda_3, \quad 0 \leqslant PA, \; PF \leqslant 1 \tag{3.95}$$

（5）雷达植被指数和基准高度参数

van Zyl et al.（1987；1992；2006）提出了雷达植被指数 RVI 和基准高度参数 PH，

两者可以分别表示为式 3. 96 和式 3. 97：

$$RVI = \frac{4\lambda_3}{\lambda_1 + \lambda_2 + \lambda_3}, \quad 0 \leqslant RVI \leqslant \frac{4}{3} \tag{3.96}$$

$\lambda_1 \approx \lambda_2 \approx \lambda_3$ 时，随机程度最大，RVI 等于 4/3，这时的植被类型对应为细圆柱体；$\lambda_1 \neq 0$，$\lambda_2 \approx \lambda_3 \approx 0$ 时，植被类型对应为粗圆柱体。

$$PH = \frac{\min(\lambda_1, \lambda_2, \lambda_3)}{\max(\lambda_1, \lambda_2, \lambda_3)} = \frac{\lambda_3}{\lambda_1}, \quad \lambda_3 \leqslant \lambda_2 \leqslant \lambda_1, \quad 0 \leqslant PH \leqslant 1 \tag{3.97}$$

PH 等效于最小特征值与最大特征值之比。由于特征值与最优后向散射极化状态有关，最小和最大特征值分别对应于天线在最优收发极化状态下可获得的最小和最大功率值。因此，PH 还是对平均回波中完全非极化分量的一种度量，对应于当发射和接收相同极化状态时的最优极化状态。

3. 4　简缩极化及其分解方法

经过半个多世纪的发展，SAR 系统的对地观测能力显著提高，已经从早期的单频、单极化方式成像方式发展为具有全极化对地观测能力的遥感系统。然而，全极化能力的加入大大提高了 SAR 系统设计的复杂性。全极化星载 SAR 系统对天线技术、数据下传速率及功率消耗等方面都提出了很高的要求。简缩极化（compact polarimetry，CP）SAR 技术就是为降低全极化 SAR 系统的复杂性而提出的新技术。

简缩极化 SAR 是双极化 SAR 系统与全极化 SAR 系统的折中，与双极化相比，简缩极化 SAR 模式包含了其缺少的 H 和 V 通道的相位信息，我们可以基于该相位信息计算双极化无法实现的协方差矩阵及相对极化度；与全极化相比，它的回访周期短，且它可以获得比全极化更宽的带宽，获取更宽带宽的信息量，适合全球范围内资源动态监测。目前，主要提出了 3 种常用的简缩极化方式：Souyris 等在 2002 年首次提出了一种简缩系统，即 π/4（π/4 transmit and orthogonal linear receive）模式，即发射 45°方向的线极化波，接收水平和垂直回波信号；2006 年，Stacy 和 Preiss 等提出双圆极化模式，即雷达系统发射圆极化波，同时接收左圆和右圆极化波，这种模式保持了雷达遥感在天文学中的应用能力，但在对地观测领域应用较少；2007 年 Rannney 提出了混合极化方式及相应的数据处理方法，即系统发射圆极化波，接收一组水平和垂直回波信号，这被称为 CTLR（circular transmit and dual orthogonal linear receive，圆极化发射线极化接收）模式。CTLR 模式比 DCP（Circular Transmit and Dual Circular Receive，圆极化发射圆极化接收）模式更简单、稳定，对噪声敏感程度下降，具有自校正能力。

3.4.1 简缩极化的类型

由于真实的简极化 SAR 数据尚较为匮乏，目前多个国家仍然在探索简缩极化数据传感器在卫星发射中携带的必要性，因此，现有的探索性研究中，研究者普遍采用全极化 SAR 数据来模拟简缩极化 SAR 数据。目前，较广泛认可的简缩极化模式主要有 3 种：π/4 模式、DCP 和 CTLR 模式。

3.4.1.1 简缩极化类型的定义

(1)π/4 模式

简缩极化合成孔径雷达发射具有特定极化状态的单一极化波，用两路相互正交的极化方式接收信号。π/4 模式发射 45°线极化波，水平和垂直线极化接收地物反射回去的电磁波。π/模式下测得的目标散射矢量可以表示为：

$$k_{\pi/4} = [\, S_{HH} + S_{HV} \quad S_{HV} + S_{VV} \,]^T / \sqrt{2} \tag{3.98}$$

对应的协方差矩阵为：

$$J_{\pi/4} = \langle k_{\pi/4} k_{\pi/4}^{*T} \rangle = \frac{1}{2} \begin{bmatrix} \langle |S_{HH}|^2 \rangle & \langle S_{HH} \cdot S_{VV}^* \rangle \\ \langle S_{VV} \cdot S_{HH}^* \rangle & \langle |S_{VV}|^2 \rangle \end{bmatrix} + \frac{1}{2} \begin{bmatrix} \langle |S_{HV}|^2 \rangle & \langle |S_{HV}|^2 \rangle \\ \langle |S_{HV}|^2 \rangle & \langle |S_{VV}|^2 \rangle \end{bmatrix} +$$

$$\frac{1}{2} \begin{bmatrix} 2\mathrm{Re}(\langle S_{HH} \cdot S_{HV}^* \rangle) & \langle S_{HH} \cdot S_{HV}^* \cdot S_{VV}^* \cdot S_{HV} \rangle \\ \langle S_{HH}^* \cdot S_{HV} \cdot S_{VV} \cdot S_{HV}^* \rangle & 2\mathrm{Re}(\langle S_{VV} \cdot S_{HV}^* \rangle) \end{bmatrix} \tag{3.99}$$

(2)双圆极化模式(DCP)

DCP 模式发射左旋或右旋圆极化波，左旋和右旋圆极化接收地物反射回去的电磁波。此模式下的目标散射矢量为(以发射右旋极化为例)

$$k_{DCP} = [S_{RR} S_{RL}]^T = [\,(S_{HH} - S_{VV} + i2S_{HV}) \quad i(S_{HH} + S_{VV})\,]^T / 2 \tag{3.100}$$

式中：R 与 L 分别表示右旋和左旋圆极化，对应的 2×2 的目标协方差矩阵为：

$$J_{DCP} = \langle k_{DCP} k_{DCP}^{*T} \rangle = \frac{1}{4} \begin{bmatrix} \langle |(S_{HH} - S_{VV})|^2 \rangle & -i\langle (S_{HH} - S_{VV}) \cdot (S_{HH} + S_{VV})^* \rangle \\ i\langle (S_{HH} + S_{VV}) \cdot (S_{HH} - S_{VV})^* \rangle & \langle |S_{HH} + S_{VV}|^2 \rangle \end{bmatrix} +$$

$$\frac{1}{4} \begin{bmatrix} 4\langle |S_{HV}|^2 \rangle & 0 \\ 0 & 0 \end{bmatrix} + \frac{1}{4} \begin{bmatrix} 4\mathrm{Im}[\langle (S_{HH} - S_{VV}) \cdot S_{HV}^* \rangle] & 2\langle (S_{HH} + S_{VV})^* \cdot S_{HV} \rangle \\ 2\langle (S_{HH} + S_{VV}) \cdot S_{HV}^* \rangle & 0 \end{bmatrix}$$

$$\tag{3.101}$$

(3)圆极化发射线极化接收模式(CTLR)

CTLR 模式发射左旋或右旋圆极化波，线性水平和线性垂直极化接收地物反射回去的电磁波。此模式下的目标散射矢量为(以发射右旋极化为例)

$$k_{CTLR} = [\, S_{HH} - iS_{HV} \quad -iS_{VV} + S_{HV} \,]^T / \sqrt{2} \tag{3.102}$$

对应的目标协方差矩阵为:

$$J_{\text{CTLR}} = \langle k_{\text{CTLR}} k_{\text{CTLR}}^{*T} \rangle = \frac{1}{2} \begin{bmatrix} \langle |S_{\text{HH}}^2| \rangle & i\langle S_{\text{HH}} \cdot S_{\text{VV}}^* \rangle \\ -i\langle S_{\text{VV}} \cdot S_{\text{HH}}^* \rangle & \langle |S_{\text{VV}}|^2 \rangle \end{bmatrix} + \frac{1}{2} \begin{bmatrix} \langle |S_{\text{HV}}|^2 \rangle & -i\langle |S_{\text{HV}}|^2 \rangle \\ i\langle |S_{\text{HV}}|^2 \rangle & \langle |S_{\text{HV}}|^2 \rangle \end{bmatrix} +$$

$$\frac{1}{2} \begin{bmatrix} -2\text{Im}(\langle S_{\text{HH}} \cdot S_{\text{HV}}^* \rangle) & \langle S_{\text{HH}} \cdot S_{\text{VV}}^* \rangle + \langle S_{\text{VV}}^* \cdot S_{\text{HV}} \rangle \\ \langle S_{\text{HH}}^* \cdot S_{\text{HV}} \rangle + \langle S_{\text{VV}} \cdot S_{\text{HV}}^* \rangle & 2\text{Im}(\langle S_{\text{VV}} \cdot S_{\text{HV}}^* \rangle) \end{bmatrix} \quad (3.103)$$

3.4.1.2 简缩极化类型的模拟

在上述 3 种简缩极化模式中,由于 π/4 模式假设地物散射具有反射对称性而使得其应用受到很大限制,因此这里我们仅针对 CTLR 模式和 DCP 模式模拟简缩极化数据。由于 DCP 是 CTLR 模式的线性组合,而且 CTLR 模式比 DCP 模式更简单、稳定,对噪声敏感程度降低,且具有自校正能力,因此这里针对 DCP 模式仅模拟 CTLR 模式简缩极化数据。

简缩极化的模拟数据可以通过全极化散射矩阵[S]与发射矢量与接收矢量相乘到,这里以右圆发射,水平和垂直线性接收为例,介绍由全极化数据模拟 CTLR 模式简缩极化数据的过程。

首先通过全极化散射矩阵[S]模拟由右圆极化发射的电磁波矢量,即:

$$E_R = [S] R \quad (3.104)$$

式中: $[S] = \begin{bmatrix} S_{\text{HH}} & S_{\text{HV}} \\ S_{\text{VH}} & S_{\text{VV}} \end{bmatrix}$ 为全极化散射矩阵, $R = \frac{1}{\sqrt{2}} \begin{bmatrix} 1 \\ -j \end{bmatrix}$。

然后计算采用水平和垂直线极化接收的由右圆发射的电磁波矢量,即:

$$E_{\text{H}} = [1 \quad 0] E_R = 1/\sqrt{2} (S_{\text{HH}} - jS_{\text{HV}}) \quad (3.105)$$

$$E_{\text{V}} = [0 \quad 1] E_R = 1/\sqrt{2} (S_{\text{HV}} - jS_{\text{VV}}) \quad (3.106)$$

式中: E_{H} 和 E_{V} 分别表示接收到的水平和垂直分量。根据接收的散射分量,可计算简缩极化的协方差矩阵[J],即:

$$[J] = \begin{bmatrix} J_{11} & J_{12} \\ J_{21} & J_{22} \end{bmatrix} \quad (3.107)$$

式中: 协方差矩阵[J]的计算公式如 3.108,即:

$$J_{11} = 1/2 (|S_{\text{HH}}|^2 + |S_{\text{HV}}|^2 + jS_{\text{HH}}S_{\text{HV}}^* - jS_{\text{HV}}S_{\text{HH}}^*)$$

$$J_{12} = 1/2 (S_{\text{HH}}S_{\text{HV}}^* - S_{\text{HV}}S_{\text{HH}}^* - j|S_{\text{HV}}|^2 - jS_{\text{HH}}S_{\text{VV}}^*)$$

$$J_{21} = J_{12}^*$$

$$J_{22} = 1/2 (|S_{\text{VV}}|^2 + |S_{\text{HV}}|^2 + jS_{\text{VV}}S_{\text{HV}}^* - jS_{\text{HV}}S_{\text{VV}}^*) \quad (3.108)$$

根据协方差矩阵,计算简缩极化的 Stokes 矢量,如式 3.109

$$g_0 = J_{11} + J_{22}$$

$$g_1 = J_{11} - J_{22}$$

$$g_2 = Re(S_{HH}S_{HV}^* + S_{HV}S_{VV}^*) - Im S_{HH}S_{VV}^*$$
$$g_3 = -Im\{S_{HH}S_{HV}^* - S_{HV}S_{VV}^*\} - Re(S_{HH}S_{VV}) + |S_{HV}|^2 \tag{3.109}$$

将建立的 Stokes 矢量与全极化协方差矩阵 $[C]$ 的链接，即式 3.110：

$$g_0 = 1/2C_{11} + 1/2C_{32} + 1/2C_{33} + (1/\sqrt{2})Im C_{12} - (1/\sqrt{2})Im C_{23}$$
$$g_1 = 1/2C_{11} - 1/2C_{33} + 1/2C_{33} + (1/\sqrt{2})Im C_{12} - (1/\sqrt{2})Im C_{23}$$
$$g_2 = (1/\sqrt{2})Re C_{12} + (1/\sqrt{2})Re C_{23} + Im C_{13}$$
$$g_3 = (1/\sqrt{2})Im C_{12} - (1/\sqrt{2})Im C_{23} + Re C_{13} - Im C_{22} \tag{3.110}$$

建立简缩极化 Stoke 矢量与全极化 $[C]$ 矩阵的联系后，可以采用 $[C]$ 矩阵计算得到由 Stokes 参数表示的 CTLR 简缩极化模拟数据。

3.4.2 简缩极化分解方法

3.4.2.1 简缩极化分解方法

简缩极化分解理论以全极化分解理论为基础，目前常用的简缩极化分解方法包括 $m\text{-}\delta$ 和 $m\text{-}\alpha$ 分解方法，其中 m 为极化度，δ 为 H 极化和 V 极化的相位差，α 为地物散射角。

这 3 个参数可以表示为式 3.110：

$$m = \frac{1}{g_0}\sqrt{\sum_{i=1}^{3} g_i^2} \tag{3.110a}$$

$$\delta = \tan^{-1}\left(\frac{g_3}{g_2}\right) \tag{3.110b}$$

$$\alpha_S = \frac{1}{2}\tan^{-1}\left(\frac{\sqrt{g_1^2 + g_1^2}}{\pm g_1^3}\right) \tag{3.110c}$$

（1）$m\text{-}\delta$ 分解

$m\text{-}\delta$ 极化分解中的 m 为极化度，表示极化部分占总功率的比例，相对相位 δ 用来表征去极化分量中的占优散射机制，当 $\delta > 0$ 时表面散射强于偶次散射，当 $\delta < 0$ 时偶次散射强于表面散射。$m\text{-}\delta$ 极化分解方法如式 3.111：

$$\begin{bmatrix} p_D \\ p_V \\ p_S \end{bmatrix}_{m\text{-}\delta} = \begin{bmatrix} \left(mg_0 \dfrac{1-\sin 2\delta}{2}\right)^{1/2} \\ \left(g_0(1-m)\right)^{1/2} \\ \left(mg_0 \dfrac{1+\sin 2\delta}{2}\right)^{1/2} \end{bmatrix} \tag{3.111}$$

式中：P_D、P_V、P_S 分别表示偶次散射、体散射和表面散射。

（2）$m\text{-}\alpha$ 分解

Cloude 基于全极化的 $H\text{-}\alpha$ 分解提出了 $m\text{-}\alpha$ 简缩极化分解方法，用散射角 α 作为单

次散射和偶次散射的区分因子，代替前面的 $m\text{-}\delta$ 极化分解中的 δ 分量。当 $\alpha<0$ 时，表面散射强于偶次散射，当 $\alpha>0$ 时偶次散射强于表面散射，$m\text{-}\alpha$ 极化分解公式 3.112：

$$\begin{bmatrix} p_{\mathrm{D}} \\ p_{\mathrm{V}} \\ p_{\mathrm{S}} \end{bmatrix}_{m\text{-}\alpha} = \begin{bmatrix} \left(mg_0\dfrac{1+\sin2\alpha}{2}\right)^{1/2} \\ \left(g_0(1-m)\right)^{1/2} \\ \left(mg_0\dfrac{1-\sin2\alpha}{2}\right)^{1/2} \end{bmatrix} \tag{3.112}$$

该分解方法与 Raney et al.（2006；2007）提出的 m-χ 分解方法类似，α 和 χ 互为补角。

3.4.2.2　基于简缩极化分解的参数提取

简缩极化的参数可以通过 Stokes 参数及其物理意义进行相应参数提取，目前可提取的简缩极化参数及其物理意义解释见表 3.5。

表 3.5　简缩极化参数

参数及计算公式	物理意义
$g_0 = 1/2(C_{11}+C_{32}+C_{33})+1/\sqrt{2}(\mathrm{Im}C_{12}-\mathrm{Im}C_{23})$	回波散射总功率，代表地物总反射能量，与全极化中的 SPAN 相对应
$g_1 = 1/2C_{11}-1/2C_{33}+1/2C_{33}(1/\sqrt{2})\mathrm{Im}C_{12}-(1/\sqrt{2})\mathrm{Im}C_{23}$	g_1 反应地物反射波是垂直极化（$g_1>0$）还是水平极化（$g_1<0$）
$g_2 = (1/\sqrt{2})\mathrm{Re}C_{12}+(1/\sqrt{2})\mathrm{Re}C_{23}+\mathrm{Im}C_{13}$	g_2 表征地物散射波是 45° 极化（$g_2>0$）还是 135°（$g_2<0$）极化
$g_3 = (1/\sqrt{2})\mathrm{Im}C_{12}-(1/\sqrt{2})\mathrm{Im}C_{23}+\mathrm{Re}C_{13}-\mathrm{Im}C_{22}$	g_3 表示地物散射波是左旋极化（$g_3>0$）还是右旋极化（$g_3<0$）
$m=(\sqrt{g_1^2+g_2^2+g_3^2})/g_0$	极化度，描述极化状态。m 为 0，表示完全去极化，m 为 1 表示完全极化波
$m_1 = 1-m$	去极化度，描述极化状态。m 为 0，表示完全去极化波，m 为 1 表示完全极化波
$P_l = \sqrt{g_1^2+g_2^2}/g_0$	地物散射波中线极化波的比率
$P_c = g_3/g_0$	地物散射波中圆极化波的比率
$U_l = (g_0-g_1)/(g_0+g_1)$	线极化波动情况描述参数
$U_c = \dfrac{g_0-g_3}{g_0+g_3}$	圆极化波动情况描述参数
$\dfrac{1}{2}\tan^{-1}\left(\dfrac{\sqrt{g_1^2+g_1^2}}{\pm g_1^3}\right)$	地物散射角，与全极化散射角类似
$\delta = -g_3/g_0$	相位角差值，$\delta>0$，表面散射占主导地位，$\delta<0$，偶次散射大于表面散射
$\sigma_{RH}^0 = [1,\ 1,\ 0,\ 0]\times g$	简缩极化后向散射系数：右圆发射水平接收
$\sigma_{RV}^0 = [1,\ -1,\ 0,\ 0]\times g$	简缩极化后向散射系数：右圆发射垂直接收
$\sigma_{RL}^0 = [1,\ 0,\ 0,\ 1]\times g$	简缩极化后向散射系数：右圆发射左圆接收

（续）

参数及计算公式	物理意义
$\sigma_{RR}^0 = [1, 0, 0, -1] \times g$	简缩极化后向散射系数：右圆发射右圆接收
$m-\delta-d$ $p_d = \left(mg_0 \dfrac{1-\sin 2\delta}{2} \right)^{1/2}$	基于极化度-相对相位极化分解的偶次散射
$m-\delta-v$ $p_v = [\, g_0(1-m)\,]^{1/2}$	基于极化度—相对相位极化分解的体散射
$m-\delta-s$ $p_s = \left(mg_0 \dfrac{1+\sin 2\delta}{2} \right)^{1/2}$	基于极化度—相对相位极化分解的表面散射
$m-\alpha-d p_D = \left(mg_0 \dfrac{1-\sin 2\alpha}{2} \right)^{1/2}$	基于极化度—散射场圆度极化分解的偶次散射
$m-\alpha-v p_V = [\, g_0(1-m)\,]^{1/2}$	基于极化度—散射场圆度极化分解的体散射
$m-\alpha-s p_S = \left(mg_0 \dfrac{1-\sin 2\alpha}{2} \right)^{1/2}$	基于极化度—散射场圆度极化分解的表面散射
$(m-\delta-v)/(m-\delta-s)$	体散射分量与表面散射分量比
$(m-\alpha-v)/(m-\alpha-s)$	体散射分量与表面散射分量比

参 考 文 献

陈琳，2013. 简缩极化 SAR 信息处理模型与方法研究[D]. 北京：中国科学院研究生院.

陈民，王宁，段国宾，等，2014. 基于决策树理论的土地利用分类[J]. 测绘与空间地理信息，（1）：81-84.

段艳，2014. 结合决策树分类器和支持向量机分类器进行极化 SAR 数据分类[D]. 武汉：武汉大学.

洪文，李洋，尹嫱，2013. 极化雷达成像基础与应用[M]. 北京：电子工业出版社.

李强，2006. 创建决策树算法的比较研究——ID30，C4.5，C5.0 算法的比较[J]. 甘肃科学学报（4）：88-91.

李欣海，2013. 随机森林模型在分类与回归分析中的应用[J]. 应用昆虫学报（4）：314-321.

刘勇洪，牛铮，王长耀，2005. 基于 MODIS 数据的决策树分类方法研究与应用[J]. 遥感学报，9（4）：405-412.

柳乾坤，李敏，李艳，等，2013. 基于决策树分类的滨海滩涂围垦区土地利用变化研究[J]. 国土资源情报（7）：46-51.

毛思扬，2018. 探究电磁波与引力波之异同[J]. 中国设备工程，405（20）：131-132.

孙金萍，2012. 大洋洲地表覆盖分类及精度评价技术研究[D]. 济南：山东农业大学.

谈璐璐，2010. 极化与简缩极化干涉合成孔径雷达信息处理技术研究[J]. 北京：中国科学院研究生院.

王超，张红，2008. 全极化合成孔径雷达图像处理[M]. 北京：科学出版社.

卫炜，2015. MODIS 双星数据协同的耕地物候参数提取方法研究[D]. 北京：中国农业科学院.

徐辉，潘萍，杨武，等，2019. 基于多源遥感影像的森林资源分类及精度评价[J]. 江西农业大学学报，41（4）：751-760.

徐昆鹏，李增元，陈尔学，等，2018. 基于 Stokes 矢量特征与 GA-SVM 的全极化 SAR 影像分类方法研究[J]. 内蒙古师范大学学报（自然科学汉文版），192（4）：49-54.

徐昆鹏, 2018. 基于极化散射特征与 SVM 的极化 SAR 影像分类方法研究[D]. 呼和浩特：内蒙古师范大学.

杨知, 2018. 基于极化 SAR 的水稻物候期监测与参数反演研究[D]. 北京：中国科学院研究生院.

张红, 王超, 单子力, 等, 2015. 极化 SAR 理论、方法与应用[M]. 北京：科学出版社.

张润雷, 2018. 基于决策树的遥感图像分类综述[J]. 电子制作, 365(24)：18-20+57.

张王菲, 2011. 星载 SAR 遥感反演中地形辐射校正的关键技术研究[D]. 昆明：昆明理工大学.

张王菲, 2018. 极化干涉 SAR 植被参数反演方法研究[R]. 北京：中国林业科学研究院.

Ainsworth T L, Cloude S R, Lee J S, 2002. Eigenvector analysis of polarimetric SAR data[P]. Proceedings of IGARSS(1)：626-628.

Ainsworth T L, Kelly J P, Lee J S, 2009. Classification comparisons between dual-pol, compact polarimetric and quad-pol SAR imagery[J]. Isprs Journal of Photogrammetry and Remote Sensing, 64(5)：464-471.

Ainsworth T L, Lee J S, Schuler D L, 2002. Multi-frequency polarimetric SAR data analysis of ocean surface features[C]. IEEE International Geoscience and Remote Sensing Symposium.

Allain S, Lopez-Martinez C, Ferro-Famil L, 2005. New eigenvalue-based parameter for natural media characterization[C]. IEEE International Geoscience and Remote sensing symposium.

Born M, Clemmow P C, Gabor D, et al., 1959. Principles of Optics[M]. Cambrige：Pergamon Press.

Cameron W L, Youssef N N, Leung L K, 1996. Simulated polarimetric signatures of primitive geometrical shapes[C]. IEEE Transactions on Geoscience and Remote Sensing, 34(3)：0-803.

Charbonneau F J, Brisco B, Raney R K, et al. 2010. Compact polarimetry overview and applications assessment[J]. Canadian Journal of Remote Sensing(2)：298-315.

Cloude S R, Pottier E, 1996. A review of target decomposition theorems in radar polarimetry[J]. IEEE Transactions on Geoscience and Remote Sensing, 34(2)：498-518.

Cloude S R, E Pottier, 1996. A review of target decomposition theorems in Radar Polarimetry[J]. IEEE Transactions on Geoscience and Remote Sensing, 34(2)：498-518.

Cloude S R, Zebker H, 2010. Polarisation：Applications in remote sensing[J]. Physics Today, 63(10)：53-54.

Cloude S R, Pottier E, 1997. An entropy based classification scheme for land applications of polarimetric SAR[J]. IEEE Transactions on Geoscience and Remote Sensing, 35(1)：68-78.

Dubois-Fernandez P C, Souyris J K C, Angelliaume S, et al., The compact polarimetry alternative for spaceborne SAR at low frequency[J]. IEEE Transactions on Geoscience and Remote Sensing, 46(10), 3208-3222.

Durden S L, Zyl J J V, Zebker H A, 1990. The unpolarized component in polarimetric radar observations of forested areas[J]. IEEE Transactions on Geoscience and Remote Sensing, 28(2)：268-271.

Freeman A, Durden S L, 1998. A three-component scattering model for polarimetric SAR data[J]. IEEE Transactions on Geoscience and Remote Sensing, 36(3)：963-973.

Krogager E, 1990. New decomposition of the radar target scattering matrix[J]. Electronics Letters, 26(18)：1525-1527.

Lee J S, Schuler D, Ainswoeth T L, 2002. On the estimation of radar polarization orientation shifts induced by terrain slopes[J], 40(1)：30-41.

Lee J S, Schuler D L, Ainswoeth T L, 2003. Polarimetric SAR data compensation for terrain azimuth slope variation[J]. IEEE Transactions on Geoscience and Remote Sensing, 38(5)：2153-2163.

Nghiem S V, Yueh S H, Kwok R, et al., 1992. Symmetry properties in polarimetric remote sensing[J]. Radio Science, 27(5)：693-711.

Nord M E, Ainsworth T L, Lee J S, et al., 2009. Comparison of compact polarimetric synthetic aperture radar modes[J]. IEEE Transactions on Geoscience and Remote Sensing, 47(1)：174-188.

Pottier E, Schuler D L, Lee J S, et al., 1999. Estimation of the terrain surface azimuthal/range slopes using Polarimetric Decomposition of PolSAR data [C]. IEEE International Geoscience and Remote Sensing Symposium.

Raney R K, 2006. Dual-polarized SAR and stokes parameters [J]. IEEE Geoscience and Remote Sensing Letters, 3(3): 317-319.

Raney R K, 2007. Hybrid-Polarity SAR architecture [P]. IEEE Transactions on Geoscience and Remote Sensing, 45(11): 3397-3404.

Réfrégier P, Morio J, 2006. Shannon entropy of partially polarized and partially coherent light with gaussian fluctuations [J]. 23(12): 3036-3044.

Schuler D L, Lee J S, Ainsworth T L, et al., 1999. Polarimetric DEM generation from PolSAR image information, proceedings of URSI-XXVIth ceneral assembly [D]. Toronto: University of Toronto.

Schuler D L, Lee J S, Ainsworth T L, et al., 2000. Terrain topography measurement using multipass polarimetric synthetic aperture radar data [J]. Radio Science, 35(3): 813-832.

Schuler D L, Lee J S, Ainsworth T L, et al. Terrain slope measurement accuracy using polarimetric SAR data [C]. IEEE International Geoscience and Remote Sensing Symposium.

Souyris J C, Souyris J C, 2006. Comments on "Compact Polarimetry Based on Symmetry Properties of Geophysical Media: The Pi/4 Mode" [J]. IEEE Transactions on Geoscience and Remote Sensing, 44(9): 2617-2617.

van Zyl J J, Zebker H A, Elachi C, 1987. Imaging radar polarization signatures [J]. Radio Science, (22): 529-543.

Woodhouse I H, 2004. Introduction to microwave remote sensing [M]. Scotland: The University of Ediburgh Scotland.

Yang Z, Li K, Liu L, et al., 2014. Rice growth monitoring using simulated compact polarimetric C band SAR [J]. Radio Science, 49(12): 1300-1315.

Zhang H, Xie L, Wang C, et al., 2013. Investigation of the capability of H-alpha decomposition of compact polarimetric SAR [J], 11(4): 868-872.

Zhang W F, Chen E X, Li Z Y, et al., 2018. Rape growth monitoring and mapping based on radarsat-2 time-series data [J]. Remote Sensing, 10(2): 206.

Zhang W F, Li Z Y, Chen E X., et al., 2017. Compact polarimetric response of rape (brassica napus L.) at C-Band: analysis and growth parameters inversion [J]. Remote Sensing, 9(6): 591.

第4章

干涉、极化干涉SAR理论基础

4.1 干涉、极化干涉 SAR 原理

SAR 干涉技术是微波成像和电磁波干涉结合的产物，该技术从宏观上利用了干涉的原理。SAR 成像处理得到的幅度影像反映了影像中每个像素与目标后向散射系数对应关系。SAR 干涉技术中用到的电磁波的干涉，主要是指单色波的干涉。以光的干涉为例，严格的单色光束的叠加总能产生干涉。在实验中，如果用适当的一起把单色光源来的光分成两束，然后把它们叠加起来，就会发现叠加区域中的强度在极大和极小之间逐点变化，这种现象即为干涉。然而，实际应用中的电磁波不会是严格单色的，因此其振幅和相位都有不规则的涨落现象。若两束光来自同一光源，则这两束光中的涨落一般是关联的，完全关联的称为完全相干光束，部分关联的称为部分相干光束。当光束来自不同的光源时，涨落时完全不关联的，这些光束就称为互不相干的。当不同光源的这种光束叠加在一起时，在实验中通常观测不到干涉，总强度处处都等于各束光强度之和。

本节首先介绍单色波干涉、部分单色波干涉的基础知识，然后介绍干涉 SAR、极化干涉 SAR 的基本原理。

4.1.1 电磁波的干涉

(1)单色波的干涉

菲涅尔和阿拉果研究发现，极化方向互相垂直的两束波不发生干涉，因此单色波的干涉暂时忽略电磁波的极化现象。

假定两个单色波 E_1 和 E_2 在某一点 P 叠加在一起(图 4.1)。P 点的总电场为：

$$E = E_1 + E_2 \tag{4.1}$$

P 点的总强度为：

$$I = I_1 + I_2 + J_{12} \tag{4.2}$$

式中：

$$I_1 = \langle E_1^2 \rangle I_2 = \langle E_2^2 \rangle \qquad (4.3a)$$

$$J_{12} = 2\langle E_1 \cdot E_2 \rangle \qquad (4.3b)$$

假设两列波 E_1 和 E_2 的振幅分别为 a_1 和 b_1，相位差为 δ，则式 4.3 可以表示为：

$$I_1 = \frac{1}{2}a_1^2, \quad I_2 = \frac{1}{2}b_1^2 \qquad (4.4a)$$

$$J_{12} = a_1 b_1 \cos\delta = 2\sqrt{I_1 I_2}\cos\delta \qquad (4.4b)$$

根据式 4.4 和 4.2 可知 P 点的电场总强度为：

$$I = I_1 + I_2 + 2\sqrt{I_1 I_2}\cos\delta \qquad (4.5)$$

因此 P 点的场强和 δ 有直接的关系，即：

$$\left. \begin{aligned} I_{\text{极大}} &= I_1 + I_2 + 2\sqrt{I_1 I_2} \\ \text{当} \quad &|\delta| = 0,\ 2\pi,\ 4\pi,\ \cdots, \end{aligned} \right\} \qquad (4.6a)$$

$$\left. \begin{aligned} I_{\text{极小}} &= I_1 + I_2 + 2\sqrt{I_1 I_2} \\ \text{当} \quad &|\delta| = \pi,\ 3\pi,\ \cdots, \end{aligned} \right\} \qquad (4.6b)$$

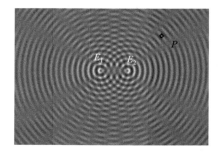

图 4.1　两列单色波的干涉

杨氏实验测量了图 4.1 中所示的两列单色波干涉条纹、与波源、波源距离 P 点的几何关系。图 4.2 描述了图 4.1 的几何关系。图 4.1 中光源 E_1 和 E_2 位于图 4.2 中的 S_1 和 S_2，x 轴平行于 $S_1 S_2$，z 轴与 $S_1 S_2$ 的垂直等分线重合，并与 $S_1 S_2$ 相交于 C 点，O 点为坐标原点，y 轴与 xOz 平面垂直且 P 点位于 xOy 平面内。S_1 和 S_2 距 P 点的距离分别为 s_1 和 s_2，s_1 和 s_2 之间的距离为 d，C 到 O 的距离为 a。

根据图中的几何关系可知：

$$s_1 = S_1 P = \sqrt{a^2 + y^2 + \left(x - \frac{d}{2}\right)^2} \qquad (4.7a)$$

$$s_2 = S_2 P = \sqrt{a^2 + y^2 + \left(x + \frac{d}{2}\right)^2} \qquad (4.7b)$$

由式 4.7 可知：

$$s_2^2 - s_1^2 = 2xd \qquad (4.8)$$

根据式 4.8 可知，从 S_1 和 S_2 到达 P 点的光的几何程差可以表示为式 4.9：

$$\Delta s = s_2 - s_1 = \frac{2xd}{s_2 + s_1} \qquad (4.9)$$

若 d，x，y 的值远远小于 a，则有 $s_1 + s_2 \approx 2a$，略去 d/a，x/a，y/a 的二次项和高次项，则有：

$$\Delta s = \frac{xd}{a} \qquad (4.10)$$

若 n 为传播媒质的折射率，则 S_1 和 S_2 到达 P 点的光程差 Δs 为：

$$\Delta S = n\Delta s = \frac{nxd}{a} \tag{4.11}$$

由此可知 P 点光源 E_1 和 E_2 的相位差 δ 为：

$$\delta = \frac{2\pi}{\lambda_0}\frac{nxd}{a} \tag{4.12}$$

由于角度 S_1PS_2 很小，因此可以认为从 S_1 和 S_2 来的光波在 P 点同方向传播，所以 P 点的强度可以由式 4.5 计算，根据式 4.6 可知，当 $x = \frac{ma\lambda_0}{nd}$，$|m| = 0$，$1$，$2$，$\cdots$ 时，P 点强度为极大，而当 $x = \frac{ma\lambda_0}{nd}$，$|m| = \frac{1}{2}$，$\frac{3}{2}$，$\frac{5}{2}$，$\cdots$ 时，P 点强度为最小。这样形成的一系列亮带和暗带组成的条纹，称为干涉条纹。在图 4.2 中，该条纹出现在 O 点附近，与 S_1 和 S_2 的连线垂直，且条纹是等距的，相邻亮带的间隔为 $\frac{a\lambda_0}{nd}$。

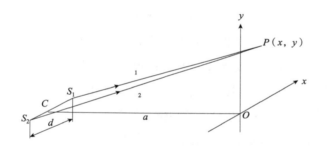

图 4.2　电磁波干涉几何关系图示

（2）部分单色波的干涉

当两束非单色波，即具有一定频谱范围的波产生干涉效应时，会出现部分波束相干叠加，部分光束不相干的叠加的现象，这种波的叠加称为部分单色波的干涉。对于这两列波的干涉的程度，通常采用相干性来度量。研究无限小的时空中的点的相干性是无意义的，相干性仅仅在有限的空间或时间范围内测量才有意义，因此相干性是一个具有统计特征的度量。

两列部分相干波 E_1 和 E_2 的复相干性可以表示为：

$$\Gamma_{12} = \langle E_1 E_2^* \rangle \tag{4.13}$$

式中：$\langle \cdots \rangle$ 表示取均值，即相干性的测量是对同一对象多次不同实测数值求取平均来获得的。由于遥感上并不一定能精确地实现对同一目标的多次测量，因此一般使用类似的平均值来体现，通常是通过对时间和空间上相近的测量值取平均来实现。

在式 4.13 中，随着波的振幅的变化，Γ_{12} 的值也会发生变化，为了使得测量的相干性的值不受到振幅的影响，通常使用归一化的 4.14 来表征两列波的复相干性。

$$\gamma_{12} = \frac{\varGamma_{12}}{\sqrt{\varGamma_{11}\varGamma_{22}}} = \frac{\langle E_1 E_2^* \rangle}{\sqrt{\langle |E_1|^2 \rangle \langle |E_1|^2 \rangle}} = \frac{\sum_N E_1 E_2^*}{\sqrt{\sum_N |E_1|^2 \sum_N |E_2|^2}} \qquad (4.14)$$

式中：$|\gamma_{12}|$ 表示相干性幅度，$\arg(\gamma_{12})$ 表示干涉相位差。

由于 $\langle E_1 E_2^* \rangle$ 和谱密度函数 $S(v)$ 构成一对傅里叶变换，因此又可以表示为式 4.15：

$$\gamma_{12} = \frac{\int_0^\infty S(v)\,\mathrm{e}^{-2\pi v\tau}\,\mathrm{d}v}{\int_0^\infty S(v)\,\mathrm{d}v} \qquad (4.15)$$

式中：v 为波的频率；τ 为两列波的时延。

4.1.2 干涉 SAR 原理

干涉技术最初发展的目的是利用简单的相位—高程关系 $(\varphi = k_z h)$ 获得对地形高程的测量。传统的极化干涉测量一般采用单波段、单极化方式进行，不考虑散射体的极化特征。干涉测高的几何关系及不同波段森林的散射机制如图 4.3 所示。图 4.3 图中 θ 为主信号（Master，S_1）源成像入射角；α 为水平基线与基线的夹角；H 为主影像获取平台高度；R_1 为主信号到目标点 P 的距离；R_2 为辅信号（Slave，S_2）到目标点 P 的距离；$B_\perp$ 为基线 B 在垂直方向的分量；称为垂直基线；$\delta\theta$ 为 S_1P 和 S_2P 之间的夹角；h_0 为 P 点的高度；H 为 S_1 信号源所在的遥感平台高度。干涉 SAR 原理即利用 PS_1S_2 的三角几何关系建立待测高程 h_0 和 $S_1P\text{-}S_2P$ 对应的相位差的关系，即求解出 k_z 的过程。

S_1 和 S_2 信号源接收的回波信号 S_1 和 S_2 经过信号处理后可以分别表示为：

$$S_i = a_i \mathrm{e}^{j\varphi_i} = a_i \mathrm{e}^{-j\left(\frac{2\pi}{\lambda}R_i + \varphi_{S_i}\right)} \qquad (4.16)$$

$i=1$ 时表示 S_1 信号源的复数形式，$i=2$ 时表示 S_2 信号源的复数形式。传统干涉中，极化形式不发生改变，可以认为 $\varphi_{S_1} = \varphi_{S_2}$，因此两信号之间的干涉可以表示为式 4.17：

$$S_1 S_2^* = a_1 a_2 \mathrm{e}^{-j\left(\frac{4\pi}{\lambda}R_1 - \frac{4\pi}{\lambda}R_2\right)} = a_1 a_2 \mathrm{e}^{-j\left(\frac{4\pi}{\lambda}\Delta R\right)} \qquad (4.17)$$

根据式 4.17 可知，干涉相位差 φ 为 $-\dfrac{4\pi}{\lambda}\Delta R + 2\pi N$，其中 N 可通过相位解缠技术获得。

建立相位差和待测点高程的关系可以通过几何推导、几何推导加距离向谱滤波两种方式获得。

(1) 几何推导

根据相位差和 ΔR 的关系，以及图 4.3 中的几何关系可得式 4.18：

$$R_2^2 = \left[R_1 - B\cos\left(\frac{\pi}{2} - \theta + \alpha\right) \right]^2 + \left[B\sin\left(\frac{\pi}{2} - \theta + \alpha\right) \right]^2$$

由于 $\sin(\pi/2-\theta) = \cos\theta$，$\sin(\pi/2+\theta) = \cos\theta$，$\cos(\pi/2-\theta) = -\sin\theta$，$\cos(\pi/2+\theta) =$

$\sin\theta$，则：

$$\Rightarrow\sin(\theta-\alpha)=\frac{R_2^2-B^2-R_1^2}{2R_1B}=\frac{(R_1-\Delta R)^2-R_1^2-B^2}{2BR_1} \quad (4.18)$$

在 $R_1\gg\Delta R$，$R_1\gg B$ 时，

$$\sin(\theta-\alpha)=\frac{R_2^2-B^2-R_1^2}{2R_1B}=-\frac{\Delta R}{B}-\frac{B}{2R_1}+\frac{\Delta R^2}{2R_1B}\approx-\frac{\Delta R}{B}=\frac{\lambda\varphi}{4\pi B} \quad (4.19)$$

由式 4.19 可知：

$$\varphi=\frac{4\pi}{\lambda}B\sin(\theta-\alpha) \quad (4.20)$$

由于 $\sin(a+\beta)=\sin a\cos\beta+\sin\beta\cos a$，可知由 θ 变化引起的相位变化 $\Delta\varphi$ 为：

$$\Delta\varphi=\frac{4\pi}{\lambda}B\cos(\theta-\alpha)\Delta\theta \quad (4.21)$$

由于 $h_0=H-R_1\cos\theta$，当 $\Delta\theta$ 足够小时，$\cos\Delta\theta\approx1$，于是由 θ 引起的高程变化近似为：

$$\Delta h=R_1\sin\theta\Delta\theta-\Delta R_1\cos\theta\Rightarrow\Delta\theta=\frac{\Delta h}{R_1\sin\theta}+\frac{\Delta R_1\cos\theta}{R_1\sin\theta} \quad (4.22)$$

当 $\delta\theta$ 足够小时，式 4.22 中的 ΔR_1 和式 4.17 中的 ΔR 近似相等。将式 4.22 带入 4.21，可以得到相位变化与待测高程变化的关系。

$$\Delta\varphi=\frac{4\pi B\cos(\theta-\alpha)}{\lambda R_1\tan\theta}\Delta R+\frac{4\pi B\cos(\theta-\alpha)}{\lambda R_1\sin\theta}\Delta h \quad (4.23)$$

式 4.23 中等号后第一项表示平地相位效应，在干涉测高时，需要去除该相位效应。去除平地相位效应后，高程和相位之间的转换关系为(图 4.3)：

$$k_z=\frac{\partial\varphi}{\partial h}=\frac{4\pi B\cos(\theta-\alpha)}{\lambda R_1\sin\theta} \quad (4.24)$$

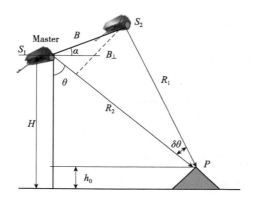

图 4.3 干涉 SAR 成像几何关系示意图

(2)几何推导加距离向谱滤波

几何推导加距离向谱滤波基于建立具有一定高程的待估点 P 相对于坐标原点在水

平方向(图 4.4 中 y 轴)和垂直方向(图 4.4 中 z 轴)的斜距变化对相位变化的贡献。从图 4.4 中可知,P 点在 S_1 和 S_2 的信号可以表示为:

$$\begin{cases} s_1 = a_1 e^{-i\frac{4\pi}{\lambda}(R_1 + y\sin\theta_1 - z\cos\theta_1)} \\ s_2 = a_2 e^{-i\frac{4\pi}{\lambda}(R_2 + y\sin\theta_2 - z\cos\theta_2)} \end{cases} \tag{4.25}$$

$$\Rightarrow s_1 s_2^* = A e^{i\frac{4\pi}{\lambda}\left[(R_2 - R_1) + y(\sin\theta_2 - \sin\theta_1) + z(\cos\theta_2 - \cos\theta_1)\right]} \tag{4.26}$$

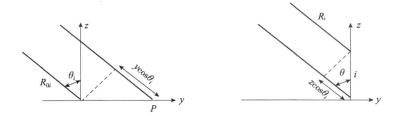

图 4.4　P 点 SAR 成像几何关系

由式 4.26 和图 4.4 的几何关系可知:

$$\Delta R = R_1 - R_2 = R_{01} - R_{02} + y(\sin\theta_1 - \sin\theta_2) + z(\cos\theta_2 - \cos\theta_1) \tag{4.27}$$

式 4.27 中,$R_1 - R_2$ 会引起平地相位效应,去除平地相位效应后,有相位:

$$\varphi = \frac{4\pi}{\lambda}\left[y(\sin\theta_2 - \sin\theta_1) + z(\cos\theta_1 - \cos\theta_2)\right] \tag{4.28}$$

若 $\Delta\theta = \sin\theta_2 - \sin\theta_1$ 很小,即 $B \ll R_i$,则式子 4.28 可表示为:

$$\begin{aligned} \varphi &= \frac{4\pi}{\lambda}\left[y(\sin\theta_2 - \sin\theta_1) + z(\cos\theta_1 - \cos\theta_2)\right] \\ &= \frac{4\pi}{\lambda} 2y\cos\left(\frac{\theta_1 + \theta_2}{2}\right)\sin\left(\frac{\theta_2 - \theta_1}{2}\right) + \frac{4\pi}{\lambda} 2z\sin\left(\frac{\theta_1 + \theta_2}{2}\right)\sin\left(\frac{\theta_2 - \theta_1}{2}\right) \\ &\approx \frac{4\pi\Delta\theta}{\lambda}(y\cos\theta + z\sin\theta) \end{aligned} \tag{4.29}$$

则式 4.29 可以简写为 4.30:

$$\varphi = \frac{4\pi\Delta\theta}{\lambda}(y\cos\theta + z\sin\theta) \qquad \theta = \frac{\theta_1 + \theta_2}{2} \tag{4.30}$$

从式 4.30 和图 4.4 可知,相位的变化不仅依赖于 P 点的高程,还依赖于其在投影表面上偏移量的变化。为了得到高程和相位之间的直接关系,可以通过距离向谱滤波技术将式 4.30 中 y 引起的分量去除。因此相位和待测高程的关系可以表示为:

$$k_z = \frac{d\varphi}{dz} = \frac{4\pi\Delta\theta}{\lambda\sin\theta} \tag{4.31}$$

若 $B \ll R_i$,$R \approx (R_1 + R_2)/2$,则由图 4.1 的几何关系可知 $\Delta\theta = B_\perp/R$,于是式 4.31 又可以表示为:

$$k_z = \frac{4\pi B_\perp}{\lambda R \sin\theta} \qquad (4.32)$$

根据以上两种方法，我们可得到 $h = \varphi / k_z$，因此，在产生相位缠绕前的最大高度为：

$$h_{\max} = \frac{2\pi}{k_z} = \frac{\lambda R \sin\theta}{2\pi B_\perp} \qquad (4.33)$$

式 4.33 又称为 2π 模糊高，在森林高度的干涉、极化干涉估测中具有重要的意义。另外从式 4.33 也可知，k_z 越大，相位对高度的敏感性就越强，即增加基线长度可增加干涉测量的灵敏度。但是在干涉测量中，基线不能超过"临界基线"。临界基线可以基于几何推导加距离向谱滤波中的频移加以确定。频移可以通过对相移（高度变化引起的相位变化）对时间取微分获得，考虑地面坡度的 η 影响，频移可以表示为：

$$\Delta f = \frac{c B_\perp}{R \lambda \tan(\theta - \eta)} \qquad (4.33)$$

由于频移效应，使得两天线接收的信号 S_1 和 S_2 在频带上产生一定的错位（图 4.5），如果"漂移"大于或等于 W，W 指两个信号的带宽，则 S_1 和 S_2 不再相干了，当漂移值等于 W 时的基线长度称为临界基线。

$$W = \frac{c B_\perp}{R \lambda \tan(\theta - \eta)} \Rightarrow B_{\perp,\mathrm{cirt}} = \frac{W R_0 \lambda \tan(\theta - \eta)}{c} \qquad (4.34)$$

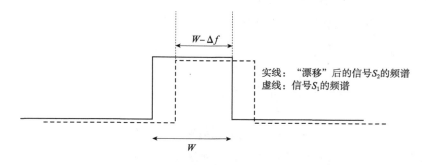

图 4.5　相移引起的频移

4.1.3　极化干涉 SAR 原理

极化干涉合成孔径雷达（PolInSAR）利用全极化观测进行干涉处理，它结合了干涉信息对空间分布敏感以及极化信息对散射体物理性质的敏感的特性，可以同时把目标的精细结构特征与空间分布特征结合起来，提高干涉应用性能，并区分分辨单元内不同散射机制的垂直分布信息。

4.1.3.1　矢量干涉

传统的干涉测量是从空间分离的两个天线获得同一分辨单元的两个复标量信号进

行干涉，形成干涉图。标量干涉图的产生过程可以描述为从空间分离的两个天线获得的同一分辨单元的两个复标量信号 s_1 和 s_2 的平均 Hermitian 积。即将复干涉信号 s_1 和 s_2 组成组成一个复矢量 $[s_1 \quad s_2]^T$，可定义 2×2 的半正定 Hermitian 矩阵 J_I：

$$J_I = \begin{bmatrix} j_{11} & j_{12} \\ j_{21} & j_{22} \end{bmatrix} = \left\langle \begin{bmatrix} s_1 \\ s_2 \end{bmatrix} \begin{bmatrix} s_1^* & s_2^* \end{bmatrix} \right\rangle = \begin{bmatrix} \langle s_1 s_1^* \rangle & \langle s_1 s_2^* \rangle \\ \langle s_2 s_1^* \rangle & \langle s_2 s_2^* \rangle \end{bmatrix} \qquad (4.35)$$

干涉相位可表达为 $\varphi = \arg(s_1 s_2^*)$，根据 4.1.2 可知，相位 φ 中包含了与距离和地形有关的信息。干涉相干系数可表达为 $\gamma = \dfrac{|\langle s_1 s_2^* \rangle|}{\sqrt{\langle s_1 s_1^* \rangle \langle s_2 s_2^* \rangle}} = \dfrac{|j_{12}|}{\sqrt{j_{11} j_{22}}}$。

不同于传统的干涉测量系统，全极化干涉系统以两个不同的视角获得场景中每个分辨单元的两个散射矩阵。干涉测量对标量图像进行处理，而全极化干涉测量需要对两幅矢量图像进行干涉处理。假设 S_1 和 S_2 分别为极化干涉测量得到的干涉图像对的散射矩阵，k_1 和 k_2 分别是 Pauli 基极化散射矢量，在满足互易性条件下，Pauli 基散射矢量可以表示为：

$$k = \frac{1}{\sqrt{2}} [S_{HH} + S_{VV}, \ S_{HH} - S_{VV}, \ 2S_{HV}]^T \qquad (4.36)$$

则全极化干涉测量的结果可以由 k_1 和 k_2 的外积获得。k_1 和 k_2 的外积同时可获得两信号的自相关和互相关矩阵。首先由 k_1 和 k_2 的外积获得 6×6 的半正定 Hermitian 矩阵 T_6（式 4.37）也称为极化干涉相干矩阵，T_6 矩阵中 T_{11} 和 T_{22} 为两信号的自相关矩阵，Ω_{12} 为两信号的互相关矩阵。

$$\langle T_6 \rangle = \left\langle \begin{bmatrix} k_1 \\ k_2 \end{bmatrix} \begin{bmatrix} k_1^{*T} & k_2^{*T} \end{bmatrix} \right\rangle = \begin{bmatrix} \langle T_{11} \rangle & \langle \Omega_{12} \rangle \\ \langle \Omega_{12}^{*T} \rangle & \langle T_{22} \rangle \end{bmatrix} \qquad (4.37a)$$

$$\langle T_{11} \rangle = \langle k_1 k_1^{*T} \rangle \quad \langle T_{22} \rangle = \langle k_2 k_2^{*T} \rangle \quad \langle \Omega_{12} \rangle = \langle k_1 k_2^{*T} \rangle \qquad (4.37b)$$

式 4.37 中，T_{11}、T_{22} 分别仅包含了不同位置观测到的地物的全极化信息，均为半正定 Hermitian 矩阵；Ω_{12} 则不仅含有极化信息，而且也包含干涉信息，但是通常不是 Hermitian 半正定的。

从传统的干涉测量和全极化干涉测量的特点可知，要形成矢量干涉图需要两个关键步骤：第一是产生复标量信号，即将极化矢量散射矩阵复标量化。这可以通过矢量的 Hermitian 内积 $s = x^{*T} y$ 实现，x 和 y 分别是两个矢量，其中一个为极化散射矢量。第二是需要选择一个标准散射机制为 x 或 y 中的一个矢量，该矢量要能表达典型的散射机制。这样极化干涉测量的结果不仅可以获得干涉图，而且可以形成与庞加莱球极化态对应的任意散射类型的极化干涉结果。在实际应用中可以将极化散射矢量 k 投影到复单位矢量 w 上实现，即：

$$\mu_1 = w_1^{*T} k_1 \quad \mu_1 = w_2^{*T} k_2 \tag{4.38}$$

为了得到不同散射机制下的复标量信号，复单位矢量 w 选择第 3 章式 3.80 中所示的散射机制的形式，重写如下：

$$w = \begin{bmatrix} \cos\alpha e^{j\varphi} \\ \sin\alpha\cos\beta e^{j(\delta+\varphi)} \\ \sin\alpha\sin\beta e^{j(\gamma+\varphi)} \end{bmatrix} \tag{4.39}$$

因此，因此由 w_1 和 w_2 表征的极化干涉图可以表示为：

$$\mu_1\mu_2^* = (w_1^{*T} k_1)(w_2^{*T} k_2) = w_1^{*T} \Omega_{12} w_2 \tag{4.40}$$

式中：μ_1 和 μ_2 就表示两散射机制上的复标量散射系数，相应的干涉相位为：$\varphi = \arg(\mu_1\mu_2^*) = \arg(w_1^{*T} \Omega_{12} w_2)$，由此可得极化干涉复相干系数的表达式为：

$$\gamma_{(w_1, w_2)} = \frac{\langle \mu_1\mu_2^* \rangle}{\sqrt{\langle \mu_1\mu_1^* \rangle \langle \mu_2\mu_2^* \rangle}} = \frac{\langle w_1^{*T} \Omega_{12} w_2 \rangle}{\sqrt{\langle w_1^{*T} T_{11} w_1 \rangle \langle w_2^{*T} T_{22} w_2 \rangle}} \tag{4.41}$$

相比传统的干涉相干，式 4.41 比通常所用的标量表示更具有普遍意义。它引入表示散射机理的归一化投影矢量计算干涉相位，如果 $w_1 \neq w_2$，该相干系数除了包含单极化干涉系数 γ_{Int} 外，还包含了一项与极化状态有关的去相干项 γ_{Pol}，即：$\gamma = \gamma_{\text{Int}} \cdot \gamma_{\text{Pol}}$。式 4.41 表达的是空间位置和极化都不同的情况，如果空间位置相同但极化不同，式 4.41 变为：

$$\gamma_{(w_1, w_2)} = \frac{\langle w_1^{*T} T w_2 \rangle}{\sqrt{\langle w_1^{*T} T w_1 \rangle \langle w_2^{*T} T w_2 \rangle}} \tag{4.42}$$

若极化相同但空间位置不同，式 4.41 变为：

$$\gamma_{(w)} = \frac{\langle w^{*T} \Omega_{12} w \rangle}{\sqrt{\langle w^{*T} T_{11} w \rangle \langle w^{*T} T_{22} w \rangle}} \tag{4.43}$$

4.1.3.2 任意极化基下的矢量干涉

由上一节可知极化矢量干涉实现的方法，并且通过全极化干涉数据可以合成任意极化态下的极化干涉图。具体可以利用极化基变换来形成任意极化状态之间形成干涉图。对于极化基变换的了解使得我们可以利用原始极化散射矩阵 S 的酉组合变换获得任意正交基的散射矩阵，如式 4.44：

$$S_{AB} = U_2 S U_2^{-1} \tag{4.44}$$

式 4.44 中，由 3 个参数组成的变换酉矩阵 U_2 为：

$$U_2 = \frac{1}{\sqrt{1+\rho\rho^*}} \begin{bmatrix} 1 & -\rho^* \\ \rho & 1 \end{bmatrix} \begin{bmatrix} \exp(i\delta) & 0 \\ 0 & \exp(-i\delta) \end{bmatrix} \tag{4.45}$$

式 4.45 中，ρ 为复极化比，可以由式 4.46 表示：

$$\rho = \frac{\cos(2\chi)\sin(2\psi) + j\sin(2\chi)}{1 - \cos(2\chi)\cos(2\psi)} \tag{4.46}$$

式中：χ，ψ 分别为极化椭圆中椭圆率角和方位角，用以描述新极化基的椭圆率角和方位角。从式 4.45 可知，若极化态 A 的相位角度改变了 δ，则必须在极化态 B 中将相位角改变 $-\delta$，通过如此方式保证新的极化基的变化不引入相位的变化。尽管相位 δ 信息在极化特征的分析中并不重要，但其在干涉应用中是不可或缺的，并且必须精确定义。酉矩阵 U_2 中相位角 δ 的设定代表新的极化基中引入的相位值为零，因此才能保证两个用于干涉的 S_1 和 S_2 的变换中相位信息不受到变换的酉矩阵 U_2 中相位角 δ 的影响。为避免这一问题，对两幅影像的转换应用一个相同的相位极为重要。在应用中，通常假设 $\delta = 0$ 以实现两幅影像极化基的变换。

对于列向量的极化散射矩阵，例如，Pauli 基散射矢量 k 的变换则可以通过 3×3 酉矩阵 U_3 组合变换来实现：

$$k_{AB} = U_3 k \tag{4.47a}$$

$$U_3 = \frac{1}{2(1+\rho\rho^*)} \begin{bmatrix} 2+\rho^2+\rho^{*2} & \rho^{*2}-\rho^2 & 2(\rho^*-\rho) \\ \rho^2-\rho^{*2} & 2-(\rho^2+\rho^{*2}) & 2(\rho+\rho^*) \\ 2(\rho-\rho^*) & -2(\rho+\rho^*) & 2(1-\rho\rho^*) \end{bmatrix} \tag{4.47b}$$

将特定散射矢量变换到任何正交极化基的可能性使得我们能够构建所有极化椭圆可描述的极化态的干涉。将散射矢量 k_1 和 k_2 经 $\{\varepsilon_H, \varepsilon_V\}$ 变换到 $\{\varepsilon_A, \varepsilon_B\}$ 极化基后，再将该极化矢量投影到特定的单位复矢量 w_i 然后进行干涉计算，则可得到新的极化态干涉结果：

其中，两幅干涉影像可以分别表示为 i_1 和 i_2，

$$i_1 = w_1^{*T} \cdot k_{1AB} = w_1^{*T} \cdot U_3 k_{1AB} \quad i_2 = w_2^{*T} \cdot k_{2AB} = w_2^{*T} \cdot U_3 k_{2AB} \tag{4.48a}$$

则两个影像的互相干矩阵 $\Omega_{12}(AB)$ 可以表示为：

$$\Omega_{12}(AB) = (w_1^{*T} \cdot k_{1AB})(w_2^{*T} \cdot k_{2AB})^{*T} = (w_1^{*T} \cdot U_3 k_{1AB})(w_2^{*T} \cdot U_3 k_{2AB})^{*T} = w_1^{*T} U_3 \Omega_{12} U_3^{*T} w_2 \tag{4.48b}$$

根据式 4.40 和式 4.48b 可知，任何极化基下干涉图的形成均可以通过 Ω_{12} 矩阵的酉矩阵相似变换来实现，在新的极化基下干涉相位可以表示为：

$$\varphi = \arg(i_1 i_2^*) = \arg(w_1^{*T} U_3 \Omega_{12} U_3^{*T} w_2) \tag{4.49}$$

其对应的干涉相干系数为：

$$\tilde{\gamma}(w_1, w_2) = \frac{\langle i_1 i_2^* \rangle}{\sqrt{\langle i_1 i_1^* \rangle \langle i_2 i_2^* \rangle}} = \frac{\langle w_1^{*T} U_3 \Omega_{12} U_3^{*T} w_2 \rangle}{\sqrt{\langle w_1^{*T} U_3 T_{11} U_3^{*T} w_1 \rangle \langle w_2^{*T} U_3 T_{22} U_3^{*T} w_2 \rangle}} \tag{4.50}$$

实际上，U_3 极化变换对应于影像中所选择的散射机制的变化。改变影像的极化基

会改变有效散射体或它们的相对贡献从而导致不同的散射分布。同时，有效散射体也会直接影响干涉相干性，即干涉相位与干涉相干系数。在具体应用中我们也可以通过固定一个极化散射机制，如 Pauli 基散射矢量 k，然后直接改变权重矢量 w 的极化方式来实现对极化态的改变。表 4.1 示例了在应用中几个典型极化态的 w 矢量值。

表 4.1　典型权重矢量 w 的值

极化态	ψ	χ	w_1	w_2	w_3
HH	0	0°	0.707	0.707	0
HV	0	0°	0	0	1
VV	0	0°	0.707	−0.707	0
HH+VV	0	0°	1	0	0
HH−VV	0	0°	0	1	0
LL	0	90°	0	0.707	$0.707i$
LR	0	0°	1	0	0
RR	0	−90°	0	0.707	$-0.707i$

4.1.3.3　极化干涉相干最优理论

(1) 失相干分析

信号失相干造成的相位噪声是影响 InSAR、PolInSAR 应用效果的关键因素，通常通过干涉相干系数来衡量干涉图中的干涉噪声大小。与式 4.14 类似，InSAR、PolInSAR 应用中，两个干涉信号 S_1 和 S_2 的干涉相干系数通常可以表示为：

$$|\gamma| = \frac{|\langle s_1 s_2^* \rangle|}{\sqrt{\langle |s_1|^2 \rangle \langle |s_2|^2 \rangle}} \tag{4.51}$$

式中：$\langle \cdots \rangle$ 表示取均值；$|\cdots|$ 表示求模；s_1 和 s_2 分别表示干涉测量主、辅影像的复信号；$*$ 表示复共轭。去掉求模符号，可获得复相干性，即：

$$\gamma = \frac{\langle s_1 s_2^* \rangle}{\sqrt{\langle |s_1|^2 \rangle \langle |s_2|^2 \rangle}} \tag{4.52}$$

根据 4.1.1 节可知，干涉 SAR 相干性的计算源于波的相干叠加矢量合成，在时域或者空域中，唯一点的相干性并不具实际意义，仅有足够短的时间内多次测量或足够邻近的空间范围内的多次测量，计算获得的相干才有意义，因此干涉测量复相干性一定是综合平均的结果。

在实际应用中，我们通常假设均值在时域和空域中不变，采用一定窗口大小空间范围内多个 S_1 和 S_2 信号的统计计算得到，即：

$$\gamma = \frac{\sum_{n=1}^{N} s_1 s_2^*}{\sqrt{\sum_{n=1}^{N} |s_1|^2 \sum_{n=1}^{N} |s_2|^2}} \qquad (4.53)$$

干涉相位的概率密度函数如式 4.53。

$$pdf(\varphi) = \frac{1-|\gamma|^2}{2\pi} \cdot \frac{1}{1-|\gamma|^2 \cos(\varphi-\varphi_0)} \cdot \left(\frac{|\gamma| \cos(\varphi-\varphi_0) \arccos[-\cos(\varphi-\varphi_0)]}{\sqrt{1-|\gamma|^2 \cos^2(\varphi-\varphi_0)}} \right)$$

$$(4.54)$$

式中：φ_0 为平均相位值。由于采用式 4.54 计算相位和相干性的计算量较大，在实际应用中我们通常采用 Cramer-Rao 边界来确定相干系数估计标准差 $\sigma_{|\gamma|}$ 和相位估计标准差 σ_{φ}，即

$$\sigma_{|\gamma|} \leqslant \sqrt{\frac{1-|\gamma|^2}{2N_e}}, \sigma_{\varphi} \leqslant \sqrt{\frac{1-|\gamma|^2}{2N_e |\gamma|^2}} \qquad (4.56)$$

式中：N_e 是式 4.53 中参与统计计算的独立像元的个数，也可认为是对 SLC 影像进行干涉相干性计算所采用的多视视数。

干涉相干性 γ 可以表示为几项失相干的积：$|\gamma| = |\gamma_n \gamma_t \gamma_{proc} \gamma_B \gamma_V|$，其中，$\gamma_B$ 表示噪声失相干，γ_t 表示两次采集时散射体的变化而引起的失相干，称为时间失相干，γ_n 基线失相干，表示两次采集时几何参数的差异引起的失相干，如入射角等，γ_{proc} 表示数据处理误差引起的失相关，如配准误差等，γ_V 是由分辨单元内垂直方向的散射体的分布引起两次采集时散射发生差异，从而产生失相干，称为体失相干。

①噪声失相干 γ_n：

$$\gamma_n = \frac{SNR}{1+SNR} \qquad (4.57)$$

式中：SNR 是信噪比。当 SNR 趋于 0 时，γ_n 趋于 0，即噪声间相干为 0，当 SNR 趋于无穷大时，接近于"纯"信号，没有噪声，噪声失相干也接近于 1。

②时间失相干 γ_t：

$$\gamma_t = \frac{SCR + \exp\left[-\frac{1}{2}\left(\frac{4\pi}{\lambda}\right)^2 \delta_{rms}\right]}{1+SCR} \qquad \delta_{rms} = (\sigma_y^2 \sin^2\theta + \sigma_z^2 \cos^2\theta) \qquad (4.58)$$

式中：SCR 是信噪比，σ_y 和 σ_z 表示两次成像时间间隔中，距离向和垂直向分辨单元内的散射体相互独立的高斯随机变化过程，这两者在视线方向上引起的残差的标准误差；θ 为入射角。时间去相干在重复轨干涉中影响较大，如两次测量时，风的随机作用会产生较大的时间去相干。

③数据处理误差引起的失相干 γ_{proc}：

$$\gamma_{\text{proc}} = \frac{\sin\pi\delta_{\text{az}}}{\pi\delta_{\text{az}}} \frac{\sin\pi\delta_{\text{rg}}}{\pi\delta_{\text{rg}}} \qquad (4.59)$$

式中：δ_{rg} 和 δ_{az} 分别为两幅干涉影像配准过程中在距离向和方位向的配准误差。

④基线失相干 γ_{B}：

由于两天线位置的差异，会产生距离向的频谱偏移，从而引起去相干，通过距离向谱滤波后，可使 $\gamma_{\text{B}} = 1$。

$$\gamma_{\text{B}} = \begin{cases} \dfrac{B_{\perp\text{crit}} - B_{\perp}}{B_{\perp\text{crit}}} & B_{\perp} \leqslant B_{\perp\text{crit}} \\ 0 & B_{\perp} > B_{\perp\text{crit}} \end{cases} \qquad (4.60)$$

⑤体失相干 γ_{v}：由于微波具有一定的穿透性，在一个分辨单元内，垂直方向上散射体的随机分布会引起相干的损失，这种去相干称为体散射去相干，不像上面讲的基线去相干，可以用距离向谱滤波技术滤除，由于森林垂直方向上结构分布的随机性，这种去相干在森林区域占有主导作用。γ_{v} 的表达式为：

$$\gamma_{\text{V}} = e^{jk_z z_0} \frac{\int_0^{h_{\text{V}}} f(z_1) e^{jk_z z_1} dz_1}{\int_0^{h_{\text{V}}} f(z_1) dz_1} = e^{jk_z z_0} |\gamma_v| e^{j\arg(\gamma_{\text{V}})} \qquad (4.61)$$

式中：$f(z)$ 表示森林垂直方向上随高度变化的相对反射率函数，也称为垂直结构函数，z_0 是林下地表的高度，h_{V} 是分辨单元内森林的平均高，$z_1 = z - z_0$。$f(z)$ 可以采用多种方式构建，若采用 Legendre 零阶函数展开，即 $f(z) = 1$，可以获得 4.2 节中的 SINC 模型。若 $f(z)$ 是指数衰减函数，即 $f(z) = e^{\frac{2\sigma z}{\cos\theta}}$，则其构成的相干表达式就是 4.3 节中描述的随机体地表散射模型（RVoG）中的 RV 部分，值得注意的是，σ 为消光系数，若该值为 0，则 RVOG 模型同样简化为 SINC 模型。

体散射失相干模型的构建对森林高度参数的反演有重要的意义，其具体应用将在 4.2 和 4.3 节中介绍。

(2)相干优化

由式 4.56 可知，γ 越高则干涉相位的方差越小，因此估测的相位值越精确。而通过极化合成的干涉图可以寻找 γ 的最大值，从而提高干涉测量结果的精度。另外，若 γ 随极化态变化差异明显，则说明由地物引起的不同散射机制的影响明显，因此可以用于地物参数的估测，例如后续森林高度的反演正是利用了极化干涉的该特性。

极化干涉优化算法分为幅度相干最优以及相位相干最优两类。幅度最优是在极化态空间中寻求相干值最大的极化状态组合；相位最优是在极化状态空间中寻求相干系数使得其对应得相位偏移最大的极化组合。常用的极化干涉幅度相干最优算法有：Cloude et al.（1997）提出的双散射机制相干最优，Colin et al.（2005）提出的单散射机制相干最优方法，以及 Sagues et al.（2001）提出的极化子空间方法等。由于这些优化方法在后续的森林高度估测中有具体的应用，因此涉及相干优化方法将在森林高度反演方法中具体介绍。

4.2 干涉 SAR 森林高度反演方法

InSAR 通常不考虑极化通道的影响，采用单频、单极化方式通过两幅天线同时观测（单轨模式）或两次近平行的观测（重复轨道模式）获取地面同一区域的干涉像对。由于目标与两天线位置的几何关系，在干涉像对的两个图像中产生了相位差，可以形成干涉条纹图。干涉条纹图中包含了斜距向上的点与两天线位置之差的精确信息。因此，利用传感器高度、雷达波长、波束视向及天线基线之间的几何关系，可以精确地测量出图上每一点的三维位置和变化信息。

在植被覆盖的区域，由 InSAR 获得的三维信息包含了植被散射相位中心的高度，即"植被偏差"。植被偏差是采用干涉 SAR 进行森林高度估测的基础。InSAR 森林高度估测通常采用植被散射相位中心的相位信息。然而微波波长不同会造成的森林微波散射相位中心的明显差异，因此需要针对不同波段选取合适的估测方法。目前，干涉 SAR 常用的波长包括 X-（~3cm）、C-（~6cm）、S-（~15cm）、L-（~24cm）和 P-（~69cm）。其中，P-波长较长，对森林穿透性强，散射相位中心接近地表，而 X-波长较短，其散射主要由冠层树叶等主导，散射相位中心位于森林冠层。因此，在具有 P-和 X-干涉 SAR 数据的区域，可以采用两者的相位中心差来计算森林高度，即多频 InSAR 技术；在仅有短波长（X 波段、C 波段）数据的研究区域，若有精确的地表高程数据（剔除植被偏差的 DEM），则可采用 X 波段或 C 波段获得的地表高程数据（DSM）与 DEM 差值获得森林高度，即单频 InSAR 技术。

4.2.1 差分法

通过式 $h = \varphi / k_z$ 即可获得地表高程（DSM），但是在植被覆盖区，该高程为包含了植被的散射相位中心高的高程，即植被偏差。若有精确的裸地表高程数据（DEM），则通过干涉相干获取的高程与裸地表高程的差值，获得植被散射相位中心高，或者称为植被的有效高度；另外如果将植被覆盖区相位与裸地区的相位进行差分，也可获得植被高度，此时的植被高度为图 4.6 中的有效高 h_e。即由于各个波长的穿透性不同，采用不同波段获取的有效高度不同，因此实际应用中通常需要对差值获得估测高进行一个穿透补偿 h_p，才可获得真实的森林植被高度 h_r。在穿透性较低、森林冠层散射相位中心较高的 C 波段、X 波段，估测值与森林高度相差不大，因此，很多研究直接用估测的有效高度来代替真实森林高度，但是在穿透性较强的 L 波段和 P 波段，则会导致森林高度严重低估，因此需要补偿冠层穿透高度来获得准确的森林高度估测值。InSAR 差分法估测树高的方法可以描述为：

$$h_e = \text{DSM} - \text{DEM}, \quad h_r = h_e + h_p \tag{4.62}$$

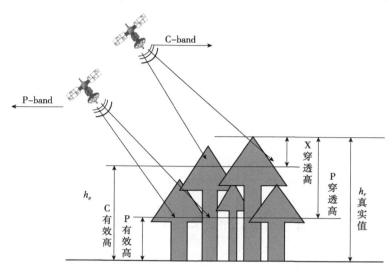

图 4.6　多频 InSAR 技术差分法森林高度估测示意图

4.2.2　SINC 模型法

SINC 模型是对 RVOG 模型的简化。InSAR 差分法是利用干涉相位信息来获取森林高度，而 SINC 模型是利用相干性来估测森林高度。采用相干性进行森林高度反演是通过构建散射矢量复相干，即将散射矢量投影到单位散射矢量的方法来获得散射数据散射空间内所有可能的散射机制，计算各散射机制的干涉相干性幅度，采用最高的相干性幅度来进行森林高度反演。采用相干性幅度来反演森林高度，通常是通过建立森林微波散射模型(如 RVoG 模型)，然后通过模型建立干涉相干性幅度与森林高度之间的联系，最后通过参数定量反演方法获得森林高度。由于 RVoG 模型是多种 PolInSAR 技术进行森林高度估测的理论基础，我们将在 4.2.3 节详细介绍该模型。这里我们直接介绍采用 SINC 模型进行森林高度估测的基本原理。

在采用短波长微波 InSAR 技术进行森林高度估测时，由于微波的穿透力有限，特别是在茂密的森林覆盖区，我们通常假设地表的散射贡献为零，这时 RVoG 模型简化为随机体 RV 模型，即式 4.61 所表示的模型。RV 模型中的垂直结构函数 $f(z)$ 可以采用指数模型和 Legendre 展开式两种方式描述。若 RV 模型采用指数模型时，假设消光系数为 0，或 RV 模型采用 Legendre 零阶展开式，则 γ_v 可以 4.63 所示的 SINC 模型：

$$\gamma_v = e^{jk_z z_0} \frac{\int_0^{h_v} e^{jk_z z_1} dz}{\int_0^{h_v} dz} = e^{jk_z z_0} e^{jk_z \frac{h_v}{2}} \frac{\sin\left(\frac{k_z h_v}{2}\right)}{\frac{k_z h_v}{2}} \qquad (4.63)$$

因此，式 4.64 表示待估森林高度 h_v 和体散射相干性幅度 $|\hat{\gamma}_v|$ 之间的关系：

$$|\hat{\gamma}_v| = \frac{\sin\left(\frac{k_z h_v}{2}\right)}{\frac{k_z h_v}{2}} \qquad (4.64)$$

SINC 模型有两种常见展开模式，一种是按照级数采用式(4.65a)展开，一种是按照式(4.65b)展开。

$$x \ll 1 \Rightarrow \frac{\sin x}{x} \approx 1 - \frac{x^2}{6} \Rightarrow h_v = \sqrt{\frac{24(1-\hat{\gamma}_v)}{k_z^2}} \qquad (4.65a)$$

$$\frac{\sin x}{x} \approx \sin\left(\frac{\pi-x}{2}\right)^{1.25} \text{ 且 } 0 \leq x \leq \pi, \ 0 \leq \frac{\sin x}{x} \leq 1 \Rightarrow h_v \approx (2\pi - 4\sin^{-1}(|\hat{\gamma}_v|^{0.8}))/k_z$$

$$(4.65b)$$

在应用中采用观测到的干涉相干直接代替 $\hat{\gamma}_v$，在已知垂直有效波数 k_z 的情况下，即可反演出森林高度 h_v。

4.3 极化干涉 SAR 森林高度反演方法

InSAR、PolInSAR 技术最初用于森林高度估测，通常通过植被引起的相位差来估测其高度。1998 年，Papathanassiou 等基于 SIR-C 极化干涉数据研究，发现通过变化极化基可以获得任意极化状态下的干涉图，开创了极化干涉 SAR 理论和应用的先河。随后，Papathanassiou 和 Cloude 发展了 Treuhaft 提出的随机体散射地表模型(RVoG)，假设电磁波在垂直高度上的散射率随高度变化，将植被在不同垂直高度的散射与干涉相干性建立联系，并以此成功提取了植被冠层高。自此拉开了采用极化干涉信息进行森林高度反演的研究热潮。

SAR 的极化信息对植被散射体的形状、方向敏感，SAR 的干涉信息对植被散射体的空间分布和高度敏感。极化和干涉信息的结合，极大地扩展了 SAR 的干涉信息源，拓展了采用干涉 SAR 技术植被参数反演的维度。

将极化信息融入干涉 SAR 进行森林高度估测，主要有 3 种方式。第 1 种方式是利用森林在不同极化中的散射机制，直接提取不同极化的散射相位中心，将代表冠层的散射相位中心(通常为 HV 极化)与地表散射相位中心(通常为 VV 极化或 HH-VV 极化)

的不同极化相位中心进行差值，进而获得森林高度。第 2 种方式是构建散射矢量复相干，即将散射矢量投影到单位散射矢量的方法来获得散射数据散射空间内所有可能的散射机制，分别找出代表冠层和地表散射的散射机制，并采用两者的相位差来估算森林高度。第 3 种方式是建立森林微波散射模型（如 RVoG 模型），通过模型建立干涉相干性、干涉相位与森林高度之间的联系，通过参数反演方法进而估测森林高度。由于第一种和第二种方法的差异仅仅是寻找代表体散射和表面散射机制的极化散射机制方法的不同，这里我们把这一类方法统称为复相干差法法，而第三种方法称为基于 RVoG 模型的森林高度反演法。

4.3.1　复相干差分法

极化和干涉信息的结合，使得 SAR 的干涉信息源得到了进一步拓展。Cloude 等于 1998 年提出了极化干涉的概念，同时指出将极化信息融入干涉过程的有效途径是构建散射矢量复相干，即将散射矢量投影到单位散射矢量的方法来获得散射数据散射空间内所有可能的散射信息，并据此获得不同散射机制下的相干相位信息，他们提出了采用不同散射机制的相位差进行森林高度估测的复相干相位差分法。通过矢量干涉的该点可知，两幅极化图像的矢量复相干可以表示为：

$$\gamma(\vec{w}_1, \vec{w}_2) = \frac{\langle \vec{w}_1^{*T}[\Omega_{12}]\vec{w}_2 \rangle}{\sqrt{\langle \vec{w}_1^{*T}[T_{11}]\vec{w}_2 \rangle \langle \vec{w}_2^{*T}[T_{22}]\vec{w}_2 \rangle}} \tag{4.66}$$

从式 4.66 中可以看出，矢量复相干幅度的大小强烈依赖于由 $\vec{w}_1$ 和 $\vec{w}_2$ 确定的散射机制。根据特征值分解理论，依据协方差矩阵可以将地物的散射机制分解为三个主要散射分量，代表三种主要的散射机制，因此 $\vec{w}_1$ 和 $\vec{w}_2$ 分别可以分解为 $[\vec{w}_{11}, \vec{w}_{12}, \vec{w}_{13}]$ 和 $[\vec{w}_{21}, \vec{w}_{22}, \vec{w}_{23}]$。其中 $[\vec{w}_{11}, \vec{w}_{12}, \vec{w}_{13}]$ 为图像 1（主影像）的 3 种主要散射机制，$[\vec{w}_{21}, \vec{w}_{22}, \vec{w}_{23}]$ 为图像 2（辅影像）的三种主要散射机制。在森林覆盖区域，这 3 种散射机制通常可以理解为：冠层体散射、树干地表的二次散射及地表直接散射。根据对森林微波散射机制的理解，冠层体散射相位中心 φ_v 一般位于冠层顶部，而树干地表二次散射及地表直接散射的相位中心 φ_g 则接近地表，因此可以通过冠层散射相位中心与地表散射相位中心的差值来进行森林高度估测。即通过式（4.67）可以进行森林高度的估测。式（4.67）中 k_z 是垂直有效波数。

$$h_v = \frac{\arg(\varphi_v) - \arg(\varphi_g)}{k_z} \tag{4.67}$$

从式 4.67 可知，森林估测结果的精度有效依赖于散射机制相位中心位置确定的准确性。最初较简单的方法是采用 HV 极化的相位代表冠层的散射相位中心，而 VV 极化或 HH-VV 极化的相位值代表地表散射相位中心。然而多数时候，特别是波长较长时，

HV 极化由于包含了地表散射；特别是波长较短时，VV 极化或 HH-VV 极化由于波长较短无法穿透冠层到达地表而使得计算得到的相位差偏小，严重低估了森林覆盖区森林的高度。为了提高估测的精度，使得冠层和地表的相位中心更接近真实值，基于优化散射机制的复相干差分法的算法探索展开了大量的研究。目前，具有代表性的优化算法包括 3 种：①Lagrangian 相干优化方法，即 SVD(singular value decomposition)算法；②基于复平面的相干分离算法，包括 MCD(maximum coherence difference)算法，即相干分离最大算法；③PD(phase diversity)极化相干优化方法；ESPRIT(estimation of signal parameters via rotational invariance techniques)算法。

4.3.1.1 SVD 算法

根据干涉幅度与干涉相位的关系，干涉相干幅度越大，干涉相位的估计精度就越高，因此，要获得高精度的相位估计，就是要找到式(4.66)中的 $\vec{w}_1$ 和 $\vec{w}_2$，使得式(4.66)取得最大值。这可通过求解式(4.68)的复拉格朗日最大幅度值获得。

$$L = \vec{w}_1^{*T}[\Omega_{12}]\vec{w}_2 + \lambda_1(\vec{w}_1^{*T}[T_{11}]\vec{w}_1 - C_1) + \lambda_2(\vec{w}_2^{*T}[T_{22}]\vec{w}_2 - C_2) \tag{4.68}$$

求解过程等同于对 $T_{11}^{-1/2}\Omega_{12}T_{22}^{-1/2}$ 进行奇异值分解(SVD)的过程，因此又称为 SVD 优化算法。通过奇异值分解后可得到优化后的 3 对正交散射机制：($\vec{w}_{1opti}$，$\vec{w}_{2optj}$；$i=j=1$，2，3)，选取优化后的体散射和地表散射相位通过式(4.67)估算森林高度。

4.3.1.2 相干分离算法

与 SVD 寻找散射机制的最大幅度不同，基于复平面的相干分离算法目的是分离复平面内最大的复相干幅度或相干相位。该方法假设接收到的两个干涉信号中，目标的极化特性没有变，即 $T_{11} \approx T_{22}$，同时忽略大气、时间去相干等因素影响，则式(4.66)的优化过程可以表示为式(4.69)。

$$[T]^{-1}\Omega_H\vec{w} = \lambda\vec{w} \begin{cases} [\Omega_H] = \dfrac{1}{2}(\Omega_{12} + \Omega_{12}^{*T}) \\ [T] = \dfrac{1}{2}(T_{11} + T_{22}) \end{cases} \tag{4.69}$$

通过增加一个全局变量 $\exp(i\varphi)$，式(4.69)则变为(4.70)：

$$[T]^{-1}\Omega_H\vec{w} = \lambda(\varphi)\vec{w} \begin{cases} [\Omega_H] = \dfrac{1}{2}(\Omega_{12}e^{i\varphi} + \Omega_{12}^{*T}e^{-i\varphi}) \\ [T] = \dfrac{1}{2}(T_{11} + T_{22}) \end{cases} \tag{4.70}$$

通过式 4.69 到式 4.70 的变换，从而将优化过程等同于数学计算中求复矩阵的数值半径的问题，即优化方法等同于寻找矩阵 $T^{-\frac{1}{2}}\Omega_{12}T^{-\frac{1}{2}}$ 的数值半径 $r(T^{-\frac{1}{2}}\Omega_{12}T^{-\frac{1}{2}})$。求解矩阵数值半径没有通用的解析方法，一般用数据迭代逼近的方法，如 MCD 算法、PD 算法。

（1）MCD 算法

根据式（4.70），取 N 个 φ_k 值，通常设 $\varphi_k = k\dfrac{180°}{N}$，$1 \leqslant k \leqslant N$，然后分别对 $[T]^{-1}$ $\Omega_H \vec{w} = \lambda(\varphi)\vec{w}$ 进行特征分解，找出 N 个最大特征值和最小特征值之间的距离，即 $|\lambda_{max}(\varphi_k) - \lambda_{min}(\varphi_k)|$，$1 \leqslant k \leqslant N$，然后找到距离最大的特征值对对应的特征矢量，即求出对应的干涉相干性]。体散射 $\vec{w}$ 占主导作用的极化通道可以通过将算出的 $\vec{w}_{max}$ 和 $\vec{w}_{min}$ 极化机制投影到代表体散射的 HV 极化下获得。找出体散射机制后，另外一个散射机制即对应的地面散射机制。将两个散射机制对应的相位带入式（4.67）可估测森林高度。

（2）PD 算法

PD 算法的基本思想是找到使复相干相位角（式 4.71）有最大余切值的极化组合。通过式 4.71 的特征矢量可分别获得代表高相位中心（对应较为纯净的体散射分量）与低相位中心（对应较为纯净的地面散射分量）的极化矢量。分别将高相位中心和低相位中心极化矢量对应的相位代替冠层和地表相位，带入式 4.67 获得森林高度。

$$\cot(\angle\gamma) = \frac{\mathrm{Re}\{\gamma\}}{\mathrm{Im}\{\gamma\}} = \frac{\vec{w}^*(\Omega_{12} + \Omega_{12}^*)\vec{w}}{\vec{w}^*[-j(\Omega_{12} - \Omega_{12}^*)]\vec{w}} \tag{4.71}$$

4.3.1.3　ESPRIT 算法

ESPRIT 最初是用来估计阵列天线信号中的波达方向（DOA）。在满足以下假设条件的情况下，可以用于散射相位中心的估计：①可分辨单元内散射体数目小于极化通道的数目；②极化通道之间相互独立，不存在线性关系；③存在占主导地位的散射中心；④地物对两个散射信号的极化状态相近或相同；⑤系统噪声可以理解为白噪声。

在以上假设满足的条件下，ESPRIT 算法认为：对于两个干涉信号，具有不同散射机制的散射体除了相位和随机噪声不同外，其他条件都一致，因此在随机噪声剔除后，不同散射机制的相位中心可以通过计算对角矩阵 $D = diag\{e^{j\varphi_1}, e^{j\varphi_2}\cdots, e^{j\varphi_d}\}$ 获得，根据 D 的特征值即可求出占主导散射机制的相位。然后再根据式 4.67 计算森林高度。ESPRIT 算法的具体原理可参见相关文献。

4.3.2　基于植被散射模型的森林高度反演法

模型是定量遥感反演的基础，是连接遥感观测参数（强度、相位、极化）和地物散射过程的桥梁。基于极化散射分解的森林覆盖区的主要散射机制，通常采用双层模型来来建立森林参数和极化干涉 SAR 参数之间的关系。森林覆盖区常用的双层模型包括干涉水云模型（IWCM）和 RVoG 模型。这两个模型均将森林覆盖区划分为两种主要散射机制，即森林冠层的体散射机制和林下地表的表面散射机制。这两个模型中，冠层散射模型和地表散射模型均对极化特征不敏感，但两者的散射比，即地体散射比对极化变化敏感。这节将以 RVoG 模型为例，首先介绍双层植被散射模型，然后介绍几种基于双层植被散射模型常用森林高度反演方法。

4.3.2.1 RVoG 模型及其理论基础

Treuhaft et al.（2000）等首次提出的 RVoG 模型，由于模型有效的折中了散射过程描述的有效性及模型的简单性，被广泛应用在森林高度反演中。RVoG 模型假设观测到的总后向散射由两层结构组成，其中上层是较厚散射层，代表森林体散射，下层为较薄的散射层，代表地表散射；其中体散射层独立于极化方式，其最大散射发生在森林冠层顶部，并随着散射体的衰减特征而逐渐降低，地表散射层受极化方式影响；地表散射和体散射分量可以通过地体散射比来加以区分。根据上述假设，可以将 RVoG 模型用式 4.72 表示，其中 $\hat{\gamma}_v$ 为体散射复相干，在 RVoG 模型种，$\hat{\gamma}_v$ 用指数模型描述，$\mu(\vec{w})$ 为地体散射比。

$$\tilde{\gamma}(\vec{w}) = e^{i\varphi_1}\frac{\hat{\gamma}_v + \mu(\vec{w})}{1 + \mu(\vec{w})} = e^{i\varphi_1}\left[\hat{\gamma}_v + \frac{\mu(\vec{w})}{1 + \mu(\vec{w})}(1 - \hat{\gamma}_v)\right] = e^{i\varphi_1}\left[\hat{\gamma}_v + L(\vec{w})(1 - \hat{\gamma}_v)\right]$$

$$\text{(4.72a)}$$

$$0 \leqslant L(\vec{w} \leqslant 1 \qquad \hat{\gamma}_v = \frac{2\sigma e^{i\varphi(z_0)}}{\cos\theta_0\left[e^{(2\sigma h_v)/\cos\theta_0} - 1\right]}\int_0^{h_v} e^{(2\sigma z')/\cos\theta_0}e^{ik_z z'}dz'$$

$$= e^{i\varphi(z_0)}\frac{p}{p_1}\frac{e^{p_1 h_v} - 1}{e^{p h_v} - 1} \qquad \text{where}\begin{cases} p = \dfrac{2\sigma_e}{\cos\theta} \\ p_1 = p + ik_z \\ k_z = \dfrac{4\pi\Delta\theta}{\lambda\sin\theta} \end{cases} \qquad \text{(4.72b)}$$

4.3.2.2 基于植被散射模型的森林高度反演

以 RVoG 模型或双层散射模型为基础，学者们发展了多种树高反演方法，这些方法可以分为两类：①基于几何关系的反演算法，如 Cloude et al.（1998）提出了六维非线性参数优化法、三阶段反演算法和李新武等（2002）提出的模拟加温退火算法等；②基于多维度优化的反演算法，如相干幅度反演算法、相干相位、幅度联合反演算法等；相比六维非线性参数优化法和模拟加温—退火算法，三阶段反演算法、相干幅度反演算法和相干相位、幅度联合反演算法由于原理简单、计算量小而得到广泛应用，因此这节将以三阶段反演算法、相干幅度反演算法和相干相位、幅度联合反演算法为例介绍基于双层植被散射模型的森林高度反演方法。

（1）三阶段反演法

三阶段反演法基于图 4.7 描述的几何关系。图 4.7 描述了式 4.72 表示的相干性和相位在复平面上的几何关系。图 4.7 中复平面上的直线具有以下物理意义：①直线与单位圆交于两点，其中一点(图中为 Q 点)对应潜在的地相位中心，另外一点为异常值，在反演过程中一般通过先验知识剔除；②体相干点 $\hat{\gamma}_v$ 位于直线的另一端(图中为 P)，这点是进行森林高度和衰减因子反演的关键；③图中较粗的可见线为不同地体散射比条件下的地面散射中心点和体散射中心点的集合，其长度由干涉基线、微波波长以及散射体的散射特征决定。

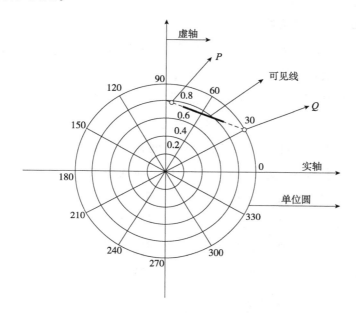

图 4.7　RVoG 散射模型的相干性变化几何关系

通过 RVoG 模型几何关系的图解，可以把森林高度反演分为 3 个步骤进行因此通常称为三阶段反演法。第 1 步通过各个极化状态下的复相干，在图 4.7 所描述的复平面中拟合一条直线，该直线与复平面内单位圆有两个交点，作为潜在的地相位在第 2 步中加以区别选择；第二步确定地相位。基于对极化干涉信息的先验理解，判断两个待定地相位点到参考点的距离。如根据模型特点及对散射体散射机制的理解，通常认为 HH-VV 与地相位的距离要小于 HV 与地相位的距离。此外，两个待定地相位也可以分别用在第三阶段中反演森林高度，两个待定点种只有一个反演的树高低于 π 相位高度，不满足该条件的点则可直接剔除，从而实现地相位和森林高度的估计；第 3 步构建对照表，查表获得森林高度。即根据式 4.72 中 $\hat{\gamma}_v$ 与衰减系数、森林高度的关系，构建一组对照表，并计算不同极化干涉复相干与地相位点的直线距离，选取距离最大的作为体散射复相干，然后在构建的对照表中查找对应的森林高度。

(2)相干幅度反演算法

从三阶段反演法中，可以通过相干性来寻找地表相位，但是在极化干涉相干性非常低的情况下，则无法估计地表相位，这时我们可以考虑不用相位信息而仅用相干性来进行森林高度反演。假设衰减因子为 0，不考虑地表散射，则模型只有一个未知参数

h_v，一个已知参数 $\hat{\gamma}_v$，这时 RVoG 模型简化为 RV 模型，则 $\hat{\gamma}_v$ 可以描述为式 4.73：

$$|\hat{\gamma}_v| = \lim_{\sigma \to 0} \frac{2\sigma}{\cos\theta_0 (e^{(2\sigma h_v)/\cos\theta_0 - 1})} \int_0^{h_v} e^{(2\sigma z')/\cos\theta_0} e^{ik_z z'} dz' \quad (4.73)$$

这样采用观测到的干涉相干直接代替 $\hat{\gamma}_v$（实际应用中通常选取 HV 极化），在已知垂直有效波数 k_z 的情况下，即可反演出森林高度 h_v，即 4.2.2 节提到的 SINC 模型。

(3)相干相位—幅度反演法

相干相位—幅度反演法采用相位和幅度信息共同反演森林高度。在三阶段反演法中，根据精确的地表相位和冠层相位的确定，采用式 4.67 可以快速估测森林高度；但是根据 RVoG 模型中指数模型表达的体散射模型、地体散射比与地相位等描述的相干性在复相干平面的分布区域、相位与地体散射比的关系、相干性与地体散射比关系的分析，可知冠层相位中心有可能位于 1/2 冠层高度到冠层顶部的任何位置，因此，仅采用该方法会低估冠层高度。为了增加森林高度反演的鲁棒性，我们可以通过加入相干幅度信息来对式 4.67 估测的结果进行补偿，即相干相位—幅度反演法。由于式 4.65b 采用 Fourier-Legendre 展开比采用指数模型更能描述现实情况，因此，复相干—幅度反演法可以表示为式 4.74。因此采用相位、幅度共同反演森林高度可以用式 4.74 描述。式中 $\arg(\hat{\gamma}_v)$ 为冠层相位中心；$\arg(\hat{\gamma}_s)$ 为地表散射相位中心；η 为权重：

$$h_v = \frac{\arg(\hat{\gamma}_v) - \arg(\hat{\gamma}_s)}{k_z} + \frac{\eta \left[\pi - 2 \sin^{-1}(|\hat{\gamma}_v|^{0.8}) \right]}{k_z} \quad (4.74)$$

η 根据冠层密度等影响因子在在 0~1 范围之间取值。当 $\eta = 1$ 时，冠层没有衰减，式 4.74 中，森林的散射中心位于植被层中部，式 4.74 第一部分贡献 $\frac{k_z h_v}{2}$ 的高度值，式子的第二部分贡献 $\frac{k_z h_v}{2}$；当 $\eta = 0$ 时，冠层衰减无穷大，散射相位中心在冠层顶部，因此，第一项贡献为 $k_z h_v$，第二项贡献为 0。

(4)体散射最小差值法

该方法基于 RVoG 模型，通过设置方程 $G(\lambda)$ 的值最小来估测森林高度 h_v，描述观测到的森林体散射 $\hat{\gamma}_{w_v}$ 和用 RVoG 模型模拟的体散射 $\hat{\gamma}_v$ 之间的差值，其中观测到的体散射值采用 λ 进行了一个线性变换使得 $\hat{\gamma}_{w_v}$ 和 $\hat{\gamma}_v$ 在复平面上有交点。

$$\min_{h_v, \sigma} G(\lambda) = \left\| \underset{\sim}{\tilde{\gamma}}_{w_V} + \lambda (e^{i\hat{\varphi}_2} - \underset{\sim}{\tilde{\gamma}}_{w_V}) - e^{i\varphi(z_0)} \frac{p}{p_1} \frac{e^{p_1 h_v} - 1}{e^{p h_v} - 1} \right\| \quad \text{where} \begin{cases} p = \dfrac{2\sigma_e}{\cos\theta} \\ p_1 = p + ik_z \\ k_z = \dfrac{4\pi\Delta\theta}{\lambda\sin\theta} \end{cases} \quad (4.75)$$

式中：$\varphi(z_0)$ 为地相位，$\hat{\varphi}$ 为一个中间参数，具体可描述为式 4.76：

$$\hat{\varphi}_2 = \arg\left[\hat{\gamma}_v - \hat{\gamma}_s(1-F_2)\right] \quad 0 \leqslant F_2 \leqslant 1 \tag{4.76a}$$

$$AF_2^2 + BF_2 + C = 0 \Rightarrow F_2 = \frac{-B - \sqrt{B^2 - 4AC}}{2A} \tag{4.76b}$$

$$A = |\tilde{\gamma}_s|^2 - 1 \quad B = 2\mathrm{Re}\left[(\tilde{\gamma}_v - \tilde{\gamma}_s) \cdot \tilde{\gamma}_s^*\right] \quad C = |\tilde{\gamma}_v - \tilde{\gamma}_s|^2 \tag{4.76c}$$

式中：$\tilde{\gamma}_v$ 和 $\tilde{\gamma}_s$ 分别代表 RVoG 模型中的体散射和表面散射。

若设 $\lambda = 0$，则式 4.75 可以简化为：

$$\min_{h_v,\sigma} G(\lambda = 0) = \left\| \tilde{\gamma}_{wV} \mathrm{e}^{-i\varphi(z_0)} - \frac{p}{p_1} \frac{\mathrm{e}^{p_1 h_v} - 1}{\mathrm{e}^{p h_v} - 1} \right\| \tag{4.77}$$

在式 4.77 中，观测到的既包含相干相位信息又包涵相干幅度信息，若干涉噪声较大，相位信息不可获取或获取误差加大时，可以仅采用相干幅度信息来进行森林高度 h_v 的估测，这时我们需要给定消光系数 $\overline{\sigma_e}$，则式 4.77 变为：

$$\min_{h_v,\sigma} G = \left\| \left| \tilde{\gamma}_{wV} \right| - \left| \frac{p}{p_1} \frac{\mathrm{e}^{p_1 h_v} - 1}{\mathrm{e}^{p h_v} - 1} \right| \right\| \quad \text{where} \begin{cases} p = \dfrac{2\overline{\sigma_e}}{\cos\theta} \\ p_1 = p + ik_z \end{cases} \tag{4.78}$$

参 考 文 献

陈尔学，李增元，庞勇，等，2007. 基于极化合成孔径雷达干涉测量的平均树高提取技术[J]. 林业科学，43(4)：66-70.

陈曦，张红，王超，2009. 极化干涉 SAR 反演植被垂直结构剖面研究[J]. 国土资源遥感，21(4)：54-57.

范明义，2016. 极化干涉 SAR 图像森林高度估计算法研究[D]. 哈尔滨：哈尔滨工业大学.

冯琦，2015. 机载 X-波段双天线干涉 SAR 森林结构参数估测方法[D]. 北京：中国林业科学研究院.

冯琦，陈尔学，李增元，等，2016. 机载 X-波段双天线 InSAR 数据森林树高估测方法[J]. 遥感技术与应用(3)：551-557.

姬永杰，岳彩荣，赵磊，等，2016. 基于 DEM 差分法的 TanDEM-X 数据森林高度估测[J]. 西南林业大学学报，36(6)：73-78.

李新武，郭华东，廖静娟，2002. 航天飞机极化干涉雷达数据反演地表植被参数[J]. 遥感学报，6(6)：424-429.

李哲，2009. 基于极化干涉 SAR 的森林平均树高反演算法研究[D]. 兰州：中国科学院寒区旱区环境与工程研究所.

罗环敏，2011. 基于极化干涉 SAR 的森林结构信息提取模型与方法[D]. 成都：电子科技大学.

罗环敏，陈尔学，程建，等，2010. 极化干涉 SAR 森林高度反演方法研究[J]. 遥感学报，14(4)：806-821.

庞勇，李增元，陈尔学，2003. 干涉雷达技术用于林分高估测[J]. 遥感学报，7(1)：9-14.

宋桂萍，2013. 极化干涉 SAR 植被高度反演算法研究[D]. 长沙：中南大学.

宋桂萍，汪长城，付海强，等，2014. 植被高度的极化干涉互协方差矩阵分解反演法[J]. 测绘学报，43(6)：613-619.

谈璐璐，杨立波，杨汝良，2011. 基于 ESPRIT 算法的极化干涉 SAR 植被高度反演研究[J]. 测绘学报，40(3)：32-36.

王超，张红，刘智，2003. 星载合成孔径雷达干涉测量[M]. 北京：科学出版社.

伍雅晴，朱建军，付海强，等，2016. 引入 PD 极化相干最优的三阶段植被高度反演算法[J]. 测绘通报，470(5)：35-38.

许丽颖，李世强，邓云凯，等，2014. 基于极化干涉 SAR 反演植被高度的改进三阶段算法[J]. 雷达学报，3(1)：28-34.

杨磊，赵拥军，王志刚，2007. 基于酉 ESPRIT 算法的极化干涉相位估计[J]. 测绘科学，32(2)：58-60.

杨震，2003. 合成孔径雷达干涉与极化干涉技术研究[D]. 北京：中国科学院电子学研究所.

于大洋，董贵威，杨健，等，2005. 基于干涉极化 SAR 数据的森林树高反演[J]. 清华大学学报，45(3)：334-336.

张腊梅，2006. L 波段 PolInSAR 图像地表参数反演方法研究[D]. 哈尔滨：哈尔滨工业大学.

周广益，熊涛，张卫杰，等，2009. 基于极化干涉 SAR 数据的树高反演方法[J]. 清华大学学报(4)：52-55.

Angiuli E, Frate F D, Vecchia A D, et al., 2007. Inversion algorithms comparison using L-band simulated polarimetric interferometric data for forest parameters estimation[C]. IEEE International Geoscience and Remote Sensing Symposium.

Askne J, Santoro M, 2005. Multitemporal repeat pass SAR interferometry of boreal forests[J]. IEEE Transactions on Geoscience and Remote Sensing, 43(6)：1219-1228.

Askne J, Santoro M, 2007. Selection of forest stands for stem volume retrieval from stable Ers Tandem INSAR observations[J]. IEEE Geoscience and Remote Sensing Letters, 4(1)：46-50.

Askne J I H, Dammert P B G, Ulander L M H, et al., 1997. C-Band repeat-pass interferometric SAR observations of the forest[J]. IEEE Trans Geosci & Remote Sensing, 35(1)：25-35.

Balzter H, Luckman A, Skinner L, et al., 2007. Observations of forest stand top height and mean height from interferometric SAR and lidar over a conifer plantation at thetford forest, UK[J]. International Journal of Remote Sensing, 28(6)：1173-1197.

Balzter H, Rowland C S, Saich P, 2007. Forest canopy height and carbon estimation at monks wood national nature reserve, UK, using dual-wavelength SAR interferometry[J]. Remote Sensing of Environment, 108(3)：224-239.

Bamler R, Hartl P, 1998. Synthetic aperture radar interferometry[J]. Inverse Problems, 14(4)：55-84.

Cloude S R, 2006. Polarization coherence tomography[J]. Radio Science, 41(4)：495-507.

Cloude S R, Papathanassiou K P, 1997. Coherence optimisation in polarimetric SAR-Interferometry[C]. IEEE International Geoscience and Remote Sensing symposium.

Cloude S R, Papathanassiou K P, 1997. Polarimetric optimisation in radar interferometry[J]. Electronics Letters, 33(13)：1176-1178.

Cloude S R, Papathanassiou K P, 1998. Polarimetric SAR interferometry[J]. IEEE Transactions on Geoscience and Remote Sensing, 36(5)：1551-1565.

Cloude S R, Papathanassiou K P, 2003. Three-Stage inversion process for polarimetric SAR interferometry[J]. IEE Proceedings-Radar, Sonar and Navigation, 150(3)：125-120.

Cloude S R, Zebker H, 2010. Polarisation：Applications in remote sensing[J]. Physics Today, 63(10)：53-54.

Colin E, Titin-Schnaider C, Tabbara W, 2005. Coherence optimization methods for scattering centers separation in polarimetric interferometry[J]. Journal of Electromagnetic Waves Applications, 19(9)：1237-1250.

Colin E, Titin-Schnaider C, Tabbara W, 2006. An interferometric coherence optimization method in radar polarimetry for high-resolution imagery[J]. IEEE Transactions on Geoscience and Remote Sensing, 44 (1): 167-175.

Dammert P B, Ulander L M, Askne J, 1995. SAR interferometry for detecting forest stands and tree heights [J]. Proc Spie(2584): 384-390.

Ferro-Famil L, Yue H, Pottier E, 2015. Principles and applications of polarimetric SAR tomography for the characterization of complex environments[M]. New York: Springe.

Garestier F, Dubois-Fernandez P C, Champion I, 2008. Forest height inversion using high-resolution p-band pol-InSAR data[J]. IEEE Transactions on Geoscience and Remote Sensing, 46(11): 3544-3559.

Hajnsek I, Krieger G, Werner M, et al., 2017. Tandem-X: A satellite formation for high-resolution SAR interferometry [J]. IEEE Transactions on Geoscience and Remote Sensing, 45(11): 3317-3341.

Karamvasis K, 2015. Forest canopy height estimation using double-frequency repeat pass interferometry[C]. International Conference on Remote Sensing and Geoinformation of the Environment.

Kellndorfer J, Walker W, Pierce L, et al., 2004. Vegetation height estimation from shuttle radar topography mission and national elevation datasets[J]. Remote Sensing of Environment, 93(3): 339-358.

Kenyi L W, Dubayah R, Hofton M, et al., 2009. Comparative analysis of SRTM-NED vegetation canopy height to LIDAR-Derived vegetation canopy metrics[J]. International Journal of Remote Sensing, 30(11): 2797-2811.

Krieger G, Zink M, Bachmann M, et al., 2013. Tandem-X: A radar interferometer with two formation flying satellites [J]. Acta Astronautica, 89(8): 83-98.

Kugler F, Lee S-K, Hajnsek I, et al., 2015. Forest height estimation by means of Pol-InSAR data inversion: the role of the vertical wavenumber[J]. IEEE Transactions on Geoscience and Remote Sensing, 53(10): 5294-5311.

Liu, G, 2003. Mapping of earth deformations with satellite SAR interferometry: a study of its accuracy and reliability performances [D]. Hong Kong: Hong Kong Polytechnic University.

Lopez-Martinez C, Papathanassiou K, Alonso A, 2011. Separation of scattering contributions in Polarimetric SAR Interferometry[C]. ESA PolInSAR Workshop. DLR.

Yamazaki M, Yamada H, 2006. Accuracy improvement of forest height estimation with esprit algorithm using four-component scattering-model decomposition[J]. Jeice Technical Report Antennas Propagation, 105.

Neeff T, Dutra L V, Jrdos S, et al., 2005. Tropical forest measurement by interferometric height modeling and P-Band radar backscatter[J]. Forest Science, 51(6): 585-594.

Ni W, Guo Z, Sun G, et al., 2010. Investigation of forest height retrieval using SRTM-DEM and ASTER-GDEM[J]. Geoscience and Remote Sensing Symposium, 38(5): 2111-2114.

Papathanassiou K, Cloude S R, 2002. Single baseline polarimetric SAR interferometry [J]. IEEE Transactions on Geoscience Remote Sensing, 39(11): 2352-2363.

Papathanassiou K P, 1999. Polarimetric SAR interferometry[J]. Technical University Graz. P.

Praks J, Antropov O, Hallikainen M T, 2012. LIDAR-Aided SAR interferometry studies in boreal forest: Scattering phase center and extinction coefficient at X-And L-Band[J]. IEEE Transactions on Geoscience and Emote Sensing, 50(10): 3831-3843.

Praks J, Kugler F, Papathanassiou K P, et al., 2007. Height estimation of boreal forest: interferometric model-based inversion at L-and X-Band versus HUTSCAT profiling scatterometer[J]. IEEE Geoscience and Remote Sensing Letters, 4(3): 466-470.

Rignot E, 1996. Dual-Frequency interferometric SAR observations of a tropical rain-forest[J]. Geophysical Research Letters, 23(9): 993-996.

Sagues L, Lopez-Sanchez J M, Fortuny J, et al., 2000. Indoor experiments on polarimetric SAR interferometry[J]. IEEE Transactions on Geoscience and Remote Sensing of Environment, 38(2): 671-684.

Sagues L, Lopez-Sanchez J M, Fortuny J, et al., 2001. Polarimetric radar interferometry for improved mine detection and surface clutter rejection[J]. IEEE Transactions on Geoscience and Remote Sensing, 39(6): 1271-1278.

Sanna K, Markus H, Mika K, et al., 2015. Combining lidar and synthetic aperture radar data to estimate forest biomass: status and prospects[J]. Forests, 6(12): 252-270.

Simard M, Zhang K, Rivera-Monroy V H, et al., 2006. Mapping height and biomass of mangrove forests in everglades national park with SRTM elevation data[J]. Photogrammetric Engineering and Remote Sensing, 72(3): 299-311.

Solberg S, Astrup R, Weydahl D J, 2013. Detection of forest clear-cuts with shuttle radar topography mission (SRTM) and Tandem-X InSAR data[J]. Remote Sensing of Environment, 5(4): 549-550.

Sun G, Ranson K J, Kharuk V I, 2000. Forest biomass estimation in western Sayani mountains, siberia from SAR data[C]. IEEE International Geoscience and Remote Sensing Symposium.

Tabb M, Carande R, 2001. Robust inversion of vegetation structure parameters from low-frequency, polarimetric interferometric SAR[C]. IEEE International Geoscience and Remote Sensing Symposium.

Tabb M, Flynn T, Carande R, 2002. An extended model for characterizing vegetation canopies using polarimetric SAR interferometry[C]. IEEE International Geoscience and Remote Sensing Symposium.

Treuhaft R N, Cloude S R, 1999. The structure of oriented vegetation from polarimetric interferometry[J]. IEEE Transactions on Geoscience and Remote Sensing, 37(5): 2620-2624.

Walker W S, Kellndorfer J M, Pierce L E, 2007. Quality assessment of SRTM C- and X-Band interferometric data: implications for the retrieval of vegetation canopy height[J]. Remote Sensing of Environment, 106(4): 428-448.

Yamada H, Yamaguchi Y, Kim Y, et al., 2001. Polarimetric SAR interferometry for forest analysis based on the ESPRIT algorithm[J]. Ieice Transactions on Electronics, 84(12): 1917-1924.

Yamada H, Sato K, Yamaguchi Y, et al., 2002. Interferometric phase and coherence of forest estimated by ESPRIT-Based polarimetric SAR interferometry[C]. IEEE International Geoscience and Remote Sensing Symposium.

Yamada H, Yamaguchi Y, Rodriguez E, et al., 2001. Polarimetric SAR interferometry for forest canopy analysis by using the super-resolution method[C]. IEEE International Geoscience and Remote Sensing Symposium.

第5章

SAR影像地形校正

由于 SAR 传感器侧视成像的特点，与光学传感器相比，其测量信号容易受到地形起伏的影响。地形对 SAR 测量信号的影响包括几何和辐射两个方面。根据采用的 SAR 技术不同，地形对 SAR 测量信号的影响方式及程度也各不相同。利用 SAR 影像的后向散射信息时，地形的影响主要包括对有效散射面积和入射角的影响；利用 SAR 影像的极化信息时，则同时引起了极化方位角的变化。本章将结合地形对各类 SAR 影像的影响特点及方式，介绍相应的地形效应校正方法。

5.1　SAR 后向散射系数图像校正

最初的 SAR 传感器一般为单极化成像模式，利用的信息主要是后向散射信息，地形对 SAR 后向散射信息的影响在影像上具体表现在两个方面：

①影像上部分像元位移变化及信息的丢失：由于 SAR 为斜距成像，影像上记录了地面目标物到传感器的相对距离，在地形高差较大的地区，斜距成像几何畸变较大，这些畸变使得影像上部分像元位置发生了变化、像元的反射值发生了变化或信息丢失。

②阴影、透视收缩和叠掩的产生：在地形起伏地区，高的山峰背面由于雷达照射不到而没有回波，在 SAR 图像中表现为阴影，也称为雷达阴影，雷达阴影中强度值为0。透视收缩是指 SAR 斜距成像导致面向雷达倾斜的地物在距离上出现压缩，透视收缩导致能量相对集中，使得图像内面向雷达的皮面比较反射值较强。当雷达波与地面法线方向的夹角很小时，会出现高的物体顶部反射回波比底部回波先到达，在 SAR 图像上表现为顶底倒置，即叠掩现象。

地形主要通过两个方面影响 SAR 影像上地物后向散射系数的变化。

①有效散射面积的变化：对于分布式散射体，如森林、稻田等，由于其后向散射系数的变化需要计算单位面积后向散射截面的能量，因此有效散射面积，即单位面积或投影面积的确定对后向散射系数的及其重要。由于地形的变化使得单位有效散射面积发生变化，从而影响后向散射系数的准确计算。

②入射角的变化：入射角是指雷达波束与大地水准面垂线之间的夹角。入射角变

化引起微波在地表不同覆盖类型内的散射过程发生变化，从而导致后向散射系数的变化。当地形坡度变化时，入射角的影响通过当地入射角来表征。当地入射角是指当地表面与雷达入射波束之间的夹角。图 5.1 以森林覆盖类型为例，阐述了地形引起的当地入射角变化，进而引起的森林后向散射系数的变化。在森林的微波散射中，后向散射系数与微波在森林中穿过的路径直接相关，因此要进行森林参数建模和反演，对于由于路径变化引起的后向散射机理的变化。

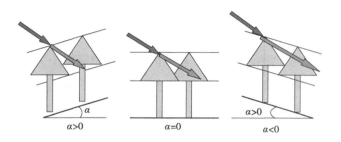

图 5.1　森林覆盖区地形引起的入射角变化示例

5.1.1　有效散射面积的校正

在将雷达散射截面或者亮度转换为雷达后向散射系数时，需要通过局部地形或者成像几何计算出有效的后向散射单元面积。雷达后向散射系数可以由式 5.1 简单描述。

$$\sigma^0 = \frac{\langle \sigma \rangle}{A} \tag{5.1}$$

式中：A 为有效散射面积，$\langle \sigma \rangle$ 为后向散射截面。从式 5.1 中可以看出有效散射面积的计算方法及准确度直接关系到后向散射值的精度。通常可以通过 3 种方法进行有效散射面积的校正：即简单正弦模型、面模型和投影角模型。

（1）简单正弦模型

星载 SAR 数据最常用的两种数据格式为单视斜距产品（SLC）和多视地距产品（MGD）。这些数据经过预处理后，用户可以将 SAR 信号转化为雷达散射截面 σ。σ 可进一步由式 5.2 转化为雷达亮度 β_0：

$$\beta_0 = \frac{\sigma}{A_{\text{pixel}}} = \frac{\sigma}{\delta_r \delta_a} \tag{5.2}$$

式中：A 为斜距空间像元的散射单元面积大小；δ_r 为距离向的分辨率；δ_a 为方位向的分辨率。在植被参数反演中，我们需要对地面目标的后向散射系数 σ_0 进行估计。在将雷达散射截面或者亮度转换为雷达后向散射系数时，需要通过局部地形或者成像几何计算出有效的后向散射单元面积，因此需要对地面目标的后向散射系数 σ_0 进行校正。假设地面一个散射单元的有效散射单元面积为 A，则：

$$\sigma^0 = \frac{\sigma}{A} = \frac{\beta^0 \delta_r \delta_a}{A} \qquad (5.3)$$

式中：A 的大小由具体地形及雷达成像几何决定。若为平坦地区，则每个像元在地表的投影面积可近似为：

$$A = \frac{\delta_r \delta_a}{\sin\theta} \qquad (5.4)$$

式中：θ 为假设地面平坦时的雷达入射角，地面平坦时，雷达入射角等于雷达当地入射角。当地面不平坦时，A 对每个像元都可能不同，要根据 DEM 和雷达定位模型精确计算，一般采用式 5.5 计算，式中 θ_{loc} 为雷达当地入射角。

$$A = \frac{\delta_r \delta_a}{\sin\theta_{\mathrm{loc}}} \qquad (5.5)$$

由式 5.2、5.3 和 5.5 可得：

$$\sigma^0 = \beta^0 \sin\theta_{\mathrm{loc}} \qquad (5.6)$$

(2) 面模型法

由于采用传统的简单模型来计算有效散射面积，忽略了方位角变量，同时没有考虑不同 SAR 影像单元的异质性，因此，Small(2011) 在充分考虑雷达影像和 DEM 构象几何关系的基础上，提出雷达影像和地图构象的同质性和异质性两个方面，并在此基础上提出了"面"模型方法。

图 5.2a 描述了地图空间和雷达空间坐标变化的关系，从图中我们可以看出雷达影像空间和地图空间具有不同坐标形式，即两者是非同质的。同样，它们的地形变化也是不相同的，因此前向和后向编码是不可逆的，其方法影响地形造成的辐射值的改正。对于两者的关系我们可以通过同质性建模和异质性建模的方法来加以建立。

从同质性方面考虑，其有效散射面积可以通过 $A_{\mathrm{homo}}(N,\ E) \sim 1/\sin\theta_{\mathrm{loc}}$ 来计算。但是当地入射角为 0°（叠掩现象）时，该方法无法进行辐射校正，针对这种情况，采用该方法进行有效散射面积计算时，必须硬性给入射角规定一个接近 0 值的最小值。此外，由于缺少整合，透视收缩和叠掩现象发生的区域将无法进行辐射值补偿。采用该方法进行有效散射面积改正的效果如图 5.2b。其后向散射系数的归一化通过下式获得：

$$\sigma^0(N,\ E) = \beta^0(N,\ E)/A_{\mathrm{homo}}(N,\ E) \qquad (5.7)$$

式 5.7 和式 5.8 是等同的，式 5.8 中 N 和 E 分别代表地图的北向和东向。

从异质性方面考虑，通过 DEM 和雷达影像的几何关系，每个 DEM 单元的面积由雷达的若干个像元组成，这样一个 DEM 单元被分成多个面，而其有效散射面积 $A_{\mathrm{heter}}(r,\ a)$ 也变为：

$$A_{\mathrm{heter}}(r,\ a) = A_{r,\ a} = \sum_{\forall [N,\ E]\text{-in-DEM}} A_{\mathrm{facet}}(N,\ E) \qquad (5.8)$$

式中：$A_{r,a}$ 为以 DEM 像元为基础的雷达图像空间有效散射面积；$A_{\text{facet}}(N, E)$ 为地图空间 DEM 像元中雷达像元的真实面积。

将式 5.8 计算的有效散射面积带入式 5.3 计算雷达后向散射系数，得到式 5.9：

$$\sigma^0(r, a) = \beta^0(r, a)/A_{\text{heter}}(r, a) \tag{5.9}$$

通过"面"模型方法进行辐射改正，可使得由于地形影响造成的雷达阴影、叠掩和透视收缩的影像亮度值得到有效校正。尽管如此，由于采用异质性和同质性方法进行计算，计算量较大，因此在实际应用中较难推广。

（3）投影角法

投影角法是从三维立体空间来考虑 SAR 构象的几何关系，SAR 影像空间是包含距离向（Range）和方位向（Azimuth）的二维坐标空间，所有三维空间的散射体将根据图 5.2a 投影到二维的 SAR 影像坐标空间。

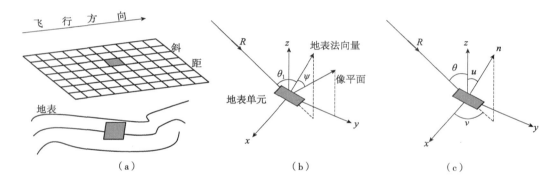

图 5.2　SAR 各几何向量关系

假设地面是一个三维表面，用 $r(\xi, \eta)$ 来描述这个表面，ξ 和 η 分别表示图像坐标系中图像的距离向和方位向坐标。地表每个单元与影像单元一一对应，其中也包括阴影和叠掩地区。则地面单位面积（dS）和影像单位面积（$d\xi d\eta$）之间存在以下关系：

$$dS = \left| \frac{\partial r}{\partial \xi} \times \frac{\partial r}{\partial \eta} \right| d\xi d\eta = \frac{d\xi d\eta}{\cos\psi} \tag{5.10}$$

ψ 是指地表面法向量和像平面法线之间的夹角，假设该角度变化范围在 0°~90° 之间，式 5.10 中图像坐标系统为正交，因此根据式 5.3 和式 5.10 得到式 5.11：

$$\sigma^0 = \beta^0 \cos\psi \tag{5.11}$$

注意投影角 ψ 是地面和影像平面之间最小夹角的补角，而并非通常所假设的当地入射角，如图 5.2b。通过简单的表面参数可以得到方位向的坡度 u 和坡向 v，因此可以获得投影角 ψ 的计算公式：

$$\cos\psi = \sin\theta \cdot \cos u + \cos\theta \cdot \sin u \cdot \sin v \tag{5.12}$$

式中：θ 是指当地入射角。

根据 $\sin\theta$ 和 $\cos\psi$ 值得对比，影像中前者得值普遍大于后者，多数像元的差值可达

1dB 以上，这足以对定量参数反演得结果产生影响。

5.1.2　入射角校正

入射角对后向散射的影响是通过 20 世纪 70~80 年代早期针对不同地物的一系列实验而被人们了解的。Ulaby 等研究发现入射角对地物后向散射的影响与地物的湿度、粗糙度有关。通过对矮小植被的研究，Ulaby 采用简单的物理模型对不同植被的后向散射与入射角的关系进行了研究，不同植被后向散射系数与入射角呈现图 5.3 所示。该研究结果证实了入射角变化对植被后向散射系数的影响。

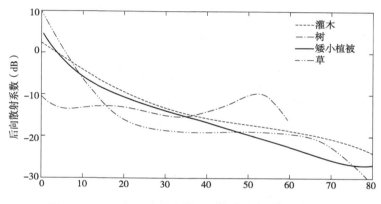

图 5.3　不同地物 HH 后向散射系数随入射角变化规律

目前，应用较广泛的入射角校正方法是 Ulaby 等提出的当地入射角余弦法的校正算法，具体可由式 5.13 表示：

$$\sigma_n^0 = \sigma^0 (\cos\theta_i)^n \tag{5.13}$$

式中：σ_n^0 是校正后的后向散射系数，σ^0 为影像上经过有效散射面积后的读数，θ_i 为当地入射角。n 值不同代表不同的地表类型，当 $n=1$ 时，这个模型代表的后向散射系数决定于 $\cos\theta_i$，即地表面积与投影面积之比。当 $n=2$ 时，这个模型与光学的 Lambet 法则相同。

5.2　极化 SAR 数据的地形校正

5.1 节的地形校正方法主要是应用于单一极化强度数据的辐射纠正，针对极化 SAR 数据的地形校正则首先需要通过极化方位角校正。极化方位角校正用于全极化数据，是针对地形引起的极化方位角的旋转，对方位向坡度的影响进行补偿的方法。

极化方位角校正是 Schuler 和 Lee 在 2000 年左右提出的方位向地形补偿方法（Lee et al.，2000）。Schuler et al.（1975；1986；1989）发现了地形坡度与极化方位角之间存在的对应关系，并总结了估计极化方位角旋转的算法，提出了利用计算的极化方位角对极化数据进行补偿的方法。补偿的结果是使极化 SAR 数据满足反射对称性。对于复杂的森林冠层，森林冠层本身同样能引起极化方位角的旋转（Li et al.，2015）。赵磊等（2012）通过对森林地区极化方位角的变化进行研究，提出了适合森林地区地形辐射校正的三阶段地形校正方法，具体包括 3 个阶段：阶段 1：极化方位角校正；阶段 2：有效散射面积校正；阶段 3：角度效应校正。

5.2.1　阶段 1：极化方位角校正

在极化方位角校正中，首先需要计算出由于地形引起的极化方位角的偏移角度，然后将偏移角度带入校正公式对全极化数据原始的 C 和 T 矩阵进行校正。

基于圆极化法可由式 5.14 计算出地形引起的极化方位角的偏移角度 δ：

$$\delta = \frac{1}{4}\left\{\tan^{-1}\left[\frac{-4\mathrm{Re}\langle(S_{HH}-S_{VV})S_{HV}^*\rangle}{-\langle|S_{HH}-S_{VV}|^2\rangle+4\langle|S_{HV}|^2\rangle}\right]+\pi\right\} \tag{5.14}$$

考虑到运算过程及极化方位偏角的性质限制，当 $\delta>\pi/4$ 时，$\delta=\delta-\pi/2$。在得到极化方位角的旋转量之后，即可利用式 5.15 对极化协方差矩阵（C）或极化相干矩阵（T）进行校正，如下式所示：

$$C_{POAc}=VCV^T \tag{5.15a}$$

$$V=\frac{1}{2}\begin{bmatrix} 1+\cos2\delta & \sqrt{2}\sin2\delta & 1-\cos2\delta \\ -\sqrt{2}\sin2\delta & 2\cos2\delta & \sqrt{2}\sin2\delta \\ 1-\cos2\delta & -\sqrt{2}\sin2\delta & 1+\cos2\delta \end{bmatrix} \tag{5.15b}$$

式中：C_{POAc} 代表着极化方位角校正后的全极化数据的极化协方差矩阵。

由于极化方位角偏移角度的估计仅需要雷达斜距空间的全极化 SAR 数据，而不需要轨道信息和 DEM 数据。因此，可以在经过定标、多视化等预处理后，直接进行极化方位角校正，从而避免该校正过程受到地理编码重采样的影响。

5.2.2　有效散射面积校正

对于分布式目标，雷达测量的后向散射系数为单位参考面积上的雷达散射截面（Richards，2009）。如果，该参考面积定义为 SAR 斜距空间的像元面积，则后向散射系数为 β_0，定义为：

$$\beta_0=RCS/A_\beta,\ A_\beta=\delta_a\delta_\gamma \tag{5.16}$$

式中：RCS 为雷达散射截面（radar cross section）；δ_a 为方位向分辨率；δ_γ 为距离向分辨率。显然，参考面积 A_β 仅依赖于雷达系统。

然而，对于大部分 SAR 的遥感应用而言，则需要采用 A_β 对应在地表的实际面积 A_σ 作为参考面积，A_σ 代表着地物的有效散射面积。由于局部地形的起伏会造成 SAR 成像几何的改变，A_σ 随之改变，β_0 则随着 A_σ 的变化而变化。因此，β_0 中包含着地形影响带来的偏差。为了去除这种影响，需要根据局部的成像几何估计真实的有效散射面积 A_σ，校正 SAR 系统获取的原始后向散射系数。这点与 5.1 节中的有效散射面积一致。其校正方法可以采用 5.1.1 节中提到的 3 种方法。但是在具体应用中由于投影角校正方法校正精度和效率较高，因此在三阶段方法中采用式 5.11 进行有效散射面积的校正。对于全极化数据而言，单个像元对应的极化协方差矩阵中的所有元素均采用相同的校正因子进行校正，即式：

$$C_{\text{ESAc}} = C \cdot \cos\psi \tag{5.17}$$

式中：C_{ESAc} 是有效散射面积校正后的全极化数据协方差矩阵。由有效散射面积校正开始，后续的校正步骤将在地里坐标空间内完成，全极化数据和 DEM 数据的像元大小将统一，成为"一对一"对应关系。因此，有效散射面积及后续的角度校正是在同态的假设条件下完成。

5.2.3　角度效应校正

对于森林等植被区域，由于其冠层结构复杂，局部地形不仅影响每个像元的有效散射面积，而且对其物理散射机制也有影响，从而造成后向散射信息的变化。由于角度效应引起的后向散射系数的变化可以采用式 5.13 进行校正，也可以采用其变体形式式 5.18 进行校正：

$$\sigma_{\theta loc} = \sigma \cdot k(n) = \sigma \cdot \left(\frac{\cos\theta_{\text{ref}}}{\cos\theta_{\text{loc}}}\right)^n \tag{5.18}$$

式中：σ 代表未校正的后向散射系数；$k(n)$ 代表校正系数，是关于 n 的函数；θ_{ref} 代表参考入射角，如不考虑地形时的入射角；$\sigma\theta_{\text{loc}}$ 为校正后的后向散射系数。在三阶段算法中提出一种新的最小相关系数的方法来自动确定 n 值。

基于基本模型(式 5.18)，我们可以采用校正后的后向散射系数与局部入射角间的相关性来评价校正效果的优劣。因此，可以得到一个关于 n 值的代价函数：

$$f_{(n)} = \left| \rho(\theta_{\text{loc}} \sigma_{\theta loc}) \right| \tag{5.19}$$

式中：$P(\cdot)$ 代表相关系数。

对于角度效应校正而言，最佳 n 值应是 $f(n)$ 最小值对应的 n 值，即对应绝对值最小的相关系数。因此，

$$n = \operatorname{argmin} \cdot \{abs[f(n)]\} \tag{5.20}$$

基于这种方法，即可得到不同极化通道的最优 n 值，假设为 n_{kk}，n_{kv}，n_{vv}。对应的每个极化通道的校正系数为：$k(n_{hh})$，$k(n_{hv})$，$k(n_{vv})$。因此，可以得到应用于极化协方差矩阵(C)的校正公式为：

$$C_{AVEc} = C \odot K$$

$$K = \begin{bmatrix} k(n_{hh}) & \sqrt{k(n_{hh}+n_{hv})} & \sqrt{k(n_{hh}+n_{vv})} \\ \sqrt{k(n_{hh}+n_{hv})} & k(n_{hv}) & \sqrt{k(n_{hv}+n_{vv})} \\ \sqrt{k(n_{hh}+n_{vv})} & \sqrt{k(n_{hv}+n_{vv})} & k(n_{vv}) \end{bmatrix} \qquad (5.21)$$

式中：$\odot$ 为 Hadamard 积。

5.3　地形效应校正示例

本节以不同有效散射面积校正方法为例，对其在较平坦和地形起伏较大的区域校正前后对后向散射系数的影响进行了分析。

地形有效散射面积校正的效果可以从定性和定量两个方面加以综合评价。为了对比校正效果对不同区域的影响，本文选取了两个具有代表性的区域作为研究区域，其中区域（一）地形起伏较大，区域（二）则为较平坦的城镇区域。

图 5.4 为地形起伏较大区域（区域一）HH 极化方式的原始图像和经过滤波后的图像采用不同有效散射面积校正模型校正后的效果图。其中 A 为原始影像，a 为经过多通道滤波后影像，B 和 b 分别为以 A 和 a 简单正弦模型校正后效果，C 和 c 分别为以 A 和 a 面模型法校正后效果，D 和 d 分别为以 A 和 a 投影角模型校正后效果。图 5.4 中，A 为原始影像，将 A 经过多通道滤波后，从影像上可以看出，由于雷达分辨率造成的同一分辨单元内多微散射体造成的斑点噪声得到明显的消除，同时由于斑点造成的图像像元与对应反射地物的物理特性的关联性也得到了明显的改善，以区域中的水体为例，在原始影像中，几乎无法分辨出水体特征，经过多通道滤波后，水体在影像中呈现明显的深色调，并且滤波结果很好保持了图像的空间分辨率，对图像的边缘、纹理特征增强的效果。综合比较滤波前后采用不同有效散射面积的校正效果，3 种有效散射面积校正的效果都体现了原始影像滤波后的优势：斑点噪声减少、纹理特征突出，影像与地物的物理关联性得到了增强。图 5.4 中，以原始影像为基础进行的有效散射面积的校正效果，从影像特征上，经过不同校正方法校正后的影像像元的亮度值发生了明显变化，经过简单正弦模型校正后影像的像元值根据 SAR 构象关系进行了正弦计算，亮度值发生了明显改变，同原始图像相比，由于陡峭地形引起的高亮度斑块的面积大大下降，地形畸变较小区域的地势走向纹理更加清晰。这说明经过正弦模型改正后影像特征发生了明显的改变，但是阴影和叠掩区域没有得到辐射值补偿。经过面模型校正后的原始影像，可以明显看出阴影和叠掩地区的影像亮度值与简单正弦模型校正效果的区别，但是由于在原始影像上阴影和叠掩区域由于雷达成像方式造成的亮度值的改变无法恢复，因此，辐射值的改正效果在后期的遥感反演中仍然没法使用。投影角模

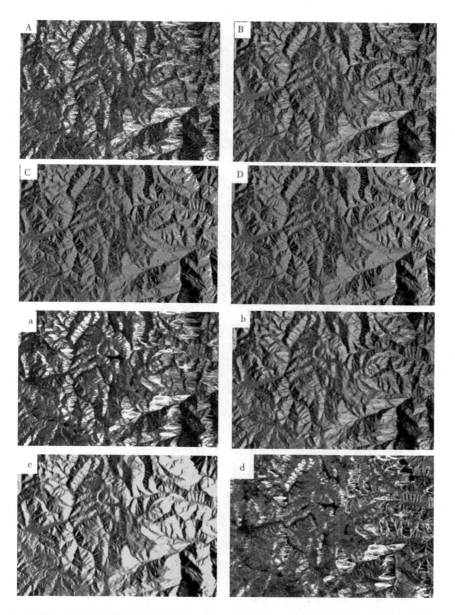

图 5.4　区域(一)原始影像和滤波后影像(HH 极化方式)不同有效散射面积校正模型校正效果

型结合 SAR 影像的距离—多普勒定位模型计算出坡度、坡向、当地入射角和投影角的关系,以此来计算有效散射面积,从影像特征上来看,和其他两种校正方法相比,影像特征在较平坦区域影像亮度值与简单正弦模型校正结果基本相同,但是在陡峭的区域,影像灰度值发生明显变化,在坡度小于入射角的区域,校正效果明显,在坡度大于入射角的区域,由于阴影的影响效果,使得影像上校正效果与简单正弦模型的区别不太明显。经过滤波后的影像采用三种不同校正模型校正后,影像特征变化明显,经过简单正弦模型校正后,与原始图像相同校正效果相比,影像灰度值发生了明显变化,主要是由于滤波后,原始影像的灰度值发生明显变化,因此采用简单正弦模型校正后影像像元值得特征发生明显变化，斑点也明显减少，影像纹理特征更加突出，阴影和叠掩区域的像元值与原始图像相比，大块的高亮区域面积下降，并且影像灰度特征区域平滑，这个主要是由多通道滤波效果使得阴影和叠掩地区的亮度值得到了补偿和均衡，因此使得校正效果相比滤波前明显改善。由于采用面模型法对于叠掩区域的面积校正与正弦模型相差较大，某些区域达 $900m^2$，因此，使得整个图像的亮度值偏大，特别是叠掩区域更为明显。投影角法在平坦地区与原始影像区别不大，但是在陡峭地区纹理和亮度值都发生了较大变化。

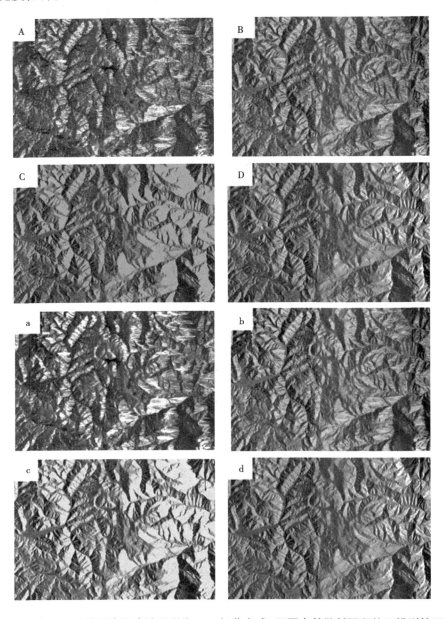

图 5.5　区域(一)原始影像和滤波后影像(HV 极化方式)不同有效散射面积校正模型校正效果

　　图 5.5 为地形起伏较大区域(区域一)HV 极化方式的原始图像和经过滤波后的图像采用不同有效散射面积校正模型校正后的效果图。其中 A 为原始影像，a 为经过多通道滤波后影像，B 和 b 分别为以 A 和 a 简单正弦模型校正后效果，C 和 c 分别为以 A 和 a 面模型法校正后效果，D 和 d 分别为以 A 和 a 投影角模型校正后效果。HV 极化方式影像与 HH 极化方式影像相比，地物的反射特性具有明显的区别，HH 极化方式图像上水体的后向散射系数较高，与森林植被的不容易区分，而在 HV 图像上后向散射系数相对较低，容易与周围植被区分。同 HH 极化方式的原始图像一致，HV 极化方式的原始图像斑点噪声明显，经过多通道滤波后，斑点噪声得到了明显抑制，纹理信息也进一步提高，但是影像的像元亮度值明显提高，这与进行多通道滤波采用的 SAR 数据获取的

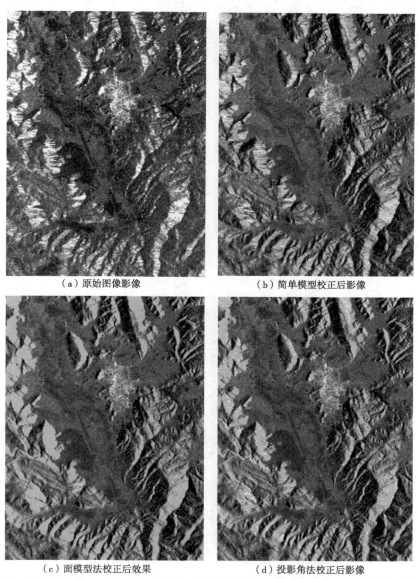

（a）原始图像影像　　　　　　　　　　　　（b）简单模型校正后影像

（c）面模型法校正后效果　　　　　　　　　（d）投影角法校正后影像

图 5.6　区域(二)原始影像(HH 极化方式)采用不同有效散射面积校正模型校正后效果

季节有明显关系。HV 极化方式原始影像经过不同校正方法校正后，影像上存在斑点噪声的影响，对反演结果会造成一定的影响。经过滤波后的 HV 影像，采用简单正弦模型校正后，陡峭地区地形引起的高亮度板块的面积大大下降，纹理特征更加均匀，但是部分区域的像元后向散射系数发生了明显变化，而采用面模型法和投影角法校正的效果与 HH 极化方式影像在影像特征上基本相似。

图 5.6 为较为平坦地区(区域二)HH 极化方式原始影像与三种校正模型的校正效果，其中图 5.6a 为原始影像，图 5.6b 为简单正弦模型校正结果，图 5.6c 为面模型校正结果，图 5.6d 为投影角模型校正结果。图 5.7 为较为平坦地区(区域二)HH 极化方

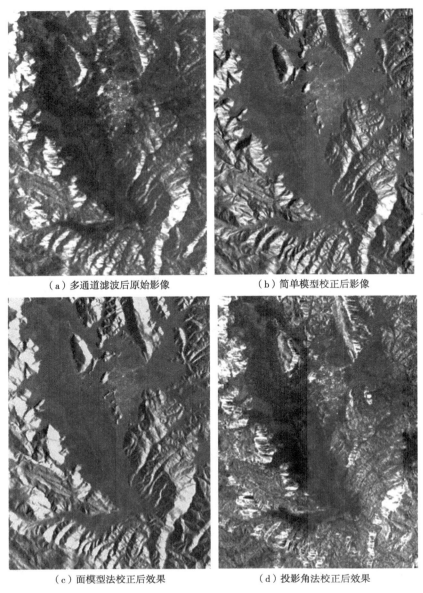

（a）多通道滤波后原始影像　　　　　　　　（b）简单模型校正后影像

（c）面模型法校正后效果　　　　　　　　（d）投影角法校正后效果

图 5.7　区域(二)多通道滤波后影像(HH 极化方式)不同有效散射面积校正模型校正效果

式滤波后影像与三种校正模型的校正效果，其中图 5.7a 为原始影像，图 5.7b 为简单正弦模型校正结果，图 5.7c 为面模型校正结果，图 5.7d 为投影角模型校正结果。图 5.8 为较为平坦地区(区域二)HV 极化方式原始影像与 3 种校正模型的校正效果，其中图 5.8a 为原始影像，图 5.8b 为简单正弦模型校正结果，图 5.8c 为面模型校正结果，图 5.8d 为投影角模型校正结果。图 5.9 为为较为平坦地区(区域二)HV 极化方式滤波后影像与三种校正模型的校正效果，其中图 5.9a 为原始影像，图 5.9b 为简单正弦模型校正结果，图 5.9c 为面模型校正结果，图 5.9d 为投影角模型校正结果。

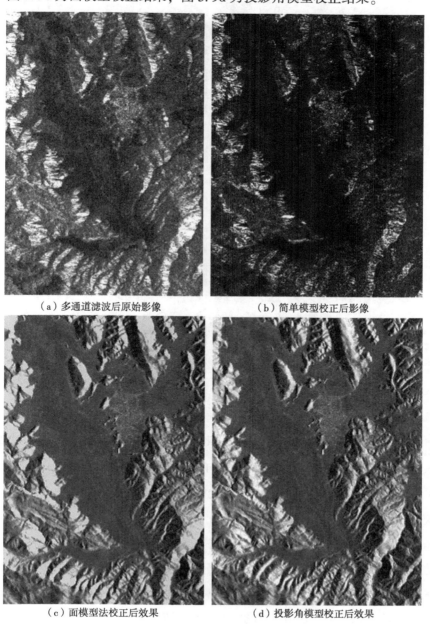

(a) 多通道滤波后原始影像　　　　　　　(b) 简单模型校正后影像

(c) 面模型法校正后效果　　　　　　　(d) 投影角模型校正后效果

图 5.8　区域(二)原始影像(HV 极化方式)不同有效散射面积校正模型校正后效果

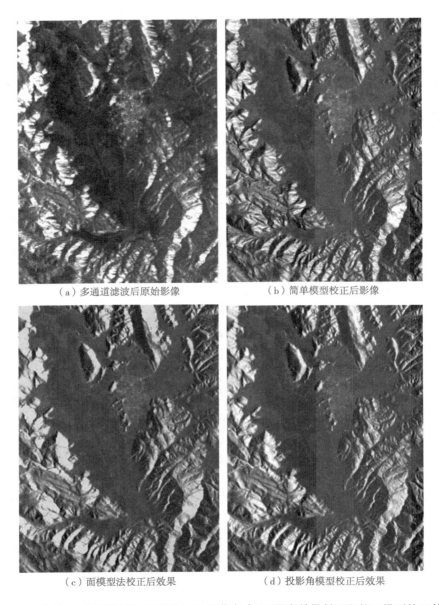

（a）多通道滤波后原始影像　　　　　　　（b）简单模型校正后影像

（c）面模型法校正后效果　　　　　　　（d）投影角模型校正后效果

图 5.9　区域（二）多通道滤波后影像（HV 极化方式）不同有效散射面积校正模型校正效果

图 5.6 和图 5.8 分别为 HH 极化方式和 HV 极化方式原始影像采用不同校正方法的效果，从影像上看，影像基本上保持了原始影像的部分特征，不同校正方法校正后影像上的斑点噪声仍然存在，从影像纹理上看，在平坦的城镇区域，采用简单正弦模型和投影角校正模型的纹理特征几乎一致，这与理论分析中得到的结果是一致的。而在城镇周边地形起伏稍大的区域，投影角校正模型校正结果纹理更加清晰，而面模型法在平坦区域的校正效果与其他两种方法相似，在周围地形起伏区域，特别是阴影叠掩区域，影像特征变化明显。图 6.9 和图 6.11 为滤波后采用不同校正方法校正效果，滤波后的影像在校正前后都保持了滤波的特变，影像的纹理更加清晰，3 种方法的比较效

果与 HH 极化方式相似。

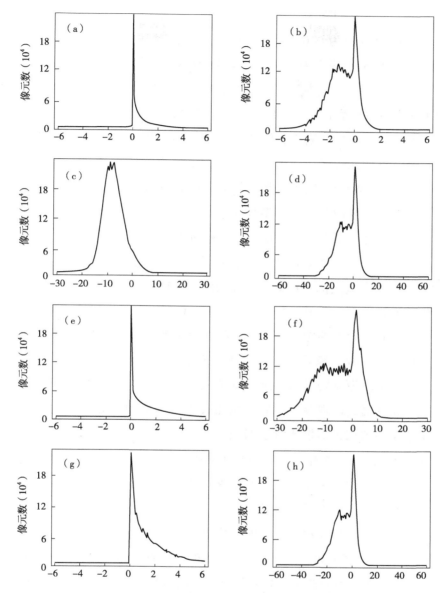

图 5.10　区域(一)投影角模型、面模型法校正效果与简单正弦模型校正效果差值的直方图

图 5.10 以简单正弦模型为基础，计算面模型法、投影角模型法与其的差值直方图，之所以选简单正弦模型法为基础进行比较，是因为该方法适合平坦地区，对地形起伏地区考虑较小，且该方法的有效性已经得到了大多数研究者的验证。途中纵坐标代表像元数，横坐标代表后向散射系数 dB 值。图 6.12A 为原始影像(HH 极化方式)投影角模型与简单正弦模型的差值直方图，图中，峰值出现在 0 附近，在正值区域 dB 值在 4 以下的像元数由 6 到 1 逐渐降低，在负值区域则基本保持在 1 左右，这说明多数像元差值接近 0.0，但是仍然有很多像元的差值达到 1dB，甚至是更高，

这足以对参数的定量反演产生影响。图 6.12a 为面模型法与简单正弦模型校正效果的差值直方图，可以看到在图中出现两个峰值，一个在 0 附近，一个在-4 附近，0 附近峰值说明说明差值为 0.0 的像元较多，因此多数地区两种方法的校正结果相似，-4 附近的峰值从图像上来看，多在阴影和叠掩区域，由于采用面模型法与简单正弦模型法相比，最主要是在阴影和叠掩区域的差别，因此，会出现两个峰值；图 6.12B 为多通道滤波后影像（HH 极化方式）投影角模型与简单正弦模型的差值直方图，图中，峰值出现在-10 附近，说明经过滤波后，投影角模型与简单正弦模型的差值在-10dB 左右像元较多，从理论上分析，不该出现这种现象，但是经过反复试验，结果相似，从经验上判断可能是影像上存在其他因素的影响，需要进一步研究。图 6.12b 为面模型法与简单正弦模型校正效果的差值直方图，同原始影像相比，同样有两个峰值，但是滤波后差值 dB 变大，这说明经过滤波后的影像与原始影像相比，面模型法校正结果与简单正弦模型校正结果的差值进一步扩大，阴影叠掩区域的辐射值进一步扩大造成的。图 6.12C 原始影像（HV 极化方式）投影角模型与简单正弦模型的差值直方图，与 HH 极化方式的影像相似，在 0 附近出现峰值，也说明了两种校正方法在 0.0 附近的像元较多，但相比 HH 极化方式，HV 极化方式的影像在正值区域差值大于 1dB 的像元数有所增加，这是由不同极化方式影像的微波散射特征决定的。图 6.12c 为原始影像（HV 极化方式）面模型法与简单正弦模型校正效果的差值直方图，在 0 附近出现峰值，但是相比投影角与简单正弦模型校正结果，面模型与简单正弦模型的校正结果差值达到 30dB，且滤波前后变化较大。图 6.12D 为原始影像（HV 极化方式）投影角模型与简单正弦模型的差值直方图，其结果与 HH 极化方式不同，与原始影像效果相似，即峰值在 0 附近，在正值区域差值较大的像元数略有增长。图 6.12d 为多通道滤波后影像（HV 极化方式）投影角模型与简单正弦模型的差值直方图，滤波后后向散射系数的差值进一步扩大。

图 5.11 为平坦地区不同校正方法校正结果的差值直方图，其目的主要对比地形起伏较大区域和平坦地区不同校正结果差值直方图的区别，进而确定起伏地区的有效散射面积校正方法。图 5.11A 为原始影像（HH 极化方式）投影角模型与简单正弦模型的差值直方图，图 5.11a 为面模型法与简单正弦模型校正效果的差值直方图；图 5.11B 为多通道滤波后影像（HH 极化方式）投影角模型与简单正弦模型的差值直方图，图 5.11b 为面模型法与简单正弦模型校正效果的差值直方图；图 5.11C 原始影像（HV 极化方式）投影角模型与简单正弦模型的差值直方图，图 5.11c 为原始影像（HV 极化方式）面模型法与简单正弦模型校正效果的差值直方图；图 5.11D 为原始影像（HV 极化方式）投影角模型与简单正弦模型的差值直方图，图 5.11d 为多通道滤波后影像（HV 极化方式）投影角模型与简单正弦模型的差值直方图。

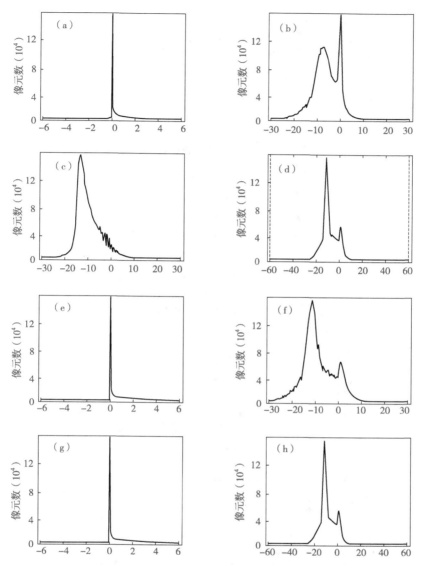

图 5.11　区域(二)投影角模型、面模型法校正效果与简单正弦模型校正效果差值的直方图

　　相比区域(一)，区域(二)HH、HV 极化方式原始影像、HV 极化方式滤波后影像投影角模型与简单正弦模型校正结果峰值范围更接近 0dB，这是由于平坦地区简单正弦模型和投影角校正模型校正结果接近或相同，而在地形起伏较大的区域出现差值，因此，同等条件下，差值为 0.0 及其附近的像元数较多。而面模型法与简单正弦模型校正结果仍然有较大的差值。为了进一步分析不同校正模型的有效性，本文分析了不同校正结果入射角与后向散射系数的关系。图 5.12 比较了原始图像与 3 种不同校正方法校正结果水体后向散射系数与当地入射角之间的关系。其中图 5.12a 为原始影像 HH 极化方式，图 5.12b 为多通道滤波 HH 极化方式，图 5.12c 为原始影像 HV 极化方式，图 5.12d 为多通道滤波 HV 极化方式。图中，横坐标为当地入射角角度，纵坐标为后向散射系数 dB 值。图中三角形代表投影角模型校正效果，蓝色菱形代表简单正弦模型校正

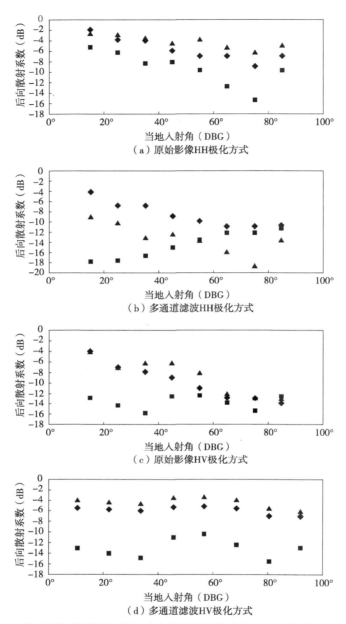

图 5.12 不同校正效果后向散射系数与当地入射角之间的关系(水体)

效果,正方形代表面模型校正效果。HH 极化方式原始图像中,3 种模型校正结果都随着入射角的增大,后向散射系数降低,这说明经过有效散射面积校正后,后向散射系数仍然受到入射角的影响,相比 3 种校正效果,投影角校正效果变化最平缓,后向散射系数值随入射角变化范围较小。经过滤波后的 HH 极化影像,与原始影像相比,投影角模型与简单正弦模型校正结果随当地入射角变化的趋势相似,但是 dB 值范围有所变化。而面模型校正效果则与原始影像不同,随着入射角出现相反的趋势。对于 HV 极化方式原始影像，简单正弦模型校正结果随当地入射角增加后向散射系数降低，面模型法校正结果也呈相同趋势，但面模型法校正结果则出现不同趋势。滤波后的 HV 极化方式影像中，入射角对后向散射系数的影响降低。图 5.13 比较了原始图像与 3 种不同校正方法校正结果高山松纯林后向散射系数与当地入射角之间的关系。其中图 5.13a

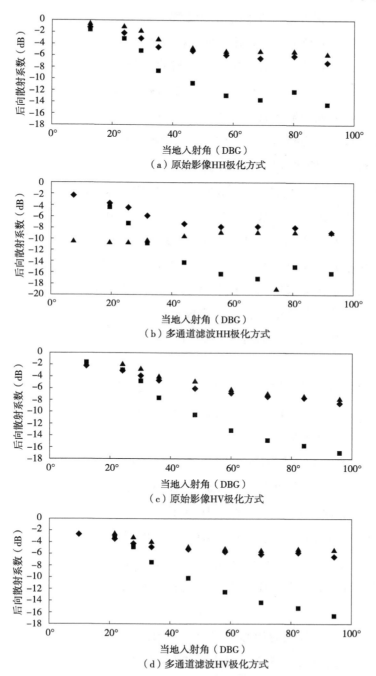

◆代表简单正弦模型校正后　▲代表投影角模型校正后　■代表面模型校正后

图 5.13　不同校正效果后向散射系数与当地入射角之间的关系(高山松纯林)

为原始影像 HH 极化方式，图 5.13b 为多通道滤波 HH 极化方式，图 5.13c 为原始影像 HV 极化方式，图 5.13d 为多通道滤波 HV 极化方式。相比水体，高山松纯林的后向散射系数范围与其有所区别，HH 极化方式影像中 3 种校正结果都随着当地入射角增大后向散射系数降低，经过滤波后的影像中，面模型法校正结果后向散射系数值范围进一步扩大，随着入射角变化的趋势没有得到缓解，而投影角法校正结果后向散射系数范围缩小，其随入射角变化的趋势相比其他两种方法趋于一个更稳定的范围。HV 极化方式影像中滤波前后不同的校正方法校正效果后向散射系数随着入射角变化的趋势变化基本保持不变。原始影像中投影角校正结果高山松纯林的后向散射系数范围在 -8～-2 直接，经过滤波后后向散射系数范围变小，在 -4～-2 之间，简单正弦模型校正结果范围略大于投影角模型。面模型法校正前后后向散射系数的范围基本无变化。

图 5.14 比较了原始图像与 3 种不同校正方法校正结果农地后向散射系数与当地入射角之间的关系。其中图 5.14a 为原始影像 HH 极化方式，图 5.14b 为多通道滤波 HH 极化方式，图 5.14c 为原始影像 HV 极化方式，图 5.14d 为多通道滤波 HV 极化方式。在 HH 极化方式原始影像中，经过投影角模型校正后的农地后向散射系数随着入射角增加降低，简单正弦模型也呈现相同趋势，面模型法校正效果随着入射角的增大呈现先增后减的趋势，经过滤波后，3 种校正效果后向散射系数随入射角变化的趋势发生了变化，简单正弦模型变化不明显，投影角校正模型校正后后向散射系数范围发生了变化，但是随着入射角变化的范围趋于平缓。HV 极化方式在滤波前后后向散射系数变化不太明显。

图 5.15 比较了原始图像与 3 种不同校正方法校正结果牧草地后向散射系数与当地入射角之间的关系。HH 和 HV 极化方式的影像经过不同校正模型校正后，后向散射系数随入射角变化的趋于平缓。

经过比较当地入射角与不同类型地物后向散射系数之间的相关性，可以发现经过简单正弦模型和投影角模型校正后，各类型地物后向散射系数随着入射角变化的趋势变缓，相关性相比校正前有所降低，面模型法由于在阴影叠掩地区的特殊处理的特殊性，在图中的趋势具有特殊性，但是在反演中的优势通过这种比较对简单正弦模型和投影角模型的优劣性区别不太明显，因此，本文以高山松生物量与 3 种模型校正的后向散射系数之间的相关性进行了进一步分析（图 5.16，图 5.17）。

经过对比不同公式校正后的影像与原始影像，综合来看，在陡峭区域由于地形引起的高亮度斑块的面积大大下降，在地形畸变相对较轻的区域纹理特征更加均匀；而采用简单正弦模型校正方法校正的影像与原始影像相比，高亮区域下降很多，但是与投影角校正模型校正效果相比，却仍然存在着部分块状亮斑区域，特别是经过滤波后

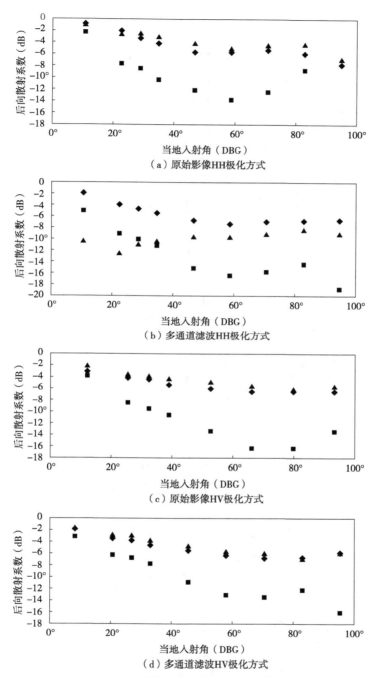

（a）原始影像HH极化方式

（b）多通道滤波HH极化方式

（c）原始影像HV极化方式

（d）多通道滤波HV极化方式

◆代表简单正弦模型校正后　▲代表投影角模型校正后　■代表面模型校正后

图 5.14　不同校正效果后向散射系数与当地入射角之间的关系(农地)

的影像中，两者的区别更加明显，而面模型法由于对叠掩地区进行了改正，但由于叠掩区域的亮度值无法得到恢复，而采用面模型法使得亮度取值得到叠加，引起在叠掩区域出现了大块的高亮度区域。从区域 B 的影像比较效果可以看出，不同校正模型对

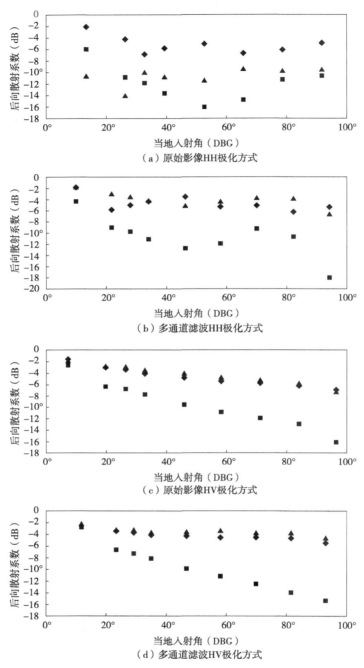

◆代表简单正弦模型校正后 ▲代表投影角模型校正后 ■代表面模型校正后

图 5.15 不同校正效果后向散射系数与当地入射角之间的关系(牧草地)

平坦地区影像的直观影像主要体现在使得影像的纹理更加清晰，而对其他影像效果不太明显。这些影像特征的变化，定性地说明了通过校正，地形引起有效散射面积变化对后向散射系数的影响得到了一定程度的改善。

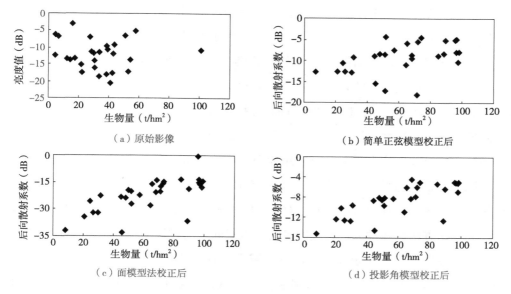

图 5.16　高山松地上生物量与不同校正方法结果后向散射直接的相关性比较(HH)

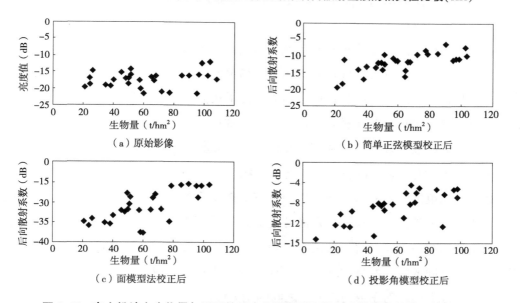

图 5.17　高山松地上生物量与不同校正方法结果后向散射直接的相关性比较(HV)

为了定量地对校正效果进行描述，本文对比了不同校正方法校正前后不同极化方式影像直方图。由于在进行后向散射系数转换时，需要将计算有效散射面积，因此，本文比较了区域(一)和区域(二)采用投影角法、面模型法与简单正弦模型法的差值直方图(图 5.12，图 5.13)。图 5.12 为区域(一)投影角模型、面模型法校正效果与简单正弦模型校正效果差值的直方图。其中图 5.12A 和图 5.12a 为原始影像(HH 极化方式)，图 5.12B 和图 5.12b 为多通道滤波后影像(HH 极化方式)，图 5.12C 和图 5.12c 为原始影像(HV 极化方式)，图 5.12D 和图 5.12d 为多通道滤波后影像(HV 极化方式），从图 5.12 中可以看出，相同极化方式在滤波前后直方图差别较大，这主要是由于多通道滤波采用的两景影像为 7 月份影像和 12 月份影像，地物后向散射系数差别较大，经过多通道滤波后后向散射系数发生了较大变化，因此出现较大的差值；而相同极化方式的两种校正方法的差值比较可以看出，采用投影角模型与原始图像相比，大部分区域的差值小于 1dB，这说明经过简单模型校正后，大部分地区得到了校正，受校正方法的影响不是很大，但是通过对比面模型法与简单正弦方法的差值直方图，有较多的像元差值较大，这主要是由于采用简单模型方法和面模型法对阴影和叠掩区域的处理不同，导致差值较大，因此，在下一步的研究工作中，应当将面模型法中叠掩、阴影区域加以区分，进行对比。通过对比 HH 和 HV 极化方式对应的差值图像，可以看出，不同校正方法对两种极化方式的影响基本相同。通过区域（一）与区域（二）地区的对比发现，在区域（一）平坦地区大部分区域受到有效散射面积校正方法的影响相对于区域（二）起伏较大地区来讲，差值则多小于 0.5dB，这也充分说明了平坦地区多数区域不受到校正方法的影响。同时，可以看出滤波对 HV 极化方式后向散射系数的影响相比 HH 极化方式较小。

由于当地地形对影像后向散射系数的影响与当地入射角有关，因此，可以通过校正前后影像的后向散射系数与入射角之间的相关性来对校正效果加以评价。由于不同类型的地物，其后向散射系数不完全相同，为了提高验证结果的精度，本文对地物进行了划分，将地物划分为 4 类：水体、农地、牧草地和云南松纯林。通过对比四种地物不同影像后向散射系数与入射角之间的关系，来进行不同校正方法校正效果的验证。

为了使入射角覆盖范围较大，本文根据相应公式将较窄入射角范围内计算为较宽的当地入射角范围，由前面当地入射角有有效散射面积的关系，可以知道，后向散射系数由于地形的表面条件与入射角的几何关系而受到当地入射角的影响，因此，有效的有效散射面积散射校正后，其余入射角之间的依托关系将有所降低，因此可以采用其与入射角之间的相关性来加以评价。图 5.12~图 5.15 分别描述了水体、高山松纯林农地和牧草地后向散射系数与入射角之间的相关性。

总的来讲，除高山松纯林外，3 种校正结果对不同地物的影响基本相似：即后向散射系数随着入射角的增大而降低，然而，投影角的校正结果随着当地入射角的变化而变化相对稳定，这说明经过该方法校正后的后向散射系数基本独立于当地入射角。而在滤波后的 HH 影像中，经过投影角模型校正后的影像后向散射系数值相比简单校正模型有所降低，其引起原因需要进一步研究。而面模型法校正效果由于阴影、叠掩区域的影像而使得变化效果相对不稳定。而高山松纯林经过地形有效散射面积校正后，其后向散射系数与入射角仍然有较强的相关性，这主要是由于入射角不仅对地物的有效散射面积有影响，同时通过改变地物的微波散射机制来影像地物的后向散射系数，为了进一步验证这几种方法的效果，本文采用高山松林生物量与原始影像与不同校正方法校正后后向散射系数之间的相关性进行了比较(图 5.16、图 5.17)。图 5.16 为 HH 极化方式影像后向散射系数与生物量之间相关性的比较，由于图 5.16a 图为原始影像，其纵坐标为亮度值，在 HH 极化方式中，原始图像亮度值与生物量之间的相关性非常低，R^2 仅为 0.01，而进行简单入射角校正后，总坐标的值变为后向散射系数，相关性有所增高，R^2 为 0.22(图 5.16b)，面模型校正后，R^2 为 0.46(图 5.16c)，投影角校正后，R^2 为 0.54(图 5.16d)。图 5.17 为 HV 极化方式影像后向散射系数与生物量之间相关性的比较，图 5.17a ~ d 中 R^2 分别为 0.05，0.49，0.55，0.65。因此，可以看出，HV 极化方式与高山松林后向散射系数的相关性相对较高，相关性较好。因此，通过以上分析，可以得出，投影角校正模型校正效果更适合研究区域有效散射面积的校正。

参 考 文 献

陈尔学，2004. 星载合成孔径雷达影像正射校正方法研究[D]. 北京：中国林业科学研究院.

陈尔学，李增元，田昕，等，2010. 星载 SAR 地形辐射校正模型及其效果评价[J]. 武汉大学学报(信息科学版)，35(3)：322-327.

陈天泽，王建，粟毅，2010. 高分辨率合成孔径雷达图像的直线特征多尺度提取方法[J]. 计算机应用，30(4)：935-938.

戴宏图，1980. 递推关系式与差分方程[J]. 曲阜师范大学学报(自然科学版)(4)：32-36.

丁鹭飞，耿富录，陈建春，2009. 雷达原理[M]. 北京：电子工业出版社.

郭华东，1999. 中国雷达遥感图像分析[M]. 北京：科学出版社.

黄颖恩，2019. 石油水体后向散射系数的垂向变化研究[D]. 湛江：广东海洋大学.

杰里，伊伏斯，爱德华，等，1991. 现代雷达原理[M]. 北京：电子工业出版杜.

匡纲要，2007. 合成孔径雷达[M]. 长沙：国防科技大学出版社.

李小玮，孙洪，2002. 合成孔径雷达图像统计滤波降噪方法[J]. 武汉大学学报(理学版)，48(1)：94-98.

刘文祥，2014. 星载 SAR 影像面积效应的地形辐射校正研究[D]. 北京：中国矿业大学.

刘永昌，张平，严卫东，等，2001. 小波包域值法去除合成孔径雷达图像斑点噪声[J]. 红外与激光工程，30(3)：160-162.

倪成才，于福平，张玉学，夏忠胜，等，2010. 差分生长模型的应用分析与研究进展[J]. 北京林业大学学报，32(4)：284-292.

万紫，徐茂松，夏忠胜，等，2006. 高分辨率雷达图像双视向几何纠正方法研究[J]. 国土资源遥感，84(2)：12-16.

王意青，张明友，1993. 雷达原理[M]. 北京：电子科技大学出版社.

王勇，2019. 合成孔径雷达与森林地上生物量反演：好奇和实用的平衡[J]. 遥感学报，23(5)：809-812.

魏钜杰，2009. 复杂地形区域合成孔径雷达正射影像制作方法研究[D]. 阜新：辽宁工程技术大学.

张超，王人潮，2006. 山区高分辨率遥感影像地形辐射校正方法研究[J]. 浙江大学学报(农业与生命科学版)，32(6)：693-698.

张过，墙强，祝小勇，等，2010. 基于影像模拟的星载 SAR 影像正射纠正[J]. 测绘学报，39(6)：554-560.

张永红，张继贤，林宗坚，等，2002. 地形引起的雷达辐射畸变及其校正[J]. 长江大学学报(医学卷)(4)：23-26.

赵磊, 2017. 多维度 SAR 数据地形校正及森林地上生物量估测研究[D]. 北京: 中国林业科学研究院.

赵磊, 倪成才, Gordon N, 2012. 加拿大哥伦比亚省美国黄松广义代数差分型地位指数模型[J]. 林业科学, 48(3): 74-81.

钟耀武, 刘良云, 2006. 基于矩匹配算法的山区影像地形辐射校正方法研究[J]. 地理与地理科学, 22(1): 31-35,

周勇胜, 2010. 极化干涉 SAR 去相干分析在森林高度估计和系统参数设计中的应用研究[D]. 北京: 中国科学院研究生院.

Arsenault H, April G, 1976. Properties of speckleintegrated with a finite aperture and logarithmically transformed [J]. Journal of the Optical Society of America, 66(11): 1160-1163.

Beaudoin A, Le Toan T, Goze S, et al., 1994. Retrieval of forest biomass from SAR data [J]. International Journal of Remote Sensing, 15(14): 2777-2796.

Castel T, Beaudoin A, Stach N, et al., 2001. Sensitivity of space-borne SAR data to forest parameters over sloping terrain. Theory and experiment [J]. International Journal of Remote Sensing, 22(12): 2351-2376.

Chern H N, Lee C L, Lei T F, et al., 1995. An analytical model for the above-threshold characteristics of polysiliconthin-film transistors[J]. Electron Devices, 42(7): 1240-1246.

Cloude S, 2010. Polarisation: Applications in Remote Sensing[M]. Oxford: Oxford University Press.

Dobson M C, Ulaby, Pierce L E, et al., 1995. Estimation of forest biophysical characteristics in Northern Michigan with SIR-C/X-SAR[J]. Geoscience and Remote Sensing, 30(2): 412-415.

Eineder M, 2003. Efficient simulation of SAR interferograms of large areas and of rugged terrain [J]. Geoscience and Remote Sensing, 41(6): 1415-1427.

Freeman A, 1992. SAR calibration: an overview[J]. Geoscience and Remote Sensing, 30(6): 1107-1121.

Freeman A, Curlander J C. 1989. Radiometric correction and calibration of SAR images [J], 55(9): 1295-1301.

Frey O, Santoro M, Werner C L, et al., 2013. DEM-based SAR pixel-area estimation for enhanced geocoding refinement and radiometric normalization[J]. Geoscience and Remote Sensing Letters, 10(1): 48-52.

Hoekman D H, Reiche J, 2015. Multi-model radiometric slope correction of SAR images of complex terrain using a two-stage semi-empirical approach[J]. Remote Sensing of Environment(156): 1-10.

Israelsson H, Askne J, Sylvander R., 1994. Potential of SAR for forest bole volume estimation [J]. International Journal of Remote Sensing, 15(14): 2809-2826.

Kugler F, Lee S K, Hajnsek I, et al., 2015. Forest height estimation by means of pol-InSAR data inversion: the role of the vertical wavenumber[J]. Geoscience and Remote Sensing, 53(10): 5294-5311.

Kurvonen L, Pulliainen J, Hallikainen, M, et al., 1999. Retrieval of biomass in boreal forests from multitemporal ers-1 and jers-1 SAR images[J]. Geoscience and Remote Sensing, 37(1): 198-205.

Lee J S, Pottier E., 2009. Polarimetric radar imaging: basics to applications[M]. Boca Ratan: CRC Press.

Lee J S, Schuler D L, Ainsworth T L, 2000. Polarimetric SAR data compensation for terrain azimuth slope variation[J]. Geoscience and Remote Sensing, 38(5): 2153-2163.

Lee J S, Schuler D L, Ainsworth T L, et al., 2002. On the estimation of radar polarization orientation shifts induced by terrain slopes[J]. IEEE Transactions on Geoscience and Remote Sensing, 40(1): 30-41.

Li Y, Hong W, Pottier E, 2015. Topography retrieval from single-pass PolSAR data based on the polarization dependent intensity ratio[J]. Geoscience and Remote Sensing, 53(6): 3160-3177.

Löw A., Mauser W, 2007. Generation of geometrically and radiometricallyterrain corrected SAR image products[J]. Remote Sensing of Environment, 106(3): 337-349.

Menges C H, Hill G J E, Ahmad W, et al., 2001. Incidence angle correction of AIRSAR data to facilitate land-cover classification[J]. Photogrammetry and Remote Sensing, 67(4): 479-489.

Monsivais A, Ce I., Baup F, et al., 2006. Angular normalization of Envisat ASAR data over sahelian - grassland using a coherent scattering model[C]. Progress In Electromagnetics Research Symposium.

Ranson K J, Saatchi S, 1995. Boreal forest ecosystem characterization with SIR-C/X-SAR[J]. Geoscience and Remote Sensing, 33(4): 867-876.

Rignot E, Way J, 1994. Radar estimates of aboveground biomass in boreal forests of interior alaska[J]. Geoscience and Remote Sensing, 32(2): 1051-1059.

Rihaczek A W, 1996. Principles of high-resolution radar[M]. New York: McGraw-Hill.

Shulman G R, Yafet Y, Eisenberger P, et al., 1976. Observations and interpretation of x-ray absorption edges in iron compounds and proteins[J]. Proceedings of the National Academy of Sciences of the United States of America, 73(5): 1384.

Shulman G R., Yafet Y, Eisenberger P, et al., 1976. Observations and interpretation of x-ray absorption edges in iron compounds and proteins[J]. Proceedings of the National Academy of Sciences of the United States of America, 73(5): 1384-1388.

Simard M., Riel B V., Denbina M., et al., 2016. Radiometric correction of airborne radar images over forested terrain with topography [J]. IEEE Transactions on Geoscience and Remote Sensing, 54 (8): 4488-4500.

Small D, 2011. Flattening gamma: radiometric terrain correction for SAR imagery[J]. IEEE Transactions on Geoscience and Remote Sensing, 49(8): 3081-3093.

Stelmaszczukgorska M, Thiel C, Schmullius C, 2016. Retrieval of aboveground biomass using multi - frequency SAR[C]. ESA Living Planet Symposium.

Sun G, Ranson K J, 1995. A three-dimensional radar backscatter model of forest canopies[J]. Geoscience and Remote Sensing, 33(2): 372-382.

Sun G, Ranson K J, Kharuk V I, 2002. Radiometric slope correction for forest biomass estimation from SAR data in the western Sayani mountains[J]. Remote Sensing of Environment, 79(2): 279-287.

Treuhaft R N, Madsen S N, Moghaddam M, et al., 1996. Vegetation characteristics and underlying topography from interferometric radar[J]. Radio Science, 31(6): 1449-1485.

Tsang L, Kong J A, Shin R T, et al, 1985. Theory of microwave remote sensing[M]. New York: Wiley.

Ulaby F T, 1975. Radar response to vegetation[J]. Antennas and Propagation, 23(1): 36-45.

Ulaby F T, Dobson M C, 1989. Handbook of radar scattering statistics for terrain [M]. Norwoord: Artecg House.

Ulaby F T, Moore R K., Fung A K, 1986. Microwave remote sensing active and passive-volume III: from theory to applications[M]. Boston: Addison Wesley Publishing Company.

Ulander I, 1991. Accuracy of using point targets for SAR calibration[J]. Aerospace and Electronic Systems, 27(1): 139-148.

Van Zyl, J J, 1993. The effect of topography on the radar scattering from vegetated areas [J]. IEEE Transactions on Geoscience and Remote Sensing, 31(1): 153-160.

Villard L, Le Toan T, 2015. Relating p-band SAR intensity to biomass for tropical dense forests in hilly terrain: γ^0 or σ^0? [J]. IEEE Journal of Selected Topics in Applied Earth Observations and Remote Sensing, 8(1): 214-223.

Wang P, Ma Q, Wang J, et al., 2013. An improved SAR radiometric terrain correction method and its application in polarimetric SAR terrain effect reduction[J]. Progress in Electromagnetics Research B(54): 107-128.

Wang Y, Day J, Sun G, et al., 1993. Santa barbara microwave backscattering model for woodlands[J]. International Journal of Remote Sensing, 8(14): 1477-1493.

Wang Y, Hess L L, Solange F, et al., 1995.. Understanding the radar backscattering from flooded and nonflooded smazonian forests: Results from canopy backscatter modeling [J]. Remote Sensing of Environment, 54(3): 324-332.

Wood J, 1988. The removal of azimuth distortion in synthetic aperture radar images[J]. International Journal of Remote Sensing, 9(6): 1097-1107.

Zhao L, Chen E, Li Z, et al., 2017. Three-step semi-empirical sadiometric terrain correction approach for polSar data applied to forested areas[J]. Remote Sensing, 9(3): 269.

第6章

极化SAR农作物长势监测

农业是国民经济的基础。在全球变化背景下，国家对农作物长势、产量等信息的需求更加迫切。及时、精准的农作物监测将为保障国家粮食安全、发展现代可持续农业提供信息支撑。遥感监测为及时掌握农作物动态生长状况信息提供了有效手段。其中光学遥感常受到不利天气的影响而无法获取有效的数据源，尤其是在作物关键生育期。而雷达遥感不仅能保障数据源，还具备植被监测"饱和点"高，对水分、结构敏感等特点，在农作物监测上具有独特的优势。然而雷达遥感在农业中的应用，尤其是在参数定量反演上，远不如光学遥感成熟，亟须从定性研究向定量研究深入。

经过了半个多世纪的发展，合成孔径雷达（SAR）系统对地观测能力显著提高，已经从早期的单频、单极化成像方式，发展为具有全极化对地观测能力的遥感系统。机载全极化 SAR 系统率先取得进展，包括美国的 AIRSAR 系统、德国的 ESAR 系统、加拿大的 Convair 系统、日本的 PiSAR 系统以及丹麦的 EMISAR 系统等均已成功实验并投入使用。与此同时，星载全极化 SAR 系统的研究也取得了突破，自日本 ALOS-PALSAR 卫星于 2006 年成功发射以来，相继有多颗具备全极化对地观测能力的 SAR 卫星进入轨道并投入使用，包括德国的 TerraSAR-X，意大利的 Cosmo-SkyMed 以及加拿大的 Radarsat-2，我国的 GF-3 等，掀起了全极化 SAR 研究的热潮。全极化 SAR 不仅可以利用不同极化回波强度特征来提取信息，也可以利用不同极化波之间的相位差来推断目标特征。全极化信息的引入，极大丰富了 SAR 数据的信息量，提升了目标散射特性识别能力，为农业领域的研究开辟了新的方向。

自 20 世纪 70 年代以来，针对不同农作物——水稻、小麦、油菜、玉米和大豆等开展了大量的基于全极化 SAR 数据应用的研究。主要的研究集中在作物分类制图、作物长势监测、作物产量监测、作物灾害监测、农田土壤监测、作物物候期监测等应用上。Le Toan et al. 率先采用 SAR 技术对农作物监测，在分析 SAR 影像中他们发现不同作物的后向散射特征变化趋势存在差异，其中最为显著的是水稻的后向散射系数，研究证实了 SAR 对地表农作物监测的可行性。在农作物长势监测的研究中，张云柏采用 VV 极化和 VH 极化的方法，对不同时相，不同地物所采用不同的极化方法进行信息融合，成功计算了水稻的种植面积，精度为 92.62%。杨沈斌采用多时相雷达数据，基于水稻作物模型和 HH/VV 比值实现了水稻长势参数的反演。此外，雷达遥感对农作物制图上的研究也取得了很好的效果。张萍萍基于多时相 ASAR 交叉极化数据，采用阈值分类算法对小区域的水稻制图，其结果精度达到 90% 以上。刘浩等基于交叉 ASAR 极化模式数据对广东肇庆地区的水稻进行识别，平均分类精度达到了 98%。杨沈斌基于多时相雷达遥感数据对江苏省中北部地区进行了大区域的水稻制图，其结果精度达到了 70% 以上。诸如此类的极化合成孔径雷达（PolSAR）技术在农业中的应用，可以客观、科学、准确地提供大尺度的农作物监测信息，也为国家农业生产决策提供重要的参考依据。

极化 SAR 技术在农作物分类制图、作物长势监测、作物产量监测的研究成果，促进了将极化 SAR 技术应用于农作物物候期监测的研究。Lopez-Sanchez et al. 人首次探索了 TerraSAR-X 双极化 SAR 数据在水稻物候期识别中的潜力。他们获取了整个栽培季节不同入射角的三幅相干 HH、VV 双极化 X 波段 TerraSAR-X 图像，通过分析 HH/VV、熵与优势散射角等参数、相位随水稻物候的变化规律，建立了以熵、优势散射角、HH 与 VV 之间的相关性和相位四个参数为基础的物候期检索算法实现了水稻的关键物候期划分。接着 Pacheco et al. 协同使用 RADARSAT-2 和 TerraSAR-X SAR 数据，实现了精度高达 90% 的水稻物候期识别。2013 年，Lopez-Sanchez 提取并分析了不同特征值分解参数随水稻不同物候期的响应规律，在分析不同极化参数与水稻物候演化联系，后提出了基于 3 个极化参数 HH/VV 比率、Pauli 相干性、熵的更简单的物候期检索方法。随后，Lopez-Sanchez et al. 利用 4 年时间搜集的 TerraSAR-X/TanDEM-X 影像和对应地面观测数据，通过 CP SAR 数据采用 Freeman-Durden 分解方法提取了熵、散射角、反熵等参数，最后利用决策树方法反演了研究区的水稻物候期。结果表明，多种极化参数的组合，同时使用决策树方法，可以有效提高农作物物候期的反演。

极化 SAR 技术应用于农作物物候期的监测的研究较晚，目前的研究多集中于极化参数的提取和选择，在研究方法方面的研究则比较少，目前，主要分类方法集中在人工阈值选择法和决策树法。Lopez-Sanchez et al. 人利用简单阈值方法手动选择对水稻物候期识别能力较强的 SAR 特征参数，这种方法随后被其他研究者所采用。但是，这种特征选择方法在实际应用中自动性、鲁棒性差，同时无法保证在高维特征空间中选择出真正"最优"的特征子集。杨知使用决策树算法对插秧稻田和撒播粳稻田进行区分分类精度均在 85% 以上。为了克服简单阈值算法中经验阈值不准确的问题，一些研究者使用动态建模的方法实现物候期识别，例如，常用的 Kalman 滤波和粒子滤波等方法。随着 SAR 传感器时间分辨率逐渐提高，最近一些研究者将机器学习的方法引入了物候期识别。

本章将以油菜为主要代表农作物，全面探索全极化、简缩极化数据、Stokes 参数等全极化信息在油菜长势参数反演、物候期监测中的潜力。

6.1　研究区概况及数据获取情况

6.1.1　研究区概况

研究区位于内蒙古自治区额尔古纳市依根农场(120°46′E~120°53′E，50°17′N~50°23′N)，具体位置如图 6.1 所示。

研究区位于中国东北部，大兴安岭西北部，呼伦贝尔草原以北，额尔古纳河右岸，主要地形为丘陵。研究区属于寒带大陆性气候，平均气温在−2.0℃~3.0℃之间，年降水量为 200~280mm。四季气候特征：春季温度回升急剧，降水较少；夏季温暖，雨量充沛；秋季降温快；冬季漫长、寒冷干燥，主要的农作物有小麦、大麦和油菜。

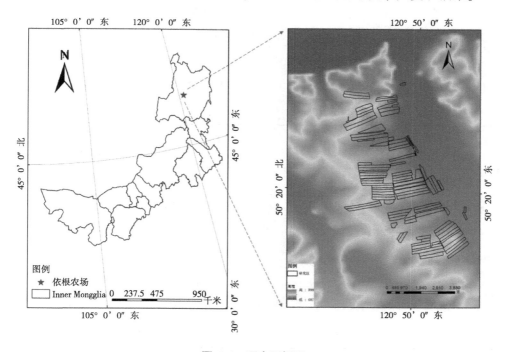

图 6.1　研究区概况

依根农场为农垦系统国有农场，地形起伏较小，农场面积约 2800hm²。该农场种植结构相对简单，主要种植油菜、小麦和大麦 3 种农作物，均为大面积种植，其中油菜样地为 21 块，在 5~9 月间种植，作物播期跨度近 1 个月，油菜田于 2013 年 5 月 8 日至 5 月 31 日间播种。每块油菜田的面积为 3.3~47.0hm²，平均面积 18.6hm²。

6.1.2　研究区数据获取

6.1.2.1　SAR 数据获取

研究获取的 SAR 数据为 5 景全极化 C 波段 Radarsat-2 影像(图 6.2)，该影像的重

访周期为 24d。Radarsat-2 为加拿大 2007 年 12 月发射的新一代商业 SAR 卫星，该卫星
是 Radarsat-1 卫星的后继星，具有 Spotlight 模式、超精细模式、全极化标准模式、多视
精细模式等，具体参数见表 6.1～表 6.3。为了消除不同传感器观测配置对观测结果造
成的影响，本研究获取的 5 景影像的成像模式、成像入射角等参数完全一致；研究获
取的 Radarsat-2 数据为单视复数据（SLC），表 6.3 描述了获取的数据的详细参数。表
6.4 描述了每景影像获取的时间、对应的油菜生长期及播后天数。

表 6.1　Radarsat-2 卫星参数

所属国家	加拿大	所属国家	加拿大
设计寿命(a)	7~12	运行周期(min)	100.7
发射时间	2007/12/14	每天绕地球圈数	14.4
失效时间	—	降交点地方时	6:00
卫星重量(kg)	2200	轨道重复周期(d)	24
轨道类型	近极地太阳同步轨道	传感器数量	1
轨道高度(kg)	798	下行速率(Mbps)	10
轨道倾角(°)	98.65		

表 6.2　SAR 传感器参数

工作波段	C
工作频率(GHz)	5.405
极化方式	HH、VV、HV、VH
空间分辨率(m)	1~100
入射角(°)	10~59
带宽(MHz)	100
幅宽(km)	20~500

表 6.3　获取的数据信息

参数	属性
极化方式	Quad
频率	5.405GHz
入射角	37.4~38.8
距离向像元	4.96m
方位向像元	4.73m
轨道方向	Ascending

表 6.4　获取的 SAR 影像与对应的油菜主要的生长阶段

获取日期	BBCH 阶段	生长阶段
2013/05/23	发芽期(0)	P1[-7, 15]
2013/06/16	长叶期(1)、边芽形成期(2)	P2[16, 39]
2013/07/10	抽茎期(3)、花序出现期(5)、开花期(6)	P3[40, 63]
2013/08/03	结果期(7)	P4[64, 87]
2013/08/27	成熟期(8)、衰老期(9)	P5[89, 110]

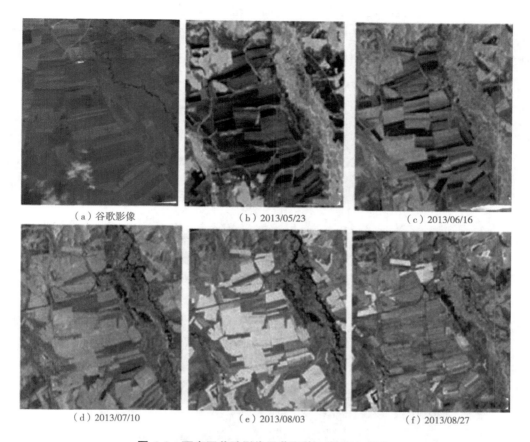

　　（a）谷歌影像　　　　　　（b）2013/05/23　　　　　　（c）2013/06/16

　　（d）2013/07/10　　　　　　（e）2013/08/03　　　　　　（f）2013/08/27

图 6.2　研究区谷歌影像及获取的 5 期 SAR 影像

6.1.2.2　地面调查数据采集

　　在 5 次卫星过境时，我们同时进行了地面样地数据采集，样地采集的时间与卫星过境时间相差不超过一天。每次样地采集时，我们随机选取 11～14 块油菜地块，记录每块地块的叶面积指数（*LAI*）、高度、土壤湿度、鲜生物量和干生物量。*LAI* 采用 LI-COR LAI-2200 冠层分析仪量测。量测时，在该地块内随机选取 3 个样点，然后计算 3 个样点的平均值作为该地块的 *LAI*。土壤含水量采用 Field Scout TDR 300 速测仪量测。量测时，首先将仪器进行校正，然后采用 High Clay 模式 7.5cm 探针测量该地块内每一样点土壤含水量 5 次，计算平均值，随机测 3 个样点，计算 3 个样点的平均值记作该地块的土壤含水量。每地块在 0.5m×2 行范围割取一个植被生物量样本，称重得到其鲜生物量（g/m²），生物量样本在 95°C 烤箱经至少 48h 烘干，称重取平均值得到样本干生物量。在地面参数记录中，在研究区的 101 个地块中，由当地农民记录了 44 块地块的播期，其他地块的播期则根据文献（杨浩，2015）提出的方法计算获得。另外，8 月 27 日卫星过境时由于大部分油菜植株已经成熟，油菜叶基本脱落，故没有进行高度和 *LAI* 的调查只进行了生物量的调查。因此整个油菜生长期用于生物量估测的样地共计 44 块，

用于 *LAI* 和高度计算的样地共计 33 块。地面调查同时记录了采样点的 GPS 坐标，以便将油菜地块的实测数据与雷达影像一一对应。在每次地面数据采集时，同时收集了样地的照片，用于记录油菜不同生长期的生长性状(图 6.3)

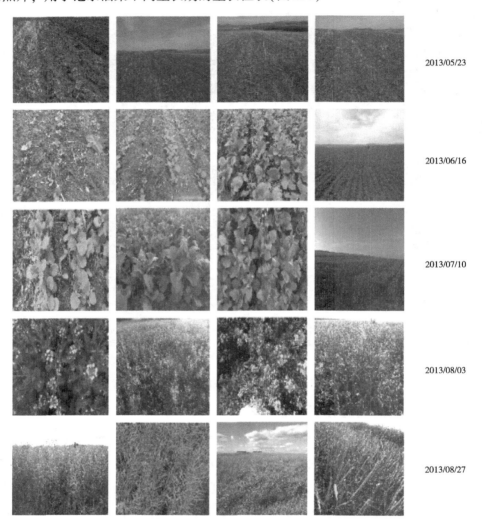

图 6.3　5 次卫星过境时地面油菜长势情况

6.1.2.3　其他辅助数据采集

试验还获取了研究区每地块的品种、面积、垄向和管理措施等数据，收集了气象、地形、土壤条件等资料。降雨和温度数据由安装在农场的自动气象站自动获取，5 次卫星过境前 7 天内累计的降雨量分别达到 6.4mm、45.3mm、73.8mm、180.2mm 和 4.4mm，具体的降雨信息如图 6.4 所示。研究区的地形数据为空间分辨率为 30m×30m 的 ASTER GDEM (图 6.5) 数据，ASTER GDEM 全称 Advanced Spaceborne Thermal Emission and Reflection Radiometer Global Digital Elevation Model，是通过星载热发射和反射辐射仪获取的全球数字高程模型，该数据的覆盖范围为 83°N~83°S 之间的所有陆地

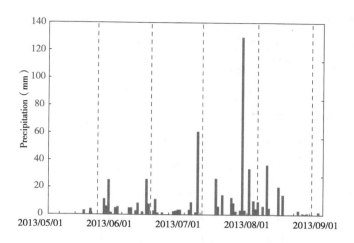

图 6.4　2013 年油菜整个生长期降雨信息

地区，占陆地表面面积的 99%。

图 6.5　上库力农场研究区地形信息

6.2　基于全极化 SAR 数据的作物长势参数反演

油菜是世界重要的油料作物，也是我国具有传统优势的重要油料作物。我国油菜种植面积和产量均占世界的 30% 左右。此外，菜籽是生物柴油的主要原料之一，而生物柴油是替代石化柴油的理想"绿色能源"之一，因此，促进油菜生产发展对保障我国国家食物安全、促进国家减排节能并在国际上争取更多的碳排量话语权具有重要意义。作物的高度是反映其生物量的主要参数，而生物量是构成其经济产量的基础，在较高的生物量基础上，通过合理的光合产物，作物即能获得高产。*LAI* 是衡量作物群体是否合理的重要栽培生理参数，一定时期内可反映群体光合势的大小，直接影响生物产量和经济产量（孙金英，2009）。近年来采用多种手段进行生物量、高度和 *LAI* 等作物长势参数反演已经成为作物产量估测的重要和有效手段之一。

全极化、干涉 SAR 技术的发展，使得采用 SAR 技术进行作物制图和参数反演的 SAR 信息从单一的后向散射系数拓展到极化参数、相干系数和相位。不少已有研究表明全极化数据在水稻监测中具有良好的应用前景。尽管全极化、干涉 SAR 数据在作物长势监测中具有很大优势，但其仍然存在数据下载速度、测绘带宽、能量消耗和天线技术等限制因素。为了克服这些因素的限制，一个新的雷达极化技术——简缩极化（CP）被提出（Raney et al.，2007）。目前部分研究将简缩极化 SAR 参数用于水稻物候期的反演，发现简缩极化参数在水稻物候期估测中的精度在一定条件下相当于全极化参数估测水平。全极化、简缩极化参数在作物制图、物候期估测中的研究近年来逐渐开展，但其在油菜生长参数反演中的研究还鲜有报道。本节拟全面探讨全极化参数在油菜主要生长参数——生物量、高度和 *LAI* 反演中的潜力。

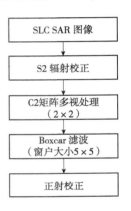

图 6.6 SAR 数据
处理流程

6.2.1 全极化数据预处理

获取的 Radarsat-2 全极化 SLC 数据包括 HH、HV、VH 和 VV 各极化实部（I）和虚部数据（Q），数据以 Tiff 格式存储。全极化 SAR 数据的处理流程如图 6.6 所示，数据处理时将该数据导入 PolSARPro 软件（Version 5.0，来自 ESA），获得散射矩阵 S_2（式 6.1），然后通过式 6.2 生成 C_3 矩阵，后向散射系数通过式 6.3 在 PolSARPro 软件中的 SNAP 模块完成。

$$S = \begin{bmatrix} S_{HH} & S_{HV} \\ S_{VH} & S_{VH} \end{bmatrix} = \begin{bmatrix} \dfrac{I_{HH}}{A} + i\dfrac{Q_{HH}}{A} & 0.5\left[\left(\dfrac{I_{HV}}{A}+i\dfrac{Q_{HV}}{A}\right)+\left(\dfrac{I_{VH}}{A}+i\dfrac{Q_{VH}}{A}\right)\right] \\ 0.5\left[\left(\dfrac{I_{HV}}{A}+i\dfrac{Q_{HV}}{A}\right)+\left(\dfrac{I_{VH}}{A}+i\dfrac{Q_{VH}}{A}\right)\right] & \dfrac{I_{VV}}{A}+i\dfrac{Q_{VV}}{A} \end{bmatrix}$$
$$(6.1)$$

$$C_3 = \begin{bmatrix} \dfrac{1}{4}\sum_{i=1}^{2}\sum_{j=1}^{2}\left[S_{HH_{i,j}}\right]^2 & \sqrt{2}\dfrac{1}{4}\sum_{i=1}^{2}\sum_{j=1}^{2}S_{HH_{i,j}}S_{HV_{i,j}}^* & \dfrac{1}{4}\sum_{i=1}^{2}\sum_{j=1}^{2}S_{HH_{i,j}}S_{VV_{i,j}}^* \\ \sqrt{2}\dfrac{1}{4}\sum_{i=1}^{2}\sum_{j=1}^{2}S_{HH_{i,j}}^*S_{HV_{i,j}} & 2\dfrac{1}{4}\sum_{i=1}^{2}\sum_{j=1}^{2}\left[S_{HV_{i,j}}\right]^2 & \sqrt{2}\dfrac{1}{4}\sum_{i=1}^{2}\sum_{j=1}^{2}S_{HV_{i,j}}S_{VV_{i,j}}^* \\ \dfrac{1}{4}\sum_{i=1}^{2}\sum_{j=1}^{2}S_{HH_{i,j}}^*S_{VV_{i,j}} & \sqrt{2}\dfrac{1}{4}\sum_{i=1}^{2}\sum_{j=1}^{2}S_{HV_{i,j}}^*S_{VV_{i,j}} & \dfrac{1}{4}\sum_{i=1}^{2}\sum_{j=1}^{2}\left[S_{VV_{i,j}}\right]^2 \end{bmatrix}$$
$$(6.2)$$

$$\sigma^0 = \frac{I^2+Q^2}{A^2}$$
$$(6.3)$$

式中：i 表示多视像元的个数；A 为有效散射单元面积。后向散射系数图像和 C_3 矩阵经过 5×5 的 Boxcar 滤波处理后，在 Mapreaday 软件中以 30m 的 ASTER GDEM 数据为基础进行了正射校正。

6.2.2　油菜生长参数的极化特征响应

在本研究中，共计 44 块地面调查样地用于油菜整个生长周期极化参数响应的敏感性分析，其响应方式通过这些极化参数同油菜播后天数的散点图来描述(图 6.7)，同时为了能定性的观察油菜生长状况与极化参数的敏感程度，油菜生物量、*LAI* 和高度与其

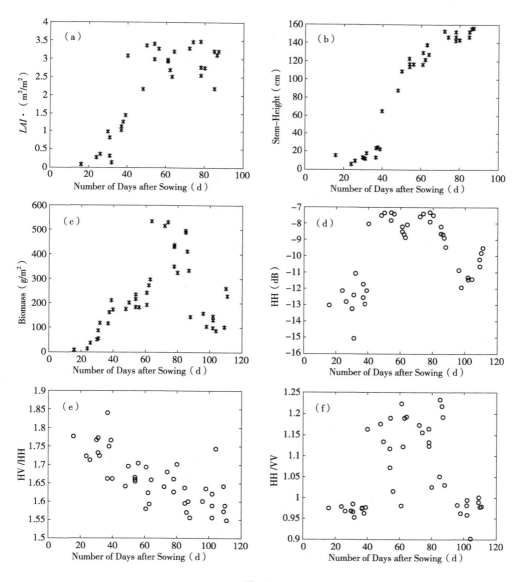

图 6.7

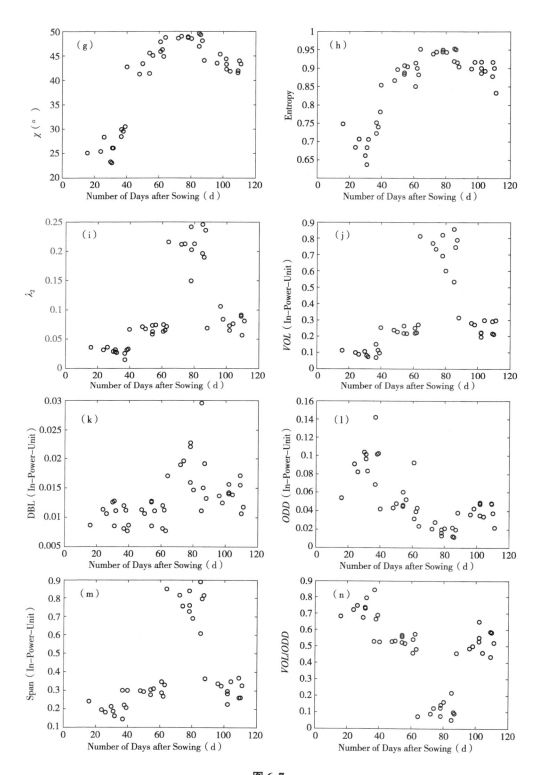

图 6.7

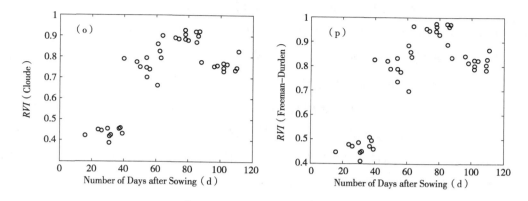

图6.7 油菜生长参数、极化参数在油菜整个生长期的动态变化

播后天数的动态变化情况也在图6.7中列出。本节中我们总共提取了27个全极化参数，图6.7中我们选取了部分具有代表性的极化特征参数来分析油菜整个生长周期极化特征对油菜各生长参数的动态响应情况。

6.2.2.1 全极化参数对生物量的敏感性分析

从图6.7a的散点图可以看出，在油菜播后21~65d，生物量呈现缓慢稳定增长趋势，在65~80d出现明显的快速跳跃，在播后65~80d出现一个峰值平台，说明这个阶段的油菜生物量达到峰值并停止了增长，这个阶段大概持续15d左右。播后80d后，生物量开始急剧下降，并在播后85d左右到收割前，生物量开始出现上下缓慢波动的状况，形成另外一个平台。从图6.7中可以发现多个全极化参数均与生物量动态变化趋势相似，这些参数包括σ_{HH}^0、σ_{HV}^0、σ_{VV}^0、散射角α、极化熵Entropy、Cloude分解中的特征值、体散射分量VOL、回波总和Span、植被指数RVI(Cloude)和RVI(Freeman)等。在这些参数中，λ_2、λ_3、和VOL与生物量整个生长期的动态变化趋势相似程度最高，λ_3表征代表占主导散射分量的特征值，VOL表征着体散射，这两个参数与油菜生物量高相似的动态变化规律说明油菜生长过程中体散射占主导，且对油菜的生物量的变化高度敏感。λ_2表征这次于λ_3的散射分量与生物量的相关性，其与生物量高相关的物理原因有待进一步探索。在Freeman-Durden分解中，偶次散射分量虽然大致趋势与生物量变化曲线相似，但并未表示出高度的相似性。

6.2.2.2 全极化参数对LAI的敏感性分析

图6.7b描述油菜整个生长期LAI随播后天数的动态变化规律，从图中可以看出，在播后45d时，LAI出现第一个峰值，但是在45~65d出现以明显的下降。播后45~60d，油菜冠层底部的大叶片开始萎缩凋零，同时茎秆生长速度加快，导致油菜群体单位体积上叶片变小变少。这个特点从地面LAI的实测中也以得到印证。在一块典型的油

菜地块中，*LAI* 该阶段从 3.6(41d)下降到 2.5(63d)。Span 和 *VOL* 在这期间的下降，λ_2 和 *ODD* 的升高，两种分解方法得到 *RVI* 的明显变化也可以得到解释。在播后 65d 左右 *LAI* 又开始快速的升高，到 80d 后又开始下降。在全极化提取的参数中，*RVI* (Freeman)、*RVI*(Cloude)、α、P2、P3、σ_{HH}^0、σ_{HV}^0 和 σ_{VV}^0 的后向散射系数等与 *LAI* 的动态变化趋势呈现出正相关，特别是 *RVI*(Freeman-Durden) 和 *RVI*(Cloude) 在油菜 4 个生长期中都呈现出较一致的变化趋势，显示出它们与 *LAI* 的高度敏感性。此外，*LAI* 和 α 参数变化的相似性可以由 HH 和 VV 的后向散射系数变化变化得到解释，根据文献 (Cloude，2009)可知散射角可以通过 HH+VV 与 HH-VV 比值的余切值来反应。α 的值在油菜生长的 P2，P3 和 P5 阶段都低于 45°，这说明虽然在油菜生长周期有二次散射机制出现，但是二次散射能量在总能量中相对较小，这可以从 DBL/Span 的值中得到确认。而在播后 45~60d 内，α 值大于 45°，说明在这期间二次散射出现了较强的二次散射。

6.2.2.3　全极化参数对油菜高度的敏感性分析

图 6.7c 描述了整个生长期油菜的高度随播后天数的动态变化规律。在油菜整个生长周期前段，高度呈现明显的单调增长趋势，在播后 80d 左右，高度出现"饱和"现象，保持在固定值不变。在播后 80d 以前，多个全极化参数表现出与高度相一致的动态变化趋势。在这些参数中，σ_{HH}^0、σ_{VV}^0 虽然都呈现出增长趋势，但是 σ_{HH}^0 的增幅明显高于 σ_{VV}^0 的增幅，这也与高度逐渐增长相一致。熵 Entropy 和散射角 α 与高度动态变化的高度一致性，说明了这两个参数对油菜高度变化的敏感性，这两个参数均反应地物的散射机制的变化，因此高度的变化是与油菜的散射机制的变化高度相关的。

6.2.3　油菜生长参数反演分析

6.2.3.1　油菜生物量反演

在本节中，27 个参数均用于线性、对数、二次多项式、幂函数、指数函数单因子回归的建模，建模共包括 44 个样本，其中 2/3 的样本用于模型建立，1/3 的样本用于模型验证。所建立模型的 R^2 由表 6.5 描述。对于 σ_{HH}^0、σ_{VV}^0、σ_{HV}^0，由于其值均为负值，所以无法用对数和幂函数建模，但是为了方便对比，我们采用其绝对值进行了建模。因为同样的原因，部分 *PDR* 参数在表 6.5 中没有表示，之所以没有给 *PDR* 取绝对值，是因为 *PDR* 不仅存在负值，而且存在正值，取绝对值建模会造成较大的误差。从表 6.5 可以看出，所建立的模型中，二次多项式模型的 R^2 明显高于其他模型。

表 6.5 生物量参数模型与各极化参数的相关性

极化参数	线性	对数	二次	幂	指数
RVI	0.0124	0.0123	0.0142	0.0185	0.0183
Anisotropy	0.0408	0.0585	0.1789	0.0427	0.0336
$DBL/$Span	0.3017	0.3627	0.5197	0.1912	0.1504
$\sigma^0_{HV}/\sigma^0_{VV}$	0.1753	0.1729	0.1895	0.175	0.1779
DBL	0.448	0.4365	0.4584	0.2389	0.2412
ODD	0.5841	0.6858	0.7271	0.4304	0.3713
$\sigma^0_{HV}/\sigma^0_{HH}$	0.4055	0.4059	0.4024	0.3911	0.3908
PDR	0.4735		0.4859		0.3937
$\sigma^0_{HH}/\sigma^0_{VV}$	0.4878	0.4937	0.5138	0.4438	0.4369
λ_1	0.6857	0.7044	0.7141	0.5135	0.4463
Span	0.8034	0.8155	0.8198	0.5076	0.4639
VOL/ODD	0.8034	0.8155	0.8198	0.5076	0.4639
λ_2	0.7984	0.7987	0.8334	0.5364	0.4768
VOL	0.8279	0.8337	0.8543	0.5844	0.4995
σ^0_{VV}	0.4443	0.4233	0.4581	0.4766	0.5003
λ_3	0.7838	0.859	0.8686	0.7165	0.5049
σ^0_{HV}	0.4812	0.4212	0.4813	0.4525	0.5225
P1	0.6863	0.71	0.7589	0.573	0.5678
P3	0.6922	0.6532	0.747	0.5667	0.5782
σ^0_{HH}	0.518	0.4666	0.535	0.5332	0.589
P2	0.6728	0.6303	0.8125	0.572	0.5946
PR	0.7104	0.657	0.8089	0.6124	0.6281
$ODD/$Span	0.7037	0.8209	0.8147	0.5821	0.6334
RVI(Cloude)	0.7159	0.6753	0.7974	0.6267	0.6344
RVI(Freeman)	0.7301	0.6872	0.8114	0.6349	0.6412
Entropy	0.7092	0.6867	0.8003	0.6435	0.6517
α	0.6873	0.6558	0.765	0.6793	0.6739

为了分析在油菜各个生长阶段所建立的模型参数对整个生长周期建立模型的可替代性,在油菜生长的 3 个主要阶段——P2、P3 和 P4 我们也分别建立了相应的反演模型。由于各个阶段的样本较少,每个阶段包括 11 个样本,同样的 1/3 用于验证,剩余的样本用于模型建模。研究结果表明:

在生物量 P2 阶段的估计模型中,除参数 λ_1,DBL 外,二次多项式模型的 R^2 都高于其他模型,在有些参数中,其值远远高出其他模型,如 σ^0_{HH}、σ^0_{VV}、σ^0_{HV} 和 RVI 等参数。相比整个生长期建模，P2 阶段模型的 R^2 的值明显偏低，模型 R^2 值较高的二次多项式模型中，R^2 大于 0.7 的参数仅有 6 个。在所有参与建模的参数中，VOL、λ_1、λ_2 和 λ_3 不同模型中的 R^2 均较高，均高于 0.5，最大值为 0.828。在线性建模中，R^2 最大的 3 个参数分别为 λ_1、λ_3 和 VOL；值为 0.7541、0.7249 和 0.7084，最小的 3 个参数为 PR、$\sigma_{HV}^0/\sigma_{HH}^0$ 和 P3，对应的值分别为 0.0004、0.0054 和 0.0088。对数模型中，R^2 最大的 3 个参数同样分别为 λ_1、λ_3 和 VOL，值分别为 0.7707、0.7546 和 0.7442；值最小的 3 个参数同样为 PR、$\sigma_{HV}^0/\sigma_{VV}^0$ 和 P3，值分别为 0.0012、0.0052 和 0.0075。二次多项式模型中，R^2 最大的 3 个参数为 λ_1、λ_2 和 VOL，其次为 λ_3，值分别为 0.828、0.8103、0.7682 和 0.7603。幂模型中，R^2 值最大的 3 个参数为 VOL、λ_1 和 λ_2，其次为 λ_3，值分别为 0.7075、0.694、0.6336 和 0.6062，值最小的 3 个参数为 DBL/Span，RVI 和 α，值分别为 0.0006、0.0007 和 0.001。指数模型中，R^2 值最大的 3 个参数为 VOL、λ_1 和 λ_2，其次为 Span 和 L3，值分别为 0.7079、0.6312、0.5653、0.5889 和 0.5496。值最小的 3 个参数为 RVI、PR 和 α，值分别为 0.0006、0.0013 和 0.0015。

在生物量 P3 阶段的估计模型中，除参数 λ_1、P1、P3 和 DBL/Span 外，二次多项式模型的 R^2 都高于其他模型，同 P2 阶段相似，在有些参数中，其值远远高出其他模型，如 σ_{HH}^0、σ_{VV}^0、σ_{HV}^0 和 RVI 等参数。相比整个生长期建模和 P2 阶段，P3 阶段模型的 R^2 值略低，模型 R^2 值较高的二次多项式模型中，R^2 大于 0.7 的参数有 4 个。在所有参与建模的参数中，$\sigma_{HV}^0/\sigma_{VV}^0$ 在不同模型中的 R^2 均较高，均高于 0.7，最大值为 0.8492。在线性建模中，R^2 最大的 3 个参数分别为 $\sigma_{HV}^0/\sigma_{VV}^0$，PDR 和 $\sigma_{HH}^0/\sigma_{VV}^0$；值为 0.848、0.6076 和 0.5756，最小的 3 个参数为 σ_{HV}^0、λ_2 和 λ_3，对应的值分别为 0.0005、0.0069 和 0.0169。对数模型中，R^2 最大的 3 个参数同样分别为 $\sigma_{HV}^0/\sigma_{VV}^0$、$\sigma_{HH}^0/\sigma_{VV}^0$ 和 Entropy，值分别为 0.8463、0.582 和 0.5294；值最小的 3 个参数为 σ_{HV}^0，λ_2 和 Anisotropy，其次为 λ_3，值分别为 0.0008、0.0044、0.011 和 0.0169。二次多项式模型中，R^2 最大的 3 个参数为 $\sigma_{HV}^0/\sigma_{VV}^0$，$RVI$ 和 VOL，其次为 Span，值分别为 0.8492、0.8395、0.7493 和 0.7093。最小的 3 个参数为 λ_3，DBL 和 P2。幂模型中，R^2 值最大的 3 个参数为 Entropy、$\sigma_{HV}^0/\sigma_{VV}^0$ 和 λ_1，值分别为 0.7584、0.7102 和 0.5433。值最小的 3 个参数为 Span、λ_3 和 λ_2，值分别为 0.0003、0.0009 和 0.0024。指数模型中，R^2 值最大的 3 个参数同样为 Entropy、$\sigma_{HV}^0/\sigma_{VV}^0$ 和 λ_1，值分别为 0.7544、0.7228，和 0.5528。值最小的 3 个参数同幂函数相同，为 Span、λ_3 和 λ_2，值分别为 0.0005、0.0008 和 0.0008。

在生物量 P4 阶段的估计模型中，除参数 σ_{HV}^0、RVI、λ_1、λ_2 和 DBL 外，二次多项式模型的 R^2 都高于其他模型，同 P2 和 P3 阶段相似，在有些参数中，其值远远高出其他模型，如 σ_{HH}^0、α、P1 和 DBL 等参数。相比整个生长期建模、P2 阶段和 P3 阶段建模，P4 阶段模型的 R^2 值略高于 P2 和 P3 阶段，模型 R^2 值较高的二次多项式模型中，R^2 大于 0.7 的增长至 8 个。在所有参与建模的参数中，$\sigma_{HH}^0/\sigma_{VV}^0$、Span、$PDR$ 和 RVI 在不同模型中的 R^2 均较高。在线性建模中，R^2 最大的 3 个参数分别为 PDR、$\sigma_{HH}^0/\sigma_{VV}^0$ 和 Span；值为 0.8108、0.8058 和 0.6998，最小的 3 个参数为 P1、α 和 λ_2，对应的值分别为 0.0031、0.0049 和 0.0067。对数模型中，R^2 最大的 3 个参数同样分别为 $\sigma_{HH}^0/\sigma_{VV}^0$、Span 和 RVI，值分别为 0.7972、0.7164 和 0.697；值最小的 3 个参数为 P1、α 和 λ_2，值分别为 0.0035、0.0049 和 0.0056。二次多项式模型中，R^2 最大的 3 个参数为 $\sigma_{HH}^0/\sigma_{VV}^0$、$PDR$ 和 VOL/ODD，其次为 Span，值分别为 0.8494、0.8479、0.8424 和 0.8197。最小的 3 个参数为 λ_2、σ_{HV}^0 和 α，值分别为 0.00125、0.0909 和 0.1338。幂模型中，R^2 值最大的 3 个参数为 RVI、λ_1 和 Span，值分别为 0.7256、0.6361 和 0.6228。值最小的 3 个参数为 DBL，RVI（Cloude）和 P2，值分别为 0.00001、0.0009 和 0.0111。指数模型中，R^2 值最大的 3 个参数同样为 RVI、Span 和 λ_1，值分别为 0.726、0.6214、和 0.6212。值最小的 3 个参数为 RVI（Cloude）、DBL 和 P1，值分别为 0.0007、0.0024 和 0.0116。

6.2.3.2　油菜 *LAI* 反演

表 6.6 描述了采用 5 个传统的经验回归模型进行 *LAI* 反演的各个模型的 R^2，*LAI* 样本总计有 33 个样本，2/3 用于建模，1/3 用于模型验证。如果进行各个阶段建模，样本较少，研究结果的确定性难以得到保障，因此本研究中仅以生物量为例做了分析，对于 *LAI* 和高度，都仅仅对油菜整个生长期进行了建模。在 *LAI* 建模过程中，对于全极化参数建立的所有经验模型中，二次多项式模型的 R^2 全部高于其他模型，基于二次多项式建立的模型中，R^2 大于 0.7 的参数有 16 个。而幂模型的 R^2 都相对较低，R^2 大于 0.6 的值为 6 个。

表 6.6　*LAI* 反演参数模型与各极化参数的相关性

极化参数	线性	对数	二次	幂	指数
Anisotropy	0.01	0.0075	0.0324	0.0015	0.0014
DBL	0.0032	0.0036	0.0075	0.0024	0.0015
RVI	0.0307	0.0309	0.0346	0.005	0.0049
DBL/Span	0.0988	0.0885	0.1077	0.0107	0.0136
λ_1	0.0475	0.0684	0.2376	0.1157	0.0808
ODD	0.3811	0.4152	0.4399	0.2206	0.1765
$\sigma_{VV}^0/\sigma_{HH}^0$	0.4084	0.4071	0.4089	0.3343	0.333
$\sigma_{HV}^0/\sigma_{VV}^0$	0.4097	0.4097	0.4098	0.3333	0.3335
PDR	0.532		0.5733		0.3892
$\sigma_{HH}^0/\sigma_{VV}^0$	0.576	0.5888	0.7004	0.4567	0.4462

（续）

极化参数	线性	对数	二次	幂	指数
Span	0.5908	0.58	0.5918	0.4579	0.4737
σ_{VV}^{0}	0.7749	0.7845	0.7942	0.5195	0.5086
P1	0.7448	0.7475	0.7511	0.519	0.5127
P2	0.7609	0.7521	0.7611	0.4972	0.5173
λ_2	0.7396	0.6779	0.7415	0.4505	0.5247
σ_{HH}^{0}	0.7916	0.819	0.8551	0.5529	0.5299
VOL/ODD	0.6253	0.6273	0.6336	0.5441	0.5385
σ_{HV}^{0}	0.7992	0.8188	0.8529	0.5584	0.5388
P3	0.7916	0.7826	0.7917	0.5259	0.5409
PR	0.8008	0.8116	0.8249	0.603	0.5968
Entropy	0.8313	0.8153	0.8684	0.5861	0.5996
VOL	0.8141	0.797	0.8156	0.6163	0.6228
ODD/Span	0.8216	0.7293	0.8547	0.5572	0.6322
RVI（Cloude）	0.8189	0.8394	0.8706	0.659	0.6361
RVI（Freeman）	0.8253	0.8431	0.8705	0.6698	0.6471
α	0.8254	0.8274	0.8335	0.6765	0.6693
λ_3	0.8301	0.7816	0.842	0.7044	0.6916

6.2.3.3 油菜高度反演

高度反演模型的相关性见表 6.7。在高度估测的 5 种经验模型中，二次多项式模型的 R^2 同样显示出优势，除 7 个参数外，其余 21 个参数构建模型的 R^2 中，二次多项式模型的值都高于其他模型。其中，二次多项式模型中，R^2 大于 0.8 的参数有 13 个，最高的值为 0.937，由 Entropy 获得。在所有参数中，α，Entropy，*RVI*（Cloude）和 *RVI*（Freeman）在所有估测模型中，R^2 都较高。另外，与其他两个生长参数相比，幂模型在高度估测中显示出明显的优势。在线性模型中，R^2 大于 0.8 的参数有 12 个，略低于二次多项式模型。

表 6.7　高度反演参数模型与各极化参数的相关性

极化参数	线性	对数	二次	幂	指数
DBL	0.0009	0.0013	0.0098	0.0061	0.0053
Anisotropy	0.008	0.0038	0.1463	0.0041	0.0078
λ_1	0.0001	0.0028	0.1671	0.0498	0.0334
RVI	0.1335	0.1337	0.1362	0.0887	0.0883
DBL/Span	0.1236	0.1188	0.1236	0.0819	0.0916
ODD	0.5039	0.5569	0.5827	0.5205	0.4566
$\sigma_{HV}^{0}/\sigma_{HH}^{0}$	0.5649	0.5687	0.5806	0.4674	0.4635
$\sigma_{HV}^{0}/\sigma_{VV}^{0}$	0.423	0.4233	0.4235	0.4677	0.4674

（续）

极化参数	线性	对数	二次	幂	指数
PDR	0.6037		0.6326		0.5849
$\sigma_{HH}^{0}/\sigma_{VV}^{0}$	0.626	0.6363	0.7013	0.6231	0.6128
Span	0.6836	0.6597	0.6868	0.7061	0.7274
VOL/ODD	0.6897	0.702	0.7153	0.748	0.7384
P3	0.7934	0.8006	0.8104	0.8006	0.7985
σ_{VV}^{0}	0.809	0.7952	0.8091	0.7972	0.8074
P1	0.7767	0.7735	0.7768	0.8041	0.8078
λ_2	0.854	0.7817	0.8607	0.7281	0.8164
σ_{HH}^{0}	0.8093	0.8159	0.8241	0.8312	0.8218
λ_3	0.7045	0.6769	0.7045	0.8099	0.822
σ_{HV}^{0}	0.8477	0.8501	0.8543	0.8513	0.8458
P2	0.872	0.8717	0.8742	0.8467	0.8477
PR	0.8747	0.8806	0.8855	0.8598	0.8533
RVI(Cloude)	0.8783	0.8878	0.895	0.8756	0.863
$ODD/$Span	0.8784	0.8137	0.8897	0.7912	0.8673
RVI(Freeman)	0.88	0.8871	0.8929	0.8834	0.873
VOL	0.8656	0.8414	0.8658	0.8628	0.8774
Entropy	0.8881	0.8698	0.937	0.9104	0.9204
α	0.9259	0.9056	0.9368	0.9188	0.924

6.2.3.4 各模型的建立及其反演结果精度评价

根据前三节的分析，我们选取 R^2 最高的 3 个极化参数的二次多项式模型及这 3 个参数对应其他 R^2 最高的模型分别进行待估参数的建模及模型精度评价，表 6.8 描述了油菜整个生长期的生物量、LAI 和高度建立的模型及其精度，表 6.9 描述了油菜 P2、P3 和 P4 三个生长阶段生物量反演模型及其精度评价，表 6.10 描述采用最优模型进行交叉验证后的估测结果精度评价。

表 6.8　油菜整个生长期的生物量、LAI 和高度建立的模型及其精度

待估参数	极化参数	模型	R^2	$RMSE$
	λ_2	$y=-8546.8x^2+3979.7x-14.135$	0.8334	130.43
	λ_3	$y=-19119x^2+6194.3x-49.17$	0.8686	118.4
	VOL	$y=-590.51x^2+1043.5x-0.275$	0.8543	109.93
Biomass	λ_2	$y=172.78\ln(x)+738.29$	0.859	116
	λ_3	$y=168.96\ln(x)+690.73$	0.7987	140.9
	VOL	$y=168.69\ln(x)+482.43$	0.8337	129.07

（续）

待估参数	极化参数	模型	R^2	RMSE
LAI	Entropy	$y = 43.251x^2 - 55.91x + 18.567$	0.8684	1.38
	RVI(Cloude)	$y = -22.106x^2 + 33.756x - 9.7948$	0.8706	0.56
	RVI(Freeman)	$y = -20.642x^2 + 33.052x - 10.154$	0.8705	0.65
	Entropy	$y = 12.285x - 7.93$	0.8313	0.74
	RVI(Cloude)	$y = 4.0173\ln(x) + 4.0788$	0.8394	0.77
	RVI(Freeman)	$y = 4.1238\ln(x) + 3.9156$	0.8431	0.8
Stem Height	α	$y = 0.1306x^2 - 3.7836x + 22.944$	0.937	11.09
	Entropy	$y = 1995.5x^2 - 2636.4x + 879.22$	0.937	27.81
	RVI(Cloude)	$y = -505.47x^2 + 897.52x - 278.72$	0.895	30.06
	α	$y = 5.4531x - 129.92$	0.9259	15.5
	Entropy	$y = 0.0056e^{11.105x}$	0.9204	59.7
	RVI(Cloude)	$y = 165.95\ln(x) + 154.8$	0.8878	13.83

表 6.9 油菜关键生长期生物量建立的模型及其精度

生长阶段	极化参数	模型	R^2	RMSE
P2	VOL	$y = 87839x^2 - 18387x + 980.31$	0.828	139.8
	λ_1	$y = 176.89\ln(x) + 405.62$	0.7707	74.32
	VOL	$y = -219.9\ln(x) - 479.95$	0.7442	169.71
	λ_1	$y = 1185.7x - 111.37$	0.7541	88.46
P3	λ_2	$y = 306851x^2 - 44149x + 1769.3$	0.834	87.59
	ODD	$y = 37643x^2 - 1090.6x + 160.24$	0.5633	145.72
	λ_2	$y = -228\ln(x) - 419.45$	0.7307	87.89
	ODD	$y = 2769.8x + 62.929$	0.5604	239.58
P4	$\sigma^0_{HH}/\sigma^0_{VV}$	$y = 7586.9x^2 - 15517x + 8260$	0.7038	218.83
	PDR	$y = 2839x + 334.32$	0.7823	162.14

表 6.10 反演结果精度评价

生长参数	极化参数	R^2	RMSE
生物量	VOL	0.77	59.40g/m^2
高度	α	0.952	11.34cm
LAI	RVI(Cloude)	0.896	0.54

6.2.4 油菜生长参数制图

在上述建立的油菜生长参数反演模型中，选取 RMSE 最低的模型进行油菜生物量、LAI 和高度反演，反演结果采用 ArcGIS 进行制图，然后以地面调查数据为基础进行了制图误差分析。

6.2.4.1　油菜生物量制图

我们选取了 $y=-590.51x^2+1043.5x-0.275$ 进行油菜整个生长期的生物量的反演，$y=176.89\ln(x)+405.62$ 进行 P2 阶段生物量的反演，$y=306851x^2-44149x+1769.3$ 进行 P3 阶段生物量的反演，$y=2839x+334.32$ 进行 P4 阶段生物量的反演。制图结果如图 6.8 所示，误差分析结果见表 6.11。从误差分析结果可知，基于整个生长期建立的模型在 P2 阶段的误差较大，在 P3 和 P4 阶段的误差相对较小，在各个生长阶段建立的反演模型中，同样 P2 阶段的估测误差较大，P3 和 P4 精度较高。这个结果同作物生长、模型建立特征及作物的固碳能力相一致。在 P2 生长阶段，油菜回波散射中，地表土壤散射仍然占主导成分，因此 P2 阶段建立的模型估算误差较高，但是针对整个生长阶段建立的模型由于经过后期数据的中和，误差相对较小。而在 P3 和 P4 阶段，SAR 信号主要由油菜散射主导，特别是 C 波段波长较短，在植被密集的地方穿透能力有限，导致在该阶段建立的模型相比整个阶段建立的模型来讲，误差较低，反演结果更好。在 P3 和 P4 两个阶段的反演模型中，P3 阶段表现出更好的反演精度，误差小于 $25g/m^2$ 的地块占 72.7%，这个原因可以从农作物固碳的生理特性得到肯定，油菜生长到 P3 阶段，其通过光合作用进行固碳的已经基本饱和，这也是农业上经常用这个阶段的生物量来进行产量估测的主要原因。因此在没有覆盖整个生长周期的影像时，可以获取该阶段的影像来估测生物量，进而获得更准确的作物产量估测，该结果与估测结果的误差精度评价结果相一致。

表 6.11　油菜生物量估测误差评价

误差范围 (g/m^2)	日　期					
	2013/06/16(P2)(%)		2013/07/10(P3)(%)		2013/08/03(P4)(%)	
	整个周期	单个阶段	整个周期	单个阶段	整个周期	单个阶段
0~25	36.3	0.18	45.5	72.7	0	36.3
25~50	36.3	0.09	27.3	18.2	36.3	18.2
50~100	9.1	27.3	0	9.1	27.3	18.2
>100	18.2	45.5	27.3	9.1	36.3	27.3

6.2.4.2　油菜 *LAI* 制图

通过建立的整个生长期 *LAI* 反演模型分别反演的 P2、P3 和 P4 阶段的制图结果如图 6.9 所示，底图为用于反演的 SAR 参数图像。该结果采用 $y=-22.106x^2+33.756x-9.7948$ 反演得出，采用 SAR 参数为 *RVI*(Cloude)，该参数又称为雷达植被指数，对地表植被覆盖变化敏感。反演的误差结果见表 6.12。从表中可以看出该参数在油菜 3 个生长期的反演精度都较好，误差在 0~0.5 之间的地块都占到了 45.5% 以上，特别是在 P1 阶段，达到了 63.6% 以上。其在 P4 阶段在 0.2~0.5 水平误差相对较大的原因可能是由于这个阶段油菜开始不断的拔高，偶次散射能量明显增大，导致 *RVI*(Cloude)未正确反应这部分植被性状变化与 *LAI* 变化的关系，这个可以从 α 和 *DBL* 等值的动态变化得到确认。

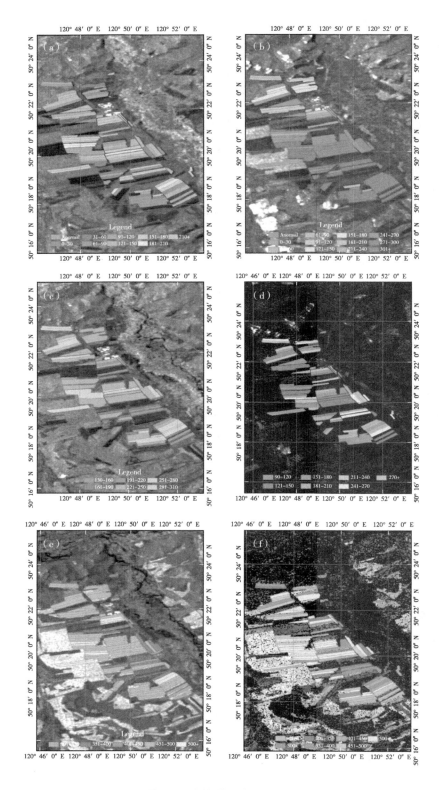

图 6.8　生物量反演结果制图

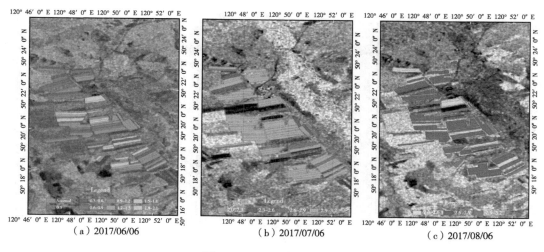

（a）2017/06/06 （b）2017/07/06 （c）2017/08/06

图 6.9 *LAI* 反演结果制图

表 6.12 油菜 *LAI* 估测误差评价   单位:%

误差范围 (g/m²)	日 期		
	2013/06/16	2013/07/10	2013/08/03
0~0.2	36.4	36.4	18.2
0.2~0.5	18.2	9.0	45.5
0.5~1	36.4	45.5	27.3
1~1.5	9.0	9.0	9.0

6.2.4.3 油菜高度制图

高度制图采用 $y = 0.1306x^2 - 3.7836x + 22.944$ 反演结果(图 6.10),误差分析见表 6.13。相比油菜的生物量、*LAI* 的反演结果,高度的反演结果在 3 个阶段的反演精度均较高,在 0~10 的误差水平中,P2 和 P3 阶段的地块占到 63.6%,而 P4 中占到 45.5%。反演模型的 SAR 参数为 α,α 表征散射机制的变化,该参数对高度反演的高精度说明在油菜生长过程中,高度的变化直接影响其散射机制的变化。造成 P4 阶段相对较高误差的原因可能是由于这个生长阶段体散射为机制主导机制,但同时由于油菜茎秆较高,又有一定比例的二次散射。

表 6.13 油菜高度估测误差评价   单位:%

误差范围 (g/m²)	日 期		
	2013/06/16	2013/07/10	2013/08/03
0~10	63.6	63.6	45.5
10~20	9.0	18.2	27.3
20~30	9.0	9.0	18.2
30~40	18.2	9.0	9.0

（a）2017/06/06   （b）2017/07/06   （c）2017/08/06

图 6.10　高度反演结果制图

6.3　基于简缩极化数据的油菜长势参数反演

尽管全极化 SAR 数据在作物长势监测中具有很大优势，但其仍然存在数据下载速度、测绘带宽、能量消耗和天线技术等限制因素。为了克服这些因素的限制，一个新的雷达极化技术——简缩极化（CP）被提出。与全极化 SAR 系统不同，简缩极化 SAR 系统只发射一个方向的电磁波，且接收两个方向的回波信号，发射或接收的电磁波为圆极化或线极化电磁波，它不仅能够解决全极化 SAR 系统具有的下载速度慢、幅宽低、能量消耗大、成本高等问题，还能在一定程度上保持全极化系统的极化能力。目前简缩极化又 3 种主要模式，即：π/4 模式、DCP 模式和 CTLR 模式。从第 3 章 3.4 节可知，目前 CTLR 模式和 DCP 模式在描述地物时优于 π/4 模式，其物理原因是因为 π/4 模式无法提取具有与入射场正交的的线状地物，而这类地物在现实世界中较多；并且 DCP 模式和 CTLR 模式可以通过线性变化等同，但是由于 CTLR 模式采用垂直和水平极化接收更能直接的反应生活中的大多数地表特征。因此本研究中以 CTLR 模式简缩极化为例分析油菜对其敏感性。但是为了保证分析的全面性，在后向散射系数的分析中，本研究也提取了 DCP 模式的后向散射系数（σ_{RR}^0 和 σ_{LL}^0）。

6.3.1　简缩极化数据模拟

本节的 CP 模式数据同样以 Radarsat-2 全极化数据为基础，其模拟过程如下：首先，圆极化发射正交极化接收可以通过全极化数据的 S 矩阵与对应的琼斯矩阵相乘获得，即发射的右圆极化可以通过式 6.1 来获得：

$$E_R = [S]R \qquad (6.4a)$$

$$[S] = \begin{bmatrix} S_{HH} & S_{HV} \\ S_{VH} & S_{VV} \end{bmatrix}, \quad R = \frac{1}{\sqrt{2}} \begin{bmatrix} 1 \\ -j \end{bmatrix} \tag{6.4b}$$

对应的 H 和 V 分量可以表示为：

$$E_H = \begin{bmatrix} 1 & 0 \end{bmatrix} E_R = 1/\sqrt{2}\,(S_{HH} - jS_{HV}) \tag{6.5a}$$

$$E_V = \begin{bmatrix} 0 & 1 \end{bmatrix} E_R = 1/\sqrt{2}\,(S_{HV} - jS_{VV}) \tag{6.5b}$$

简缩极化对应的 4 个琼斯矢量的几个元素（J_{11}，J_{12}，J_{21}，J_{22}）可以由 E_H，E_V 通过式 6.6 计算获得：

$$J_{11} = 1/2\,(\,|S_{HH}|^2 + |S_{HV}|^2 + jS_{HH}S_{HV}^* - jS_{HV}S_{HH}^*) \tag{6.6a}$$

$$J_{12} = 1/2(\langle S_{HH}S_{HV}^* \rangle - \langle S_{HV}S_{HH}^* \rangle - j\langle\,|S_{HV}|^2 \rangle - j\langle S_{HH}S_{VV}^* \rangle) \tag{6.6b}$$

$$J_{21} = J_{12}^* \tag{6.6c}$$

$$J_{22} = 1/2(\langle\,|S_{VV}|^2 \rangle + \langle\,|S_{HV}|^2 \rangle + j\langle S_{VV}S_{HV}^* \rangle - j\langle S_{HV}S_{VV}^* \rangle) \tag{6.6d}$$

因此，CTRL 简缩极化模式的斯托克斯矢量的 4 个元素（g_0，g_1，g_2，g_3）可以表示为式 6.7：

$$g_0 = J_{11} + J_{22} \tag{6.7a}$$

$$g_1 = J_{11} - J_{22} \tag{6.7b}$$

$$g_2 = \mathrm{Re}\{\langle S_{HH}S_{HV}^* \rangle + \langle S_{HV}S_{VV}^* \rangle\} - \mathrm{Im}\langle S_{HH}S_{VV}^* \rangle \tag{6.7c}$$

$$g_3 = -\mathrm{Im}\{\langle S_{HH}S_{HV}^* \rangle - \langle S_{HV}S_{VV}^* \rangle\} - \mathrm{Re}\langle S_{HH}S_{VV} \rangle + \langle\,|S_{HV}|^2 \rangle \tag{6.7d}$$

如果将全极化 C3 矩阵中的要素代替式 6.7 中的要素，则可以采用全极化数据来模拟生成简缩极化数据。

$$g_0 = 1/2C_{11} + 1/2C_{32} + 1/2C_{33} + (1/\sqrt{2})\mathrm{Im}C_{12} - (1/\sqrt{2})\mathrm{Im}C_{23} \tag{6.8a}$$

$$g_1 = 1/2C_{11} - 1/2C_{33} + 1/2C_{33} + (1/\sqrt{2})\mathrm{Im}C_{12} - (1/\sqrt{2})\mathrm{Im}C_{23} \tag{6.8b}$$

$$g_2 = (1/\sqrt{2})\mathrm{Re}C_{12} + (1/\sqrt{2})\mathrm{Re}C_{23} + \mathrm{Im}C_{13} \tag{6.8c}$$

$$g_3 = (1/\sqrt{2})\mathrm{Im}C_{12} - (1/\sqrt{2})\mathrm{Im}C_{23} + \mathrm{Re}C_{13} - \mathrm{Im}C_{22} \tag{6.8d}$$

具体的推导过程读者可以参考文献（Raney，2007）。从式 6.8 可以看出，尽管简缩几乎可以由全极化模拟获得，但是其只包含了部分极化信息，并且全极化的协方差矩阵是 4 维矩阵，而简缩极化的协方差矩阵仅为两维矩阵。

6.3.2 油菜生长参数的简缩极化特征响应

根据各类参数表示物理意义不同，我们把简缩极化参数划分为四类，即描述散射波特征的斯托克斯参数，以斯托克斯参数为基础推导出的一系列子参数、描述地物后向散射能量的后向散射系数参数和描述地物散射极化特征的极化分解参数。接下来我们将结合 4 类参数分析简缩极化参数对油菜生长参数的响应方式。

6.3.2.1　斯托克斯参数

从图 6.11 中可以看出，g_0 随播后日期的动态变化曲线与全极化数据中的 Span 参数几乎一致，该结果与文献(杨浩，2015)的结果基本一致。图中可以看出在 P1 阶段，最小值为 0.05。在整个 P1 阶段中，大部分的油菜地块还未播种或者刚刚播种，即使出苗的油菜其叶片也远远小于 C 波段波长(5cm)，因此散射回波能量主要来自于地表土壤的反射，散射强度受到土壤粗糙度和含水量的影响。从图 6.11 中也可看出，在 P1 阶段，即在幼苗完全长出前，回波能量比较稳定，这个状态一直持续到 P2 阶段末。随着幼苗的叶子逐渐长大，P2 阶段的反射能量出现了缓慢的增长。当油菜生长到 P3 阶段，散射能量开始呈现缓慢的增长，这是由于这个阶段油菜冠层的大叶片开始凋零，而茎秆开始快速抽高，导致整个油菜的含水量出现了降低的现象，这个现象从 LAI 地面调查数据中也得到了一致的结论(一个典型地块的 LAI 从 3.6 下降到 2.5)。在 P4 阶段，散点出现了明显的跳跃，最高值为 0.4，这是由于在这个阶段油菜开始结荚，因此开始呈现出很强的体散射，同时增高的茎秆也开始呈现较强二次散射。另外，根据样地区的降水资料，这段时间出现了强降水，这个也引起了散射能量大幅增加。降水引起的强后向散射在已有文献中也有报道。g_0 的动态变化趋势与油菜生物量随播后天数的动态变化趋势非常接近。g_1 在 P1 阶段的值几乎为 0，在 P2 阶段开始缓慢增长，在 P3 阶段末达到最大值。其物理原因可以从文献

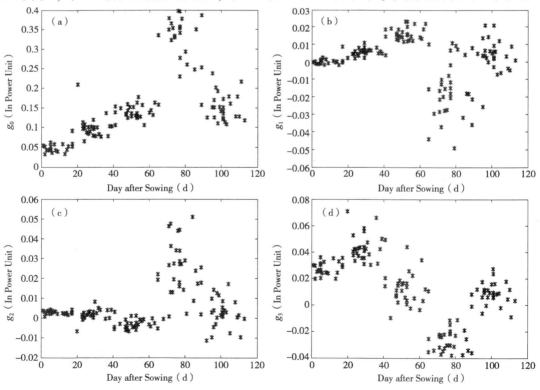

图 6.11　油菜整个生长周期 Stokes 参数动态变化

（Raney，2007）对 HH 和 VV 极化后向散射能量的变化分析中得到解释。在 P1 阶段初期 HH 和 VV 基本相同，在出苗后，油菜散射的 HH 略低于 VV，但是由于这时土壤散射仍然占主导优势，因此在图中并未出现明显的负值。在 P2 阶段，由于油菜逐渐增高，渐渐出现了径向的散射，导致 VV 逐渐减小，在 P3 阶段降到最低。在 P4 阶段，出现了明显下降并出现了负值，说明体散射增加，导致去极化效果，并且对 HH 的去极化效果略高于 VV，另外油菜的倒伏也会导致 HH 小于 VV。P5 阶段由于部分油菜已经收割，因此在散射值呈现在 0 值附近波段。比较图 6.11c 和图 6.11d 可知，在 P1 到 P3 阶段，g_2 的值为 0，说明 HH 和 VV 的相位差在 90° 附近波动，油菜的散射波几乎为圆极化，从 g_3 可知圆极化为左旋极化，即在庞加莱球的北半部分。而 P4 阶段，g_2 开始大于 0，说明该阶段出现 45° 线性散射机制，HH 和 VV 的相位差大于 0，即尽管 P3 阶段出现了明显的二次散射，但是表面散射强度仍然占优。而 g_3 小于 0，说明这时回波散射的极化为右旋极化。在 P5 阶段，g_3 在 0 值范围波动，说明此时出现明显的线性散射回波，这与 g_2 描述的相一致。这些信息可以用于油菜生长期的划分。

6.3.2.2　斯托克斯子参数

极化度 m、相位角 δ、圆极化度 U_c 和线极化度 P_c 等在已有的农作物制图和农作物监测中具有重要作用，在本文中这些参数首次被用于作物生长参数的反演。图 6.12 描述了这些斯托克斯子参数随油菜播后天数的动态变化情况。由于极化度 m 和去极化度 $1-m$ 趋势相反，这里仅以 m 为例加以分析，同样的情况还存在与 P_l 和 P_c 之间。m 相当于全极化数据的散射熵，即代表去极化程度。P1 到 P2 阶段，m 值从 0.7 下降到 0.4 左右，说明 P1 和 P2 阶段有没有明显主导的散射类型，而 α 的值在 10° 左右，说明这时候的表面散射机制占主导地位。P3 到 P5 阶段，m 降低到 0.2~0.3 之间，说明该区间有明显的散射机制类型，根据 α 可知在 P4 阶段的主要散射类型为二次散射，而 P5 阶段主要为混合散射类型。而 δ 在 P1 和 P2 之间居于 90° 左右也说明了该阶段垂直和水平散射强度相当，说明该阶段应当是表面散射占主导地面。此外，m 的变化与全极化数据中熵 H 的变化也有明显的不同，m 和 α 及全极化熵 H 描述的矛盾有待进一步探讨，但这里的结果可以部分说明地表散射中植被散射不是唯一的去极化的原因。δ 在 P3 和 P4 阶段的负值说明了该生长阶段较强的二面角散射机制，P5 阶段的正值说明一定强度的表面散射。P1 到 P4 阶段 P_l 的逐渐降低说明圆极化的逐渐下降和对应的线性极化的逐渐升高，但是在 P2 阶段开始线性极化的强度开始远远大于圆极化的强度，标志着在 P2 阶段开始油菜开始生长，造成线极化和圆极化分量的变化。在整个油菜生长周期，U_c 呈现无规律的波动，P_c 出现先降后增的现象，在油菜生长阶段区分中这两个参数没有体现出明显的优势。

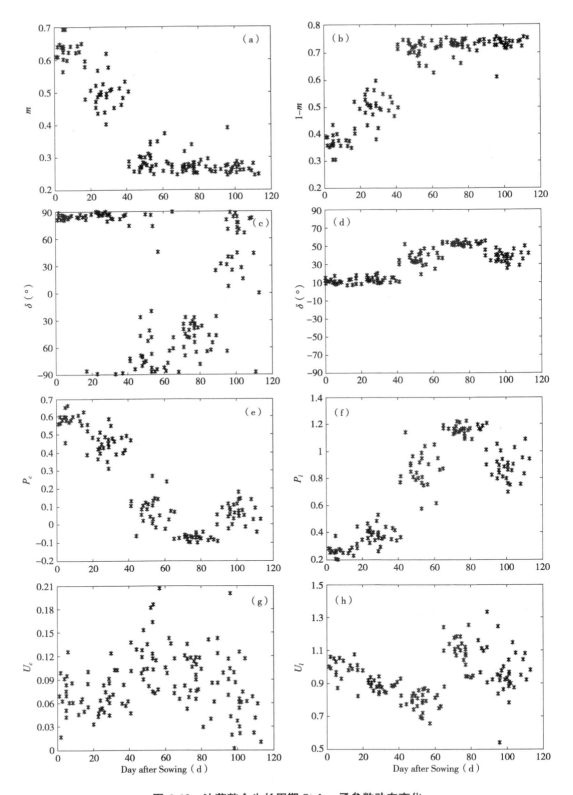

图 6.12 油菜整个生长周期 Stokes 子参数动态变化

6.2.3.3　后向散射系数

采用后向散射系数来进行油菜生长参数的分析在已有文献中非常多见，这里将这些参数列出，仅用于与其他简缩极化参数做比较（Bouvet，2009；Larranaga，2013）因此仅以 4 个相关参数作为示例加以分析。从图 6.13 可以看出，σ^0_{RL} 和 σ^0_{RV} 在 P1 到 P2 阶段中呈现缓慢增长，而在 P3 阶段呈现明显的缓慢下降，这与部分全极化的后向散射系数趋势基本一致。然后 P4 阶段后向散射系数达到峰值，在 P5 阶段中又缓慢下降。$\sigma^0_{RV}/\sigma^0_{RH}$ 和 $\sigma^0_{RL}/\sigma^0_{RR}$ 可以通过 $\sigma^0_{HH}/\sigma^0_{VV}$ 的变化加以解释。

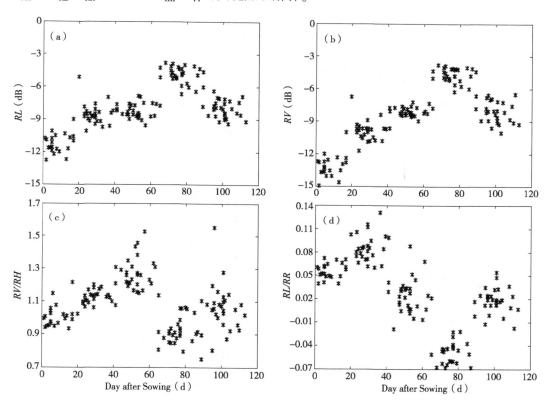

图 6.13　油菜整个生长周期后向散射系数动态变化

6.2.3.4　极化分解参数

m-δ 和 m-α 分解经常被用于油菜生物量的反演（Raney，2007），这里我们更强调的是对比这两种分解方法在油菜生物量、*LAI* 和高度反演中的敏感性。图 6.14 描述了以这两类分解为基础的各个简缩极化参数随油菜播后天数的动态变化情况。在以往的研究中，散射分量与总能量的比值对油菜整个生长周期比较敏感，因此在本文中将分解结果的各分量的比值也进行了计算。如图 6.14d 描述了体散射与表面散射和二次散射和的比值，图 6.14(f) 描述了二次散射与总能量的比值，图 6.14(g) 描述表面散射与总能量的比值。由于体散射与总能量的比值与极化度 m 一致，因此在这里不再做进一步分析。图 6.14a 和图 6.14b 分别描述了 m-δ 分解的表面散射与二次散射随油菜生长的动态变化情

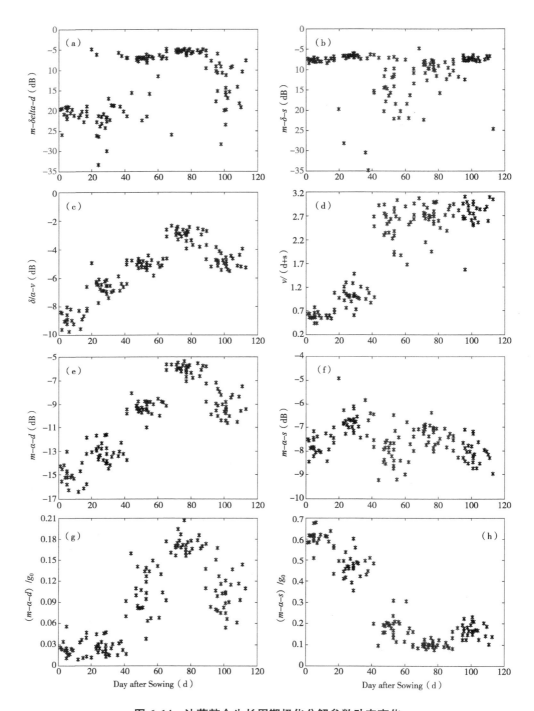

图 6.14 油菜整个生长周期极化分解参数动态变化

况，而图 6.14e 和图 6.14f 描述了 m-α 分解的表面散射与二次散射随油菜生长的动态变化情况，两者对比可以看出，基于 m-α 分解描述的表面散射与二次散射可以更好地描述油菜整个生长周期散射能量的动态变化情况，因此在这里列出的各个散射能量与总能量的比值均以 m-α 分解的分量为基础进行计算。从图 6.14c~e 的对比分析中可以发现，二次散射和体散在油菜生长的 P1 到 P4 阶段均呈现稳步增长，但是体散射和表面散射的基础值较高，二次散射的基础值偏低。此外体散射和二次散射的增长幅度基本一致，但表面散射在整个油菜生长阶段的增长均不明显。这与全极化 3 种散射机制在油菜整个生长期的动态变化趋势略有不同，在全极化数据中，表面散射在整个油菜生长周期呈现明显的下降趋势。在全极化数据中，基于 Freeman-Durden 分解的体散射分量在整个生长周期占主导地位，在 P1~P3 阶段缓慢增高，P4 阶段剧烈增高，P5 阶段下降，而表面散射机制在 P1~P4 阶段逐渐下降，并且能量值明显低于体散射，二面角散射的能量值在整个油菜生长周期都比较弱，仅仅在 P3 和 P4 阶段出现了明显的升高。有 Cloude-Pottier 分解中，代表不同散射特征能量级别的三个特征值在油菜整个生长期的动态变化趋势基本相同，但是仅有一种散射机制占主导优势，另外两种散射机制能量基本相等，但都明显的小于第一种散射机制。这个现象与反熵 A 反应的现象一致。几个散射分量的比值说明体散射与其他两个散射分量的能量相比，在 P1 和 P2 阶段占劣势，但是在 P3 到 P5 阶段占明显的优势。这与全极化 Freeman-Durden 分解的情况相略有差别。

6.3.3　基于随机森林(RF)油菜生长参数反演及精度评价

本节探索了随机森林算法在基于简缩极化参数油菜生长参数反演中的可行性。研究的出发点是基于目前在农作物生长参数反演中，多以参数模型为主，而非参数模型的适用性和可行性并未得到全面的探索。在随机森林反演过程中，回归树通过 RMSE 区域稳定时候的数值来确定，在本研究 ntree 的值是 500，对于反演中单个树的 ntry 的值为 8，即随机选取其中 1/3 的参数进行训练。在上一节油菜生长参数敏感性分析中，我们可以得知，像 g_0，g_3，P_c 和 U_c 等这些参数与油菜的生长参数变化敏感，同时在随机森林参数重要性排序中也表现出较高的重要性(图 6.15)，当然，也有部分参数比如 g_2 和 δ 用于生物量反演，m 和 α 用于高度反演，g_2 和 $m-\alpha-s$ 用于 LAI 反演，并未显示出明显的相关性，但是其重要性值也较高，这可能是由 RF 模型参数选择时总和考虑与其他参数的关系，而并非像回归分析时仅考虑单参数的影响导致的。这也同样说明了很难对 RF 构建的模型进行物理解释的原因。如同全极化参数反演油菜生长参数一致，101 块油菜地根据播后日期分成了 44 组用于生物量反演，33 组用于 LAI 和高度反演，反演中大概 2/3 用来模型建立，剩下 1/3 用来预测和验证。我们用估测值和真实值之间的 R^2 和 RMSE 值来进行精度评价。为了比较 RF 的反演效果，我们同时采用了全极化参数反演中的 5 种模型进行了反演，并把经验模型中最佳模型的反演结果与 RF 的反演结果进行了比较。对于油菜生物量反演的最佳参数是 g_2，LAI 和高度为 U_c，参数反演模型如图 6.16 所示，两者的结果比较见表 6.14。在建模过程中，模型的重要性水平为 $P<0.001$。

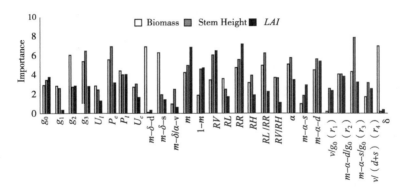

图 6.15　简缩极化参数重要性排序

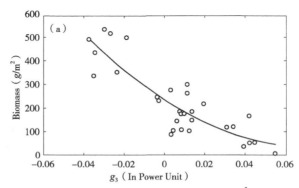

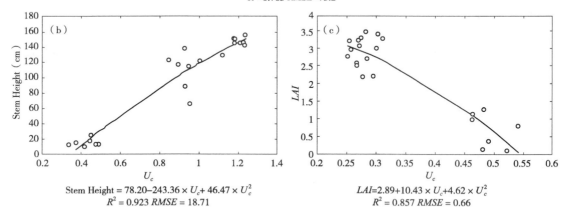

图 6.16　参数模型油菜生长参数估测结果

表 6.14　随机森林估测结果与参数回归模型估测结果对比

生长参数	RF-R^2	RF-$RMSE$	R^2	$RMSE$
生物量	0.93	46.24g/m^2	0.765	73.20g/m^2
株高	0.95	13.5cm	0.923	18.71cm
LAI	0.96	0.25	0.857	0.66

6.4 基于 Stokes 参数的油菜物候期监测

Stokes 参数于 1852 年提出，用于偏振光的研究，在部分极化波的分析中具有重要意义。目前 Stokes 参数多应用于紧致极化参数的提取和分析。Lopez et al. （2012；2014）将 CP SAR 的 Stokes 矢量用于水稻物候期的反演，研究发现在一定条件下紧致极化的 Stokes 参数在水稻物候期估测中的精度相当于全极化参数估测水平。张亚红（2017）将 Stokes 参数（极化度、散射熵、总散射功率、特征值等）用于油菜长势参数反演的研究中，发现在多元回归模型反演中，Stokes 参数模型的相关性最高，其结果在部分模型、部分参数中的反演精度可高于全极化参数和紧致极化参数，该结果也表明了 Stokes 参数在农作物长势参数反演中的优越性。杨知基于 CP SAR 数据提取的参数占优散射角、RH 与 RV 极化通道间的相位差、一致性系数等较好地识别出两种水稻田的 7 个物候期，大部分物候期识别精度在 90% 左右，在乳熟期、蜡熟期和完熟期阶段识别精度较低（83% 左右）。这证明 CP SAR 数据在作物监测及作物物候期识别中具有很大的潜力，极大地拓展了 CP SAR 数据和 Stokes 参数在农情监测方面的应用。

由于 CP SAR 还处于理论研究和论证阶段，在系统设计、数据处理和应用研究等层面上，都没有全极化 SAR 深入。目前，CP SAR 的应用还非常有限，与传统全极化、双极化的应用效果相比也需要下一步的分析，因此还需进行更多的研究证实。此外，以 CP SAR 数据为基础的 Stokes 参数提取中，仅采用一种模式的 Stokes 参数计算方式，计算结果对于 Stokes 参数的适用性研究还不够完整。Shang et al. （2015）提出了平均 Stokes 参数的概念，选择具有代表性的 3 种入射模式计算平均的 Stokes 参数，并将结果应用于 SAR 图像分类中，取得了优于目前极化分解方法分类的结果，该研究表明，计算平均 Stokes 参数，具有更大的应用潜力。本节以平均 Stokes 参数进行油菜物候期的监测研究。

6.4.1 Stokes 参数的获取及计算

在全极化卫星系统监测中，影像的每个像元可以用 2×2 复散射矩阵 S（式 6.9）表示，

$$S = \begin{bmatrix} S_{HH} & S_{HV} \\ S_{VH} & S_{VV} \end{bmatrix} \tag{6.9}$$

式中：H 和 V 表示发射和接收天线的水平极化方向和垂直极化方向。其中，在 S_{PQ} 中，Q 表示发射天线的极化方式，P 表示接收天线的极化方式，值得注意的是，在不同的文献或教材中，两者的含义有时会互换。在互易性介质中，介质的后向散射具有 S_{HV}

$=S_{VE}$ 的特性。

散射矩阵其是观测目标的一个参数，用散射矩阵可以将入射波与散射波联系起来，Stokes 矢量是波的一个参数，它描述了电磁辐射的偏振状态。因此，为了计算散射波的 Stokes 矢量，需假设一个的入射波。通常入射波的模拟可以采用琼斯矢量表示（式 6.10），当 $\varphi=[-(\pi/2)，(\pi/2)]$ 和 $\tau\in[-(\pi/4)，(\pi/4)]$ 时分别是描述入射波偏振态的定向角和孔径角。由式 6.9 和式 6.10 可推出散射波公式 6.11。

$$[E_H^i] = \begin{bmatrix} \cos\varphi & -\sin\varphi \\ \sin\varphi & \cos\varphi \end{bmatrix} \begin{bmatrix} \cos\tau \\ j\sin\tau \end{bmatrix} \tag{6.10}$$

$$\begin{bmatrix} E^r \\ E_V^r \end{bmatrix} = \begin{bmatrix} S_{HH} & S_{HV} \\ S_{VH} & S_{VV} \end{bmatrix} \begin{bmatrix} E_H^i \\ E_V^i \end{bmatrix} \tag{6.11}$$

式中：E_H^i 和 E_V^i 分别代表水平和垂直方向入射到地物的入射波，E_H^r 和 E_V^r 分别代表经过地物散射后，返回到传感器的水平和垂直方向的天线接收到的波。将传感器接收到的波采用琼斯矢量计算其协方差矩阵（式 6.12），从而建立 Stokes 参数和 S 矩阵的关系（式 6.13）。

$$J = \begin{bmatrix} \langle E_H^r E_H^{r*} \rangle & \langle E_H^r E_V^{r*} \rangle \\ \langle E_V^r E_H^{r*} \rangle & \langle E_V^r E_V^{r*} \rangle \end{bmatrix} = \begin{bmatrix} J_{HH} & J_{HV} \\ J_{VH} & J_{VV} \end{bmatrix} \tag{6.12}$$

$$G = \begin{bmatrix} g_0 \\ g_1 \\ g_2 \\ g_3 \end{bmatrix} = \begin{bmatrix} J_{HH}+J_{VV} \\ J_{HH}-J_{VV} \\ J_{HV}+J_{VH} \\ j(J_{HV}-J_{VH}) \end{bmatrix} \tag{6.13}$$

根据式 6.13，文中提取了两组 Stokes 参数，其中每组 4 个 Stokes 参数，以每组 Stokes 参数为基础，另外计算了 14 个具有不同物理意义的子参数，共计 18 个 Stokes 参数。文中提取的参数的命名、计算公式及物理意义见表 6.15。文中 Stokes 参数的值是两组 Stokes 参数取均值的结果。

表 6.15　Stokes 参数及其物理意义

名称	公式	物理意义
总散射功率	g_0	代表地物总反射功率
水平或垂直线极化功率	g_1	反应地物反射功率中水平极化与垂直极化的差值（$g_1>0$，水平极化分量大于垂直极化；$g_1<0$，水平极化分量小于垂直极化）
倾斜角 45° 或 −45° 线极化分量功率	g_2	其符号表征地物散射功率中 45° 极化分量与 −45° 极化分量的倾向（$g_2>0$，倾向于 45° 极化，$g_2<0$，45° 倾向于 −45° 极化），其值表征极化功率的大小、类型
左旋或右旋圆极化分量功率	g_3	其符号表示地物散射功率为左旋极化或右旋极化（$g_3>0$，左旋极化，$g_3<0$，右旋极化），其值表示极化功率的大小与类型

（续）

名称	公式	物理意义
方位角	$Phi = \dfrac{\arctan2(g_2,\ g_1)}{2}$	表示去极化分量中的优势散射机制（该公式计算结果为弧度），当 Phi>0 时，表面散射强于二次散射；当 Phi<0 时，二次散射强于表面散射
椭圆角	$Tua = \dfrac{\arcsin\left(g_3/\sqrt{g_1^2+g_2^2+g_3^2}\right)}{2}$	用来区分左旋极化和右旋极化。（tua>0 时为右旋极化，tua<0 时为左旋极化）
圆极化度	$DOCP = \dfrac{g_3}{g_0}$	地物散射波中圆极化波的比率
线性极化度	$DOLP = \dfrac{\sqrt{g_1^2+g_2^2}}{g_0}$	地物散射波中线极化波的比率
圆极化比率	$CPR = \dfrac{g_0-g_3}{g_0+g_3}$	圆极化波动情况描述参数
线极化比率	$LPR = \dfrac{g_0-g_3}{g_0+g_1}$	线极化波动情况描述参数
波偏振对比度	$Contrast = \dfrac{g_1}{g_0}$	水平极化与垂直极化分量的差与和的比值
特征值	$L_1 = \dfrac{g_0+\sqrt{g_1^2+g_2^2+g_3^2}}{2}$ $L_2 = \dfrac{g_0-\sqrt{g_1^2+g_2^2+g_3^2}}{2}$	基于琼斯协方差矩阵的特征值
特征值比率	$P_1 = \dfrac{L_1}{L_1+L_2}$、$P_2 = \dfrac{L_2}{L_1+L_2}$	各琼斯协方差矩阵特征向值的比率
散射熵	$H = \dfrac{-(P_1\times\log P_1+P_2\times\log P_2)}{\log 2}$	表示目标散射的随机性，其值大小为 0~1；H 较低时表面散射占主导；H 值比较高的区域，表示该区域多种散射类型并存
反熵	$A = \dfrac{P_1-P_2}{P_1+P_2}$	是散射熵 H 的一个补充参数，是用来区分较小的两个特征值的相对大小。$A=1$ 时，最小的特征值为 0，当 $A=0$ 时，两个较小的特征值相等
极化度	$m = \dfrac{\sqrt{g_1^2+g_2^2+g_3^2}}{g_0}$	表示极化分量占总功率的比率，表征部分极化波

6.4.2 Stokes 参数对物候期响应分析

6.4.2.1 油菜关键物候期确定

农作物物候是指农作物在生育过程中受季节性气候变化和人类活动影响产生的规律性变化，主要包括作物的出苗、抽穗和成熟等。农作物的物候期监测内容主要是将作物在形态上发生显著变化时的日期以及从生长到衰落整个生育周期的时间记录下来。

现有研究人员将遥感数据与其可区别的作物生长阶段，定义为 4 个关键的时期，以此来界定一年内植被动态的关键物候阶段。这些时期包括：植物发育期，即（greenup）即植物光合作用的开始期；成熟期（maturity），即植物的绿色叶面积最大期；衰落期（senescence），即光合作用和绿色面积开始降低期；休眠期（dormancy），即植物生理活动几乎停止期。这四个关键物候转变期是对植物生长季的详细描述。

而采用遥感技术对每个物候期对应的播后日期的定义在以往基于光学遥感的研究中通常通过农作物对应生长期的植被指数的变化水平来确定的（表 6.16）。

表 6.16　遥感提取的作物物候参数及其农业涵义

物候参数	定义描述	农业涵义
生长季开始期	植被指数曲线从最小值增长至某一水平对应的日期	作物的出苗期或返青期
生长季峰值期	植被指数曲线达到最大值时所对应的日期	作物的抽穗期
生长季结束期	植被指数曲线从最大值下降至某一水平对应的日期	作物的收割期
生长季长度	从开始期到结束期之间的时间长度	作物的生长周期

油菜关键生长发育期的信息对田间管理，观赏时间，产量评估等具有重要的意义。油菜种子的萌发主要受温度的影响，其发芽出蕾的过程主要受光照时间的影响，温度的影响主要表现为热效应和春化效应，光照时间的影响主要表现为光周期效应，作物从结实直到成熟的发育阶段主要受温度的影响，则表现为热效应。因此，根据光照时间的不同，不同年度油菜各生育期距播期会有一定时间的波动。

为了方便描述油菜的生长阶段，本文利用国际上通用的一种描述植物物候发育阶段的尺度 BBCH（biologische bundesanstalt，bundessortenamt and chemische industrie），并结合遥感图像的获取时间，根据温度、光周期、遗传特性及外部环境因素对油菜生长发育的影响将油菜的整个生育期划分为 5 个阶段：BBCH1 苗期，BBCH2 蕾薹期，BBCH3 花期，BBCH4 角果结实期，BBCH5 成熟衰落期。结合本研究获取的气温数据、油菜种子萌发、生长的温度影响，将油菜对应的关键生育期的 DAS 及作物形态描述见表 6.17。

表 6.17　油菜不同生育阶段的三基点温度　　　　　　　　　　单位：℃

生育阶段	最低温度	最适温度	最高温度
苗期	5	25	36
蕾薹期	3	20	35
花期	5	16	32
角果结实期	5	18	30
成熟衰落期	5	16.5	30

根据研究区油菜的品种及生长特点，将其物候期划分为苗期、蕾薹期、花期、角

果结实期及成熟衰落期。模拟的油菜各生育阶段见表 6.18。

表 6.18 油菜不同生育期形态标准和生理发育时间

生育时期	生理发育时间(d)	形态标准
苗期	0~30	幼苗出土，子叶平展，植株主茎伸长
蕾薹期	31~41	主茎增粗、出现分枝、花臂长大
花期	42~70	植株花序开花，始花至终花
角果结实期	71~90	角果呈黄色且角果内种子开始变色
成熟衰落期	91~110	植株变黄，冠层蓬松

6.4.2.2 油菜生长期 Stokes 参数的响应

根据 Stokes 参数的物理意义将 18 个 Stokes 参数随油菜生育期变化的趋势图分为 3 组，第 1 组由参数 g_0、g_1、g_2、g_3、Contrast、m 组成；第 2 组由参数 LPR、CPR、$DOLP$、$DOCP$、phi、tau 组成；第 3 组由 H、A、L_1、L_2、P_1、P_2 组成。文中 Stokes 参数的值是两组 Stokes 参数取均值的结果。由于第 1 组参数根据公式计算时涉及参数 g_1、g_2、g_3 值的符号，带符号运算和不带符号运算的物理意义略有差别(正负表征其极化方式，值表征能量大小)，为了全面寻找其对油菜物候期划分敏感的方式，本节中分别计算了其带符号的值与未带符号的值，结果分析时部分参数将结合两种计算方式进行，图 6.17、图 6.18 和图 6.19 为将参数极化方式考虑在内(即取平均值时带符号运算)的计算结果图。

第 1 组 Stokes 参数随油菜播后期天数的变化规律如图 6.17 所示。从图 6.17 可知，在油菜的整个生长周期内，不同的参数有不同的变化规律。g_0 代表油菜整个生长期的反射功率，因此在 4 个 Stokes 参数中，值最大，范围在 -22~-10dB 之间。在苗期的前期(20d 前)均值在 -21dB 左右，在苗期后期(20d 后)到蕾薹期，g_0 的值平稳增长，在花期达到饱和。在终花期到角果结实期出现值得突然增高，跃迁为 -10dB，并且在整个角果结实期保持稳定，在成熟及衰落期开始，g_0 的值突然下将，降低到 -16dB 左右。g_1 代表油菜整个生长期水平方向电磁波与垂直方向电磁波反射功率的差值。相比 g_0，该值在油菜整个生长周期与其动态变化趋势相似，但值略低，范围为 -23~14dB 之间。g_1 的值在苗期后期、蕾薹期缓慢增长，在始花期开始值稳定在 -20dB 左右，该值一直保持稳定，直到角果结实期出现值的增高到 -17db 左右，在成熟衰落期值下降至 -20db 左右。g_2 表示表征油菜散射功率中 45° 或 -45° 极化散射功率的大小，其值可以与 Phi、Tua 参数结合判断回波的极化类型。g_3 表示表征油菜散射功率中左旋极化分量或右旋极化分量散射功率的大小，其值可以与 Tua 角结合判断引起其功率大小的原因，即是由极化分量还是极化态引起。相比 g_1 值，g_2 和 g_3 在油菜整个生长周期动态变化范围增大，其中，g_2 在 -41~-21dB 之间，g_3 在 -44dB~-26dB 之间。但是 g_2 和 g_3 在整个生

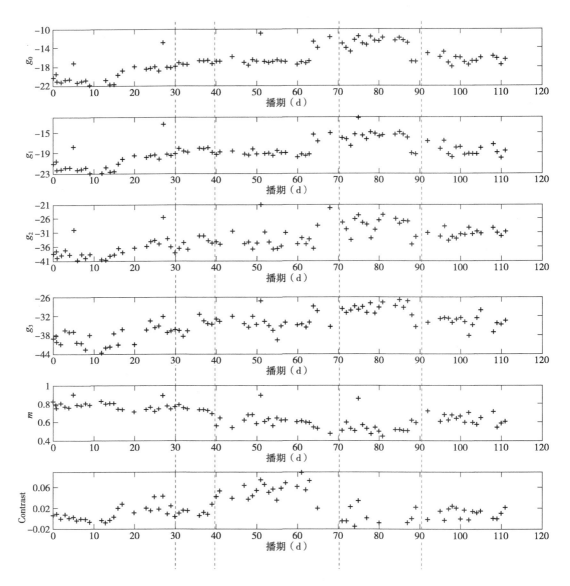

图 6.17 g_0、g_1、g_2、g_3、Contrast、m 参数随油菜播后期天数的变化规律

长周期动态变化未呈现出明显的随油菜生长变化而变化的规律。尽管如此，g_2 和 g_3 的值在成熟衰落期的值有明显差别，g_2 值大于 g_3 值，前者均大于-32dB，而后者均小于-32dB。m 表示极化分量占总功率的比率，该值在油菜整个生长期范围为 0.9~0.4，剔除几个异常值 0.9，在苗期值 m 值最高，在 0.8 左右，并且在该物候期值基本保持稳定，从蕾薹期开始至角果结实期，m 值呈现单调降低趋势，并在角果结实期降到最低值 0.4 左右。在成熟衰落期 m 值有小幅度的增加，值稳定在 0.6 左右。Contrast 表示水平极化与垂直极化分量的差与总功率的比值，由其计算公式可知，当反映地物反射功率中垂直极化的分量大于水平极化分量时，g_1 的值为负，其比值为负；当反映地物反射功率中垂直极化的分量小于水平极化分量时，g_1 的值为正，其比值为正。在图 6.17

中，Contrast 的值在油菜整个生长周期的动态变化范围在 -0.02~0.08 之间，在各个物候期的变化区别明显。苗期的前期(DAS<10)时，值由 0.02 下降至 -0.02，苗期后期到蕾薹期，其值单调增长，到达蕾薹期，达到最大值，然后在整个蕾薹期保持稳定，值在 0.02。花期值最大，保持在 0.08。在角果结实期与成熟衰落期值降低到 -0.02~0.02 范围内。但若不考虑 g_1 的极化方式 Contrast 的值均在 0~1 之间，在油菜苗期与蕾薹期其值均高于 0.65，在油菜花期、角果结实期和成熟衰落期其值大多低于 0.65。

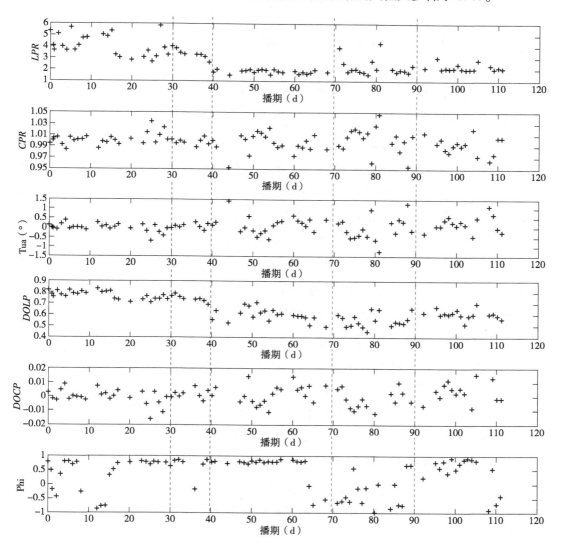

图 6.18　LPR、CPR、DOLP、DOCP、Phi、Tua 参数随油菜播后期天数的变化规律

第 2 组 Stokes 参数随油菜播后期天数的变化规律如图 6.18 所示。LPR 代表油菜在生长周期内的线极化波动情况，由其计算公式可知，当反映地物反射功率中垂直极化的分量大于水平极化分量时，g_1 的值为负，导致其比值出现大于 1 的情况。但若不考

虑 g_1 的极化方式，则 LPR 的值均在 0~1。图 6.18 中 LPR 值的范围在 1.5~6.0，均大于 1，表示在油菜整个生长周期内反映地物反射功率中垂直极化的分量占优，油菜苗期前期($DAS<20$)达到最高值，稳定在 5 左右，从苗期后期至蕾薹期持续下降，在花期降到最低值稳定在 1.5 左右，在角果结实期与成熟衰落期有小幅度的增加，在成熟衰落期值稳定在 2 左右。CPR 代表油菜在生长周期内的圆极化波动情况，由其计算公式可知，当地物散射功率为右旋极化时，g_3 为负值，导致其比值出现大于 1 的情况。但若不考虑 g_3 的极化方式 CPR 的值均在 0~1。图 6.18 中 CPR 的值在油菜整个生长周期内稳定在 1 左右，各物候期间其值变化趋势不明显。Tua 的符号表示极化类型为左旋极化或右旋极化，值的大小表示反射回波极化椭圆扁率。在油菜整个生长周期，苗期和蕾薹期 Tua 的值波动不大，说明极化椭圆形状基本保持不变，而在后面三个物候期，其值在各个物候期均波动明显，说明后面三个物候期极化椭圆形状变化明显。总体来看，其值在油菜苗期前期($DAS<20$)多为负值，说明此时右旋极化主导，在油菜苗期后期至蕾薹期其值多为正值，此时左旋极化占主导。在油菜其他物候期内其值均有正有负表示在这些物候期内均有左旋极化与右旋极化。若不考虑 g_3 的符号表征的极化方式变化，Tua 的值均大于零，其值在整个物候期的变化范围在 2° 以内。DOLP 代表地物散射波中线极化波的比率，值范围在 0.4~0.9，在油菜苗期前期其值较稳定的处于高值 0.8 左右，苗期后期到蕾薹期稳定在中高值 0.7 左右。在花期其值一直降低到 0.4，但在角果结实期和成熟衰落期有小幅度增长，稳定在 0.5 左右。DOCP 代表地物散射波中圆极化波的比率，由其计算公式可知，当地物散射功率为右旋极化时，g_3 为负值，导致其比值为负；当地物散射功率为左旋极化时，g_3 为正值，则其比值为正。图 6.18 中 DOCP 值的范围在 -0.02~0.02 间，在油菜整个生长周期内其变化趋势不明显，均在 0 值上下波动。若不考虑 g_3 的极化方式 DOCP 的值均大于零，且值的变化范围小于 0.04，纵观整个油菜生长期，DOCP 的值在各个物候期并无明显趋势变化。Phi 表示回波极化椭圆的方向，可以表征极化分量中的优势散射机制。整个油菜生长周期，Phi 值的范围在 -1~1。在油菜的前半个生长期间($DAS<60$)和成熟衰落期其值大多为正值，表示在此物候期内表面散射强于二次散射。在角果结实期其值多为负值，表示在此物候期内大多时候二次散射强于表面散射，但也存在表面散射强于二次散射的情况。在花期以前，Phi 值保持稳定，说明极化椭圆的方向未发生变化，而在角果结实期则出现了明显的波动，说明这个时期极化椭圆的方向发生了明显变化。若不考虑极化方式，Phi 的值均大于零，在油菜苗期、蕾薹期、花期和成熟衰落期其值高于 0.76，在油菜角果结实期其值大多低于 0.76，其值在整个油菜生长周期内的变化趋势与考虑极化方式的变化趋势相似。

第 3 组 Stokes 参数随油菜播后期天数的变化规律如图 6.19 所示。L_1、L_2 代表基于

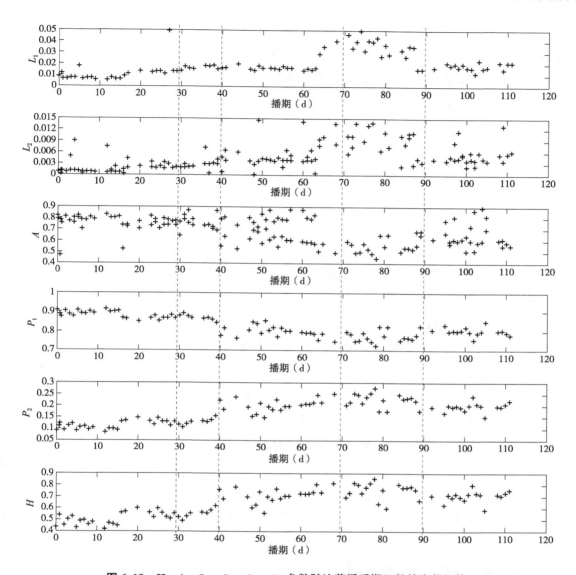

图 6.19　H、A、L_1、L_2、P_1、P_2 参数随油菜播后期天数的变化规律

琼斯协方差矩阵的特征值，其值在油菜的生长周期内呈现相似的变化规律，在苗期前期($DAS<20$)L_1、L_2 的值最低分别在 0.01 左右和 0 左右，从苗期后期到花期，值小幅增大后趋于稳定在 0.02 左右和 0.004 左右。在角果结实期特征值有跃进至高值 0.04 左右和 0.01 左右。在成熟衰落期均下降至 0.02 左右和 0.004 左右其值与花期相差不大。虽然 L_1、L_2 变化趋势相似，但是在油菜的生长周期内 L_1 均高于 L_2。H 代表目标散射的随机性，A 是散射熵 H 的一个补充参数，是用来区分较小的两个特征值的相对大小。H 与 A 在某些物候期内有相反的变化趋势，在油菜苗期 H 为最低值，A 为最高值。由苗期至花期，H 呈递增趋势，A 呈递减趋势。在油菜角果结实期和成熟衰落期 H、A 均处于较稳定的状态无明显变化。P_1、P_2 代表各琼斯协方差矩阵特征向值的比率，在油菜

苗期和蕾薹期两者的值呈相反的变化趋势，P_1 小幅度降低 P_2 小幅度的增加，在花期、角果结实期和成熟衰落期 P_1 稳定在低值 0.8 左右，P_2 稳定在高值 0.2 左右。

(1) 油菜苗期对 Stokes 参数的动态响应

油菜在 5 个生育期（苗期、蕾薹期、花期、角果结实期、成熟衰落期）内生理变化呈现明显的规律，油菜的外形、叶片形状、植株高度、植株和叶片的含水量等均发生了明显的变化。确定油菜的物候期，需要结合油菜的这些变化特征及其对应的 Stokes 参数的变化，从物理与数学的角度分析 Stokes 参数在其不同物候期内的动态响应原因及机制。

① 油菜苗期生长特点：在油菜苗期的前阶段，当温度等条件适宜时，油菜种子会发芽出苗，其发芽的最适温度为 25℃，低于 5℃ 或高于 36℃ 都不利于发芽。油菜种子在吸收水分后膨胀使得胚根深入土壤，随后下胚向上生长，子叶与胚芽露出地面。当两片出土展开的叶子由黄色变绿色时，即为出苗。在该物候期后阶段，油菜子叶从平展到现蕾，这段时间较长，其外部形态和内部发育发生了很大的变化。此时油菜的器官开始分化，其最后是否丰产由这一阶段决定。根据苗期的主要生育特征将其分为苗前期和苗后期。通常，从幼苗的出现至花芽分化为苗前期，花芽分化至现蕾为苗后期。苗前期为营养生长期，油菜在这一阶段主要生长根系、缩茎段和叶片营养器官。油菜通过春化阶段进入苗后期，苗后期营养生长依然占绝对优势，叶片生长加快，主根变大，主茎开始进行花芽分化。周期约为 20~35d，这一时期的生长与发育均与温光有密切的关系。

② Stokes 参数的动态响应：油菜在该时期内，结合野外地面观测记录可知，油菜的秧苗较小，植株高度在 10cm 左右，叶片宽度短而窄在 4cm 左右，叶倾角较小，土壤含水量在 50% 左右。从图 6.17~图 6.19 中可以看到，大部分的 Stokes 参数的值在播期为 0~30d 时都非常低，这是因为在种植油菜周期的早期阶段地面缺乏植被，土壤大面积裸露，油菜田的散射由地面散射主导，土壤含水量低，导致总散射功率较低。在这一阶段，4 个 Stokes 参数中，总能量 g_0 值最大，其次，g_1、g_2 和 g_3 的值依次减小，并且 g_1、g_2、g_3 的和小于 g_0。因此，即使在油菜生长的苗期，反射回波的总能量中仍然存在去极化散射分量，但其引起原因需要进一步研究。m 值在苗期值最高，表征这一阶段反射回波能量中的极化分量比重最大。Contrast 的值在 0.02 左右波动，说明在这一阶段回波在水平和垂直方向上能量的差异并不明显。LPR 值偏大表明 g_1 和 g_0 的值相差不是太大，而 CPR 的值在 1 左右浮动说明 g_3 的值远远小于 g_0，即线性极化占优而圆极化较弱。$DOLP$ 和 $DOCP$ 的值的变动也说明了这点，并且油菜整个生长周期中这两组值得动态变化规律相似。Tau 在这一个阶段的值为零，表明极化椭圆在这一阶段变为一条直线，phi 稳定在 1 值左右，说明其电磁波的极化方式几乎未发生变化。L_1、L_2 与 P_1、

P_2 的组合可以表明在这一阶段两种极化散射机制中，一种占主导地位，另一种占从属地位，并且还存在去极化的散射机制，去极化散射机制的分量几乎可以占到 50%，H和 A 的值也证实了这一点。这些 Stokes 参数值的变化说明在油菜苗期前期由于秧苗较小，叶面积指数(LAI)值较低，导致由地表散射引起的极化散射特征占优，同时存在很少量的二次极化散射特征和一定量的去极化散射分量。并且这一阶段油菜田回波的极化散射特征为线性散射，散射的极化方向与入射波相同，地物引起的去极化特征不明显。

相比其他物候阶段，Stokes 参数在这一物候期内的动态响应特点是：大部分参数后向散射水平较低（但不断增加）低总散射功率、低熵、高反熵、低特征值。在所有 Stokes 参数中，g_0、m、L_1、L_2、A、P_1、P_2 和 H 等参数在油菜苗期的值与其他物候期的值区别明显，因此可用于有效区分临近物候期。

（2）油菜蕾薹期对 Stokes 参数的动态响应

①油菜蕾薹期生长特点：油菜生育阶段增长最快的时期就是蕾薹期，在这个时期内油菜的根、茎、叶进入生殖阶段对水和各种养分的需求量极大且极为迫切，主要表现在主茎伸长、增粗，叶片面积迅速增大。在油菜蕾薹期内当主茎顶部有 2 或 3 片叶子且能明显看到花蕾时是现蕾期，当主茎节间开始伸长达 10cm 时是抽薹期，从现蕾到花蕾发育长大，花芽数迅速增加，研究区的蕾薹期约为 10~15d。

②Stokes 参数的动态响应：结合野外地面调查、观测和照片记录可知，在油菜蕾薹期，随着根系与叶片不断伸长，叶片的数量、宽度与厚度等方面都有小幅度增加。由于在苗前期生长受到限制，苗期后期到蕾薹期，尽管油菜的外形特征变化明显，但由于其植株相比 SAR 影像的分辨率较小，因此在这一生长期油菜的 Stokes 参数变化与苗期的后期相比没有太大的差异。随着油菜冠层逐渐茂密，植株高度大幅度增加，在 23cm 左右，叶片的数量与面积也快速提高了。但该物候期下的油菜冠层并没有达到最茂密，株高也没有达到峰值。部分参数值如 g_0、g_1、g_2、g_3 在这一物候期有明显的拔高。m 值开始下降，说明极化波所占的比例下降，油菜的体散射特征在这一阶段已有所体现。Contrast 下降到 0.01 左右，说明 g_1 在总能量中所占的比值进一步下降，这与 m 值得变化相吻合。LPR 和 $DOLP$ 在这一阶段通用呈现下降的趋势，说明线极化比和线极化率在这一阶段均开始减少。Tau 和 Phi 值在这一阶段与前一阶段相同，参考土壤含水量的调查数据表明，尽管这一阶段油菜的散射回波有所变化，但是其对波的极化特征的改变并不明显。L_1、L_2 和 P_1、P_2 表征的主导和从属的散射机制略有变化，但各自的主导和从属地位并未发生改变。H 开始逐渐增大，表明去极化波所占比重增加。A 值在这一阶段略有下降，但是值的变化不明显。

相比其他物候期，这一阶段油菜的叶片不断长大，出现了主茎伸长、增粗等现象，因此，去极化散射特征出现了增长，而线性极化特征比重出现下降的趋势。尽管如此，由于相比 SAR 影像的分辨率，植株还显得较小，其引起的体散射特征并不显著，导致这一阶段虽然各参数有所变化，但是均不太显著。在所有的 Stokes 参数中，g_0、m、Contrast、$DOLP$、P_1 和 P_2 等参数在油菜蕾薹期的值与其他物候期的值区别明显，因此可用于有效区分临近物候期。

（3）菜花期对 Stokes 参数的动态响应

①油菜花期生长特点：油菜从初花到终花所经历的阶段称为花期，研究区油菜的花期大概在 30d 左右。初花期主茎叶片数达到最大值，是油菜营养生长和生殖生长两旺的时期，根系的生长较快；当植株停止开花，花瓣开始变色枯萎时则为终花期；花期的叶面积在盛花时达到最大值，此期也是决定角果数和每果粒数的重要时期。盛花期后，冠层底部的大叶片开始萎缩凋零，同时主茎秆不断长高，侧枝开始继续生长，冠层进一步蓬松变大。随后油菜开始结荚，逐渐进入角果结实期。

②Stokes 参数的动态响应：油菜在花期属于营养生殖并进时期。花期前期虽然油菜的总体株高并未达到峰值，植株高度在 120cm 左右，但油菜的主茎部分已完全生长了，主茎部分高度达到最大值。叶片宽度在 11cm 左右达到最高点。叶片的数量也较多形成了比上个物候期更茂密的油菜冠层。花期后期花蕾发育长大，花芽数量迅速增加，此时期与初花期无明显界限。该物候期内，大部分 Stokes 参数值与上一物候期相比有了明显的变化。这是由于油菜花芽与叶子的增加和茎与下垫面相互作用所产生了二次散射，同时由于油菜冠层逐渐长大，完全覆盖地表，使得农作物的散射逐渐占优，而土壤引起的地表散射逐渐降低。g_0、g_1、g_2、g_3 的值在这一物候期显著增加，表明油菜散射能量开始占主导。m 值在这一时期跳跃至 0.6，并且于终花期下降至 0.5，极化波所占的比例明显下降，去极化波所占比重增加，油菜体散射引起的去极化特征在这一阶段显现明显。Contrast 值在这一阶段达到最大值，在 0.06 左右波段，说明 g_1 在总能量中所占的比值有所增加，与 m 值结合分析表明，尽管线极化散射能量有所增加，但其增量未超过体散射引起的去极化散射分量的增加，因此 m 值持续降低。LPR 和 $DOLP$ 的值在这一阶段降到最低，说明线极化比和线极化率在这一阶段在总反射能量中的比值达到最低。Phi 值在这一阶段继续保持不变，Tau 值却出现了明显的波动，表明尽管油菜体散射特征引起的回波的去极化特征明显，其去极化特征主要表现在极化椭圆扁率的变化，该变化由油菜冠层、植株对入射波的吸收和反射能力变化引起。去极化信息中对极化方向的改变并不明显。L_1 和 L_2 的值略有增加，P_1 和 P_2 分别呈现单调下降和单调增加的状况，说明原来第一阶段中占主导散射机制的能量开始下降，占从属地位散射机制的散射能量开始增加。H 在这一阶段增至最大，表明去极化波的比重达到最大值。A 值在这一阶段略有波动，表明这一阶段两种极化散射机制的波动情况，但由

于 A 的值在 0.7 左右波动，因此，两种散射机制中一种机制为主导散射机制，另一种机制为从属散射机制，与 L_1 和 L_2、P_1 和 P_2 表现的散射特征相一致。

相比其他物候期，这一阶段由于油菜主茎伸长、增粗，冠层明显蓬松，完全覆盖地表，使得这一阶段的散射能量由油菜主导，总体散射能量上升。这一物候期内，由体散射引起的去极化特征明显，尽管线极化散射能量也出现了增长，但线性极化特征比重出现下降的趋势。总体来讲，在这一物候期，由于油菜的性状发生了显著的变化，因此，多数 Stokes 参数都发生了明显的变化。在所有的 Stokes 参数中，m、Contrast、LPR、$DOLP$、P_1、P_2 和 H 等参数在油菜花期的值与其他物候期的值区别明显，因此可用于有效区分临近物候期。

(4) 油菜角果结实期对 Stokes 参数的动态响应

①油菜角果结实期生长特点：油菜从终花到成熟的过程称为角果发育成熟期，一般为 25~30d。此期植株体内大量的营养物质向角果和种子内转移并积累，直到完全成熟为止，叶片逐渐衰亡，光合器官逐渐被角果取代。此期包括了角果、种子的体积增大，幼胚的发育和油分及其他营养物质的累积过程，是决定粒数、粒重的时期。

②Stokes 参数的动态响应：根据地面调查记录，在角果结实期内，油菜冠层最为密集，这一物候期角果、种子的体积增大，鲜重和生物量达到峰值，因此体散射分量达到峰值。g_0、g_1、g_2、g_3 的值在这一物候期均达到了最大值，表明油菜散射能占主导地位。m 值也在这一时期降到了最低，值为 0.4。说明极化波所占的比例下降到最低，去极化波所占比重达到最大值，油菜体散射引起的去极化特征在这一阶段达到最大。这是由于随着菜籽荚数量和尺寸的不断增大，菜籽荚层造成的多次散射增加，因此总的散射能量和去极化散射能量都明显增加，并于这一阶段达到最大值。Contrast 值在这一阶段达到最小值，在 -0.02 左右波动，说明 g_1 在总能量中所占的比值降到最低，且垂直极化分量大于水平极化分量。LPR 和 $DOLP$ 的值与前一阶段相似，值相比苗期降低到了 0.02，说明 g_0 和 g_1 值的差异变大。Phi 值在这一阶段降到了最低，并且成为负值，Tau 值的波动范围变大，表明去极化特征不仅表现在极化椭圆扁率的变化，该变化由油菜冠层、植株对入射波的吸收和反射能力变化引起；还表现为对极化方向的改变。这一阶段，L_1 和 L_2 的值均增至最大，P_1 和 P_2 分与花期的动态变化类似。这两组值的变化说明极化散射机制中占主导地位和从属地位散射机制的散射能量在这一阶段均有所提高。H 在这一阶段增至最大，表明去极化波的比重达到最大值。A 值在这一阶段达到最低，在 0.4 左右波动，因此两种散射机制中主导散射机制与从属散射机制的能量差异减少。这与 L_1 和 L_2、P_1 和 P_2 表现的散射特征相一致。

相比其他物候期，这一阶段由于菜籽荚数量和尺寸不断增大，使得这一阶段的散射能量继续由油菜主导，总体散射能量持续上升，并达到最大值。这一物候期内，由体散射引起的去极化特征显著，尽管线极化散射能量也出现了增长，但线性极化特征比重显著降低。总体来讲，在这一物候期，由于菜籽荚的多层散射，因此，多数 Stokes 参数都发生了显著的变化。在所有的 Stokes 参数中，g_0、g_1、g_2、g_3、m、Contrast、Phi、L_1、L_2、P_1、P_2、A 和 H 等参数在油菜角果结实期的值与其他物候期的值区别明显，因此可用于有效区分临近物候期。

（5）油菜成熟衰落期对 Stokes 参数的动态响应

①油菜成熟衰落期生长特点：油菜的成熟过程可分为 3 个时期，即绿熟期、黄熟期和完熟期。绿熟期时，主花序基部的角果由绿色变为黄绿色，种子从浅灰白变为淡绿色，分枝花序上的角果仍为绿色，种子仍为灰白色。种子的含油量大概是成熟种子的 70%。黄熟期时，大部分植株叶片枯黄脱落，主花序角果为黄色，中上部分枝角果为黄绿色。完熟期时大部分角果由黄绿色变为黄白色，并失去光泽，角果容易裂开。

②Stokes 参数的动态响应：油菜在这一物候期内，随着叶子的逐渐枯黄和凋谢，植株含水量急剧降低。一部分先成熟的油菜已经收割，大部分地块里没有植株，只有油菜茬和裸土或一层干枯的秸秆。此时油菜田的散射功率由于土壤含水量低且地面作物较少，导致其值低于油菜角果结实期。相比角果结实期，g_0、g_1、g_2、g_3 在这一物候期有明显的下降。m 值在这一物候期高于角果结实期，表征这一阶段反射回波能量中的极化分量比重回升，Contrast 的值在 0.02 左右波动，表征在这一阶段回波在水平和垂直方向上能量相当。与前两个物候期相比，LPR、CPR、$DOCP$ 和 $DOLP$ 的值在这一阶段变化并不明显，且 $DOCP$ 值小于 $DOLP$ 值，表明此时线性仍然极化强于圆极化。Phi 值在这一阶段趋近于 1，明显区别于角果结实期。Tau 值在这一阶段大多大于零，表明极化椭圆在这一阶段呈右旋转向。Phi 和 Tau 的值的变化规律与花期类似 L_1、L_2 与 P_1、P_2 的组合表明在这一阶段由于油菜收割，叶片枯萎含水量降低、叶片脱落等原因，总体散射能量下降，两种主导散射机制较前两个物候期有所变化，散射能量均有所降低，但主导和从属地位未发生改变。Stokes 参数在这一物候期内的动态响应特点是：大部分参数后向散射水平降低，低总散射功率、低线极化比率。在所有 Stokes 参数中，LPR、m 等参数在油菜成熟衰落期与相近物候期有明显区别，因此可用于有效区分临近物候期。

本节基于提取的 18 个 Stokes 参数，针对不同物候期，分析 Stokes 参数的响应规律。根据分析的响应规律，发现在油菜苗期反熵 A 和总散射功率 g_0 等参数较为敏感，在油菜蕾薹期极化度 m 和总散射功率 g_0 响等参数响应较强，在油菜花期其参数的响应规律难以与临近物候期区分，在油菜角果结实期特征值 L_1、L_2 达到峰值，在油菜成熟衰落期大部分参数都在降低。根据本章所描述的分析，可以得出结论，即在不同的物候阶段，所研究的油菜的极化特征是显著不同的。因此，可以通过观测其极化响应规律来估计被观测样地的当前物候阶段。本章的响应规律分析是下一章构建油菜物候期决策树模型的基础与参考。

6.4.3　油菜的物候期反演

6.4.3.1　油菜物候期反演模型构建

决策树分类方法便于将地物的几何特征和纹理特征参与到图像的分类过程中，通过建立恰当的分类决策树模型，可提高分类精度，恰当的决策树模型的建立在于建立决策树的分类规则，而定义决策树分类规则的关键在于结点的选取和阈值的确定。此外，阈值是否合理决定了分类结果是否准确。

本节中总共提取了 18 个 Stokes 参数，如极化度、反熵、特征值、线性极化度、总散射功率等来反映不同物候期的响应规律。我们选取 Stokes 参数中的 m、A、L_1、L_2、g_0 和 LPR 来构建油菜物候期反演的决策树模型。在建立模型的过程中为了保证决策树的简易性，每个物候期的识别只使用 3 个或 3 个以下的 Stokes 参数。另外，苗期、蕾薹期和角果结实期，只需要 1~2 个 Stokes 参数即可区分，因此，仅采用 1~2 个参数进行区分。花期和成熟衰落期之间的差别较小，因此需要 3 个 Stokes 参数进行区分。

根据以上规则，形成的决策树分类规则模型如图 6.20 所示。

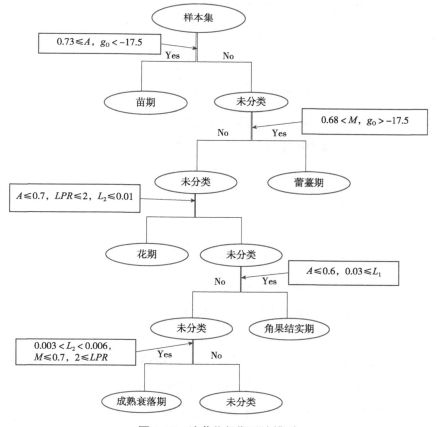

图 6.20　油菜物候期反演模型

苗期：$0.73 \leqslant A$ 且 $g_0 \leqslant -17.5$；

蕾薹期：$-17.5 < g_0$ 且 $M \geqslant 0.68$；

花期：$A < 0.7$ 且 $LPR \leqslant 2$ 且 $L_2 \leqslant 0.01$；

角果结实期：$0.03 < L_2 < 0.006$ 且 $M < 0.7$ 且 $LPR > 2$；

成熟衰落期：$0.003 < L_2 < 0.006$ 且 $M < 0.7$ 且 $LPR > 2$。

注意：在建立决策树的过程中，还可以选择其他参数进行决策树的建立，本研究中主要是分析决策树的可行性，因此仅仅选取了其中一种可行的方案来建立决策树模型。

6.4.3.2 研究结果验证与分析

农作物物候遥感监测结果的精度主要取决于研究区所处的地理位置、遥感数据来源以及数据预处理的方法，农作物物候遥感识别的方法。采用图 6.20 建立的模型的反演结果分别采用 ArcGIS 制图，并进行精度验证。图 6.21 是基于决策树方法反演油菜物候期模型在五期影像中的分类情况，黄色地块示意识别错误的地块，具体误差见表 6.19。

表 6.19 基于决策树反演油菜物候期误差精度详细表

误差范围/日期	2013/05/23	2013/06/16	2013/07/10	2013/08/03	2013/08/27
一个物候期	100%	77.78%	78.57%	88.89%	81.82
两个物候期	0	22.22%	21.43%	11.11%	18.18%
三个物候期	0	0	0	0	0

从表 6.19 中可知，通过决策树方法反演油菜物候期的模型，在五期影像中的误差主要在一至两个物候期内。基于决策树方法反演油菜物候期模型的精度评价见表 6.20。

表 6.20 基于决策树方法反演油菜物候期结果精度评价

百分比	苗期	蕾薹期	花期	角果结实期	成熟衰落期
正确率	96%	90%	94.7%	85.71%	81.25%
错误率	4%	10%	5.3%	14.29%	18.75%

从表 6.20 中可知，通过决策树方法反演油菜物候期的模型，在 5 个物候期内的反演精度均在 80% 以上，在苗期的精度最高为 96%，在成熟衰落期的精度最低为 81.25%。

基于决策树构建的油菜物候期反演模型，通过 SPSS 软件计算，得到野外地面观测记录的油菜物候期结果和遥感监测结果的均方根误差 RMSE 值为 2.098。由此可得遥感监测结果与野外地面观测结果的误差范围在两个物候期内。同样采用 SPSS 软件，得到野外地面观测记录的油菜物候期结果和遥感监测结果的总分类精度为 94.5%。

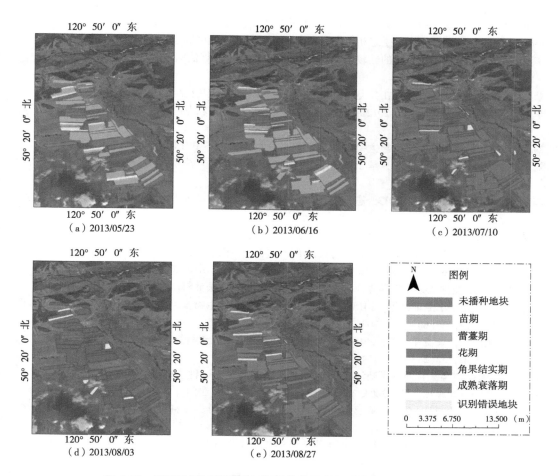

图 6.21 基于决策树模型的五期影像获取时间油菜物候期分类情况

本节采用决策树方法与两种参数方法，通过 Stokes 参数构建了油菜物候期反演模型，并对其结果进行了精度评价。通过对 Stokes 参数在油菜生育周期内不同物候期的动态响应分析结果，适当地结合野外地面观测数据，尽可能避免后向散射水平(及其比值)中存在的模糊性。对于任一物候期，只使用 1~3 个 Stokes 参数实现区分，在保证算法的简易性下通过决策树算法构建了油菜物候期反演模型。评价结果表明，采用决策树算法构建的油菜物候期反演模型的均方根误差为 2.098，总分类精度为 94.5%，定量精度评价中 5 个物候期的判别精度都在 80% 以上。

参 考 文 献

常梅，金亚秋，2002. 一层随机小椭球手征粒子 Stokes 矢量的极化散射与传输[J]. 中国科学：技术科学(3)：76-86.

陈民，王宁，段国宾，等，2014. 基于决策树理论的土地利用分类[J]. 测绘与空间地理信息，37(1)：81-84.

陈效逑，曹志萍，1999. 植物物候期的频率分布型及其在季节划分中的应用[J]. 地理科学(1)：22-28.

段艳，2014. 结合决策树分类器和支持向量机分类器进行极化 SAR 数据分类[D]. 武汉：武汉大学.

官春云，2013. 优质油菜生理生态和现代栽培技术[M]. 北京：中国农业出版社.

李强，2006. 创建决策树算法的比较研究——ID3，C4.5，C5.0 算法的比较[J]. 甘肃科学学报(4)：
    88-91.

李欣海，2013. 随机森林模型在分类与回归分析中的应用[J]. 应用昆虫学报(4)：314-321.

李正国，唐华俊，杨鹏，等，2012. 植被物候特征的遥感提取与农业应用综述[J]. 中国农业资源与
    区划，33(5)：20-28.

刘春明，2008. 我国油菜生产与生物柴油发展研究[D]. 武汉：华中农业大学.

刘勇洪，牛铮，王长耀，2005. 基于 MODIS 数据的决策树分类方法研究与应用[J]. 遥感学报，9
    (4)：405-412.

柳乾坤，李敏，李艳，等，2013. 基于决策树分类的滨海滩涂围垦区土地利用变化研究[J]. 国土资
    源情报(7)：46-51.

马琳雅，2013. 甘南州草地植被覆盖度与物候期时空变化动态特征[D]. 兰州：兰州大学.

毛瑞玲，2017. 沿淮流域双低油菜高产高效栽培技术[J]. 河南农业(10)：16-16.

汤亮，朱艳，刘铁梅，等，2008. 油菜生育期模拟模型研究[J]. 中国农业科学(8)：282-287.

王汉中，2007. 我国油菜产需形势分析及产业发展对策[J]. 中国油料作物学报(1)：105-109.

王璟睿，沈文娟，李卫正，等，2015. 基于 RapidEye 的人工林生物量遥感反演模型性能对比[J]. 西
    北林学院学报，30(6)：196-202.

王丽爱，周旭东，朱新开，等，2016. 基于 HJ-CCD 数据和随机森林算法的小麦叶面积指数反演[J].
    农业工程学报，32(3)：149-154.

王周礼，2001. 甘蓝型优质油菜杂油 59 号春播高产栽培技术[J]. 种子科技，19(3)：180-181.

吴炳方，张峰，刘成林，等，2004. 农作物长势综合遥感监测方法[J]. 遥感学报，8(6)：498-514.

徐辉，潘萍，杨武，等，2019. 基于多源遥感影像的森林资源分类及精度评价[J]. 江西农业大学学
    报，41(4)：751-760.

徐昆鹏，2018. 基于极化散射特征与 SVM 的极化 SAR 影像分类方法研究[D]. 呼和浩特：内蒙古师范
    大学.

徐昆鹏，李增元，陈尔学，等，2018. 基于 Stokes 矢量特征与 GA-SVM 的全极化 SAR 影像分类方法
    研究[J]. 内蒙古师范大学学报(自然科学汉文版)，47(4)：320-325.

杨浩，2015. 基于时间序列全极化与简缩极化 SAR 的作物定量监测研究[D]. 北京：中国林业科学研
    究院.

张红，谢镭，王超，等，2013. 简缩极化 SAR 数据信息提取与应用[J]. 中国图象图形学报，18(9)：
    1065-1073.

张润雷，2018. 基于决策树的遥感图像分类综述[J]. 电子制作，365(24)：16-18.

张微，林健，陈玲，等，2014. 基于极化分解的极化 SAR 数据地质信息提取方法研究[J]. 遥感信息，
    29(1)：10-14.

张文宇，张伟欣，葛道阔，等，2015. 基于生物量的油菜主茎叶片形态参数模拟研究[J]. 作物学报，
    41(9)：1435-1444.

张亚杰，李京，彭红坤，等，2015. 油菜生育期动态模拟模型的构建[J]. 作物学报，000(5)：
    766-777.

张远，2009. 微波遥感水稻种植面积提取、生物量反演与稻田甲烷排放模拟[D]. 杭州：浙江大学.

Abdullahi S, Kugler F, Pretzsch H, et al., 2016. Prediction of stem volume in complex temperate forest
    stands using TanDEM-X SAR data[J]. Remote Sensing of Environment(174)：197-211.

Balzter H, Luckman A, Skinner L, et al., 2007. Observations of forest stand top height and mean height
    from interferometric SAR and LiDAR over a conifer plantation at thetford forest, UK[J]. International
    Journal of Remote Sensing, 28(6)：1173-1197.

Bouvet A, Le Toan T, Lam-Dao N, 2009., monitoring of the rice cropping system in the mekong delta using

ENVISAT/ASAR dual polarization data[J]. IEEE Transactions on Geoscience and Remote Sensing, 47 (2): 517-526.

Bériaux E, Lambot S, Defourny P, 2011. Estimating surface-soil moisture for retrieving maize leaf-area index from SAR data[J]. Canadian Journal of Remote Sensing, 37(1): 136-150.

Bussay A, Marijn V D V, Fumagalli D, et al., 2015. Improving operational maize yield forecasting in hungary[J]. Agricultural Systems(141): 94-106.

Breiman L, 2001. Random forests[J]. Machine Learning, 45(1): 5-32.

Canisius F, Shang J, Lin J, et al., 2017. Tracking crop phenological development using multi-temporal polarimetric radarsat-2 data[J]. Remote Sensing of Environment(210): 508-518.

Cloude S R, 1997. An entropy based classification scheme for polarimetric SAR data[J]. IEEE Transactions on Geoscience and Remote Sensing, 35(1): 68-78.

Cloude S R, 2006. Polarization coherence tomography[J]. Radio Science, 41(4): 495-507.

Cloude S R, Goodenough D G, Chen H, et al., 2012. Compact decomposition theory[J]. Geoscience and Remote Sensing Letters, 9(1): 28-32.

Cloude S R, Zebker H, 2010. Polarisation: Applications in remote sensing[J]. Physics Today, 63(10): 53-54.

Erten E, Rossi C, Yuzugullu Q, et al., 2014. Phenological growth stages of paddy rice according to the BBCH scale and SAR images[C]. IEEE International Geoscience and Remote sensing symposium.

Freeman A D S, 1998. A three-component scattering model for polarimetric SAR data[J]. IEEE Transactions on Geoscience and Remote Sensing,, 36(3): 963-973.

Hosseini M, Mcnairn H, Merzouki A, et al., 2015. Estimation of leaf area index (LAI) in corn and soybeans using multi-polarization C-and L-band radar data[J]. Remote Sensing of Environment(170): 77-89.

Hao Y, Zengyuan L, Erxue C, et al., 2014. Temporal polarimetric behavior of oilseed rape (Brassica Napus L.) at C-Band for early season sowing date monitoring[J]. Remote Sensing, 6(11): 10375-10394.

Juan M, Lopez-Sanchez, 2012. Rice phenology monitoring by means of SAR polarimetry at X-band[J]. IEEE Transactions on Geoscience and Remote Sensing, 50(7): 2695-2709.

Inoue Y, Kurosu T, Maeno N, et al., 2002. Season-long daily measurements of multifrequency (Ka, Ku, X, C, and L) and full-polarization backscatter signatures over paddy rice field and their relationship with biological variables[J]. Remote Sensing of Environment, 81(2): 194-204.

Jia Y, Li B, Cheng Y, et al., 2015. Comparison between GF-1 images and Landsat-8 images in monitoring maize LAI[J]. Chinese Society of Agricultural Engineering, 31(9): 173-179.

Jiao X, Mcnairn H, Shang J, et al., 2011. The sensitivity of RADARSAT-2 Polarimetric SAR data to corn and soybean leaf area index[J]. Canadian Journal of Remote Sensing, 37(1): 69-81.

Kim Y, Jackson T, Bindlish R, et al., 2013. Monitoring soybean growth using L-, C-, and X-band scatterometer data[J]. International Journal of Remote Sensing, 34(11): 4069-4082.

Larranaga A, Alvarez-Mozos J, Albizna L, et al., 2013. Backscattering behavior of rain-fed crops along the growing season[J]. IEEE Geoscience and Remote Sensing Letters, 10(2): 386-390.

Lee J S, Thomas L A, Yanting W, et al., 2011. Recent advances in scattering model-based decompositions: An overview[C]. IEEE International Geoscience and Remote sensing symposium.

Lopez-Sanchez J M, Vicente-Guijalba F, Ballester-Bermon J D, et al., 2014. Polarimetric response of rice fields at C-band: Analysis and phenology retrieval[J]. IEEE Transactions on Geoscience and Remote Sensing, 52(5): 2977-2993.

Lu D, Chen Q, Wang G, et al., 2014. A survey of remote sensing-based aboveground biomass estimation methods in forest ecosystems[J]. International Journal of Digital Earth, 9(13): 1-43.

Li'ai W, Zhou X, Zhu X, et al., 2016. Estimation of biomass in wheat using random forest regression algorithm and remote sensing data[J]. The Crop Journal, 4(3): 212−219.

Liu C, Shang J, Vachon P W, et al., 2013. Multiyear crop monitoring using polarimetric RADARSAT−2 data[J]. IEEE Transactions on Geoscience and Remote Sensing, 51(4): 2227−2240.

Liu J, Pattey E, Miller J R, et al., 2010. Estimating crop stresses, aboveground dry biomass and yield of corn using multi−temporal optical data combined with a radiation use efficiency model[J]. Remote Sensing of Environment, 114(6): 1167−1177.

Moran M S, Alonso L, 2012. ARADARSAT−2 Quad−Polarized time series for monitoring crop and soil conditions in Barrax, Spain [J]. IEEE Transactions on Geoscience and Remote Sensing, 50 (4): 1057−1070.

Mountrakis G, Im J, Ogole C, 2011. Support vector machines in remote sensing: a review[J]. Isprs Journal of Photogrammetry and Remote Sensing, 66(3): 247−259.

Muhamed S, Kurien S, 2018. Phenophases of rambutan (Nephelium lappaceum L.) based on extended BBCH−scale for Kerala, India[J]. Current Plant Biology(13): 37−44.

Preiss N S, 2006. Compact polarimetric analysis of X−band SAR data[C]. Dresden : EUSAR 2006−6th European Conference on Synthetic Aperture Radar.

Prévot L, Champion I, Guyot G, 1993. Estimating surface soil moisture and leaf area index of a wheat canopy using a dual−frequency (C and X bands) scatterometer[J]. Remote Sensing of Environment, 46(3): 331−339.

Quinlan R J, 1986. Induction of decision trees[J]. Machine Learning, 1(1): 81−106.

Raney R K, 2006. Dual−Polarized SAR and stokes parameters[J]. IEEE Geoscience and Remote Sensing Letters, 3(3): 317−319.

Raney R K, 2007. Hybrid−Polarity SAR Architecture[J]. IEEE Transactions on Geoscience and Remote Sensing, 45(11): 3397−3404.

Sadeghi Y, St−Onge B, Leblon B, et al., 2015. Role of vegetation phenology (Leaf−on, Leaf−off) in the accuracy of forest height maps derived from TanDEM−X Interferograms[C]. PoLinSAR.

Souyris J C, Souyris J C, 2006. Comments on compact polarimetry based on symmetry properties of geophysical media: The Pi/4 Mode[J]. IEEE Transactions on Geoscience and Remote Sensing. 44(9): 2617−2617.

Steele−Dunne S C, Mcnairn H, Monsivais−Huertero A, et al, 2017. Radar remote sensing of agricultural canopies: a review[J]. IEEE Journalof Selected Topics in Applied Earth Observations and Remote Sensing, 10(5): 1−25.

Yang H, Chen E, Li Z Y, et al., 2015. Wheat lodging monitoring using polarimetric index from RADARSAT−2 Data[J]. International Journal of Applied Earth Observation and Geoinformation, 34(1): 157−166.

Yang H, 2015. Study on quantitative crop monitoring by time series of fully polarimetric and compact polarimetric SAR imagery[D]. Beijing: Chinese Academy of Forestry.

Zhi Y, Li K L, Liu Y, et al., 2014. Rice growth monitoring using simulated compact polarimetric c band SAR[J]. Radio Science, 49(12): 1300−1315.

第7章

干涉SAR森林高度反演

　　InSAR 技术已经逐渐应用于森林高度或森林生物量的估测，部分国家已经开始尝试将该技术广泛应用于大区域的森林制图和森林监测中，进而代替相关人工森林资源调查工作，进而节省财力物力。目前，在区域或全球范围内长波长(波长为 L 波段及以上)星载干涉 SAR 数据均由于受到时间去相干的影响而导致估测误差较大。相比长波长数据，短波长的 InSAR 和 PolInSAR 数据则凸显优势：干涉相干主要由地表和植被本身引起，在森林覆盖区域，特别是森林密度较大的区域，短波长通常获取的是森林冠层相位信息，增加了森林参数估测的潜力及精度。目前多个国家已拥有 X 波段(波长为3.0~3.2cm)无时间基线的机载 InSAR 观测系统[包括我国由中国测绘科学研究院牵头研制的机载多波段多极化干涉 SAR(CASMSAR)系统]，而德国宇航局(DLR)自 2011 年起开始在全球范围内以 TerraSAR/Tandem 姊妹星为基础开始获取无时间去相干的 X 波段数据 InSAR 和 PolInSAR 数据。特别是单极化的和双极化数据，几乎覆盖全球范围，为全球和区域进行森林高度反演提供了可行的数据源。目前我们已经采用机载(CASMSAR)系统)SAR 数据对 X 波段机载数据在森林高度估测中的可行性进行了初步的探索，取得了一系列的研究结果，研究结果肯定了 X 波段在森林高度估测中的可行性和潜力，本书将在以往研究的基础上，以 TerraSAR/Tandem－X InSAR 数据为基础，进一步探索无时间去相干的 X 波段星载 InSAR 数据在森林高度估测中的有效方法、估测精度和适用范围。

　　X 波段波长为 3cm 左右，根据已有研究可知，其穿透能力随着植被冠层的含水量增加而逐渐降低，在含水量为 0 值时，其最大穿透力大概在 0.25m 左右，而当植被冠层的含水量达到 35% 时，其穿透厚度大概在 0.01m 左右。因此可以认为 X 波段在森林比较密集的地方，其散射中心落在冠层顶部。因此采用 DSM-DEM 差分法可以有效估测森林高度。

　　由于 X 波段在森林覆盖区的穿透力较低，因此其极化特征在森林覆盖区并不明显，目前也有文献表明 X 波段 TerraSAR \ TanDEM 干涉数据的极化特征不敏感，鉴于以上原因，我们考虑在本书中采用 DSM-DEM 差分法和对极化特征不敏感的 SINC 模型进行研究区的森林高度反演。

研究区位于内蒙古呼伦贝尔盟根河市，属于高纬度、高寒冷地区，经纬度分别为 120°12′E～122°55′E，50°20′N～52°30′N。根河的地势起伏相对较平缓，80%以上为坡度为 15°的缓坡，高差在 100～300m 之间。根河地区的优势树种为兴安落叶松(*Larix kaempferi*) 和白桦(*Betula platyphylla*)，同时伴有樟子松(*Pinus svlvestris*)、杨树(*Populus*)、水曲柳 (*Fraxinus mandschurica*)等。根河气候属于寒温带湿润型的气候，同时具有大陆季风气候 的一些特性，寒冷湿润，冬季长夏季短，每年7～8月为雨季，无霜期平均为90d，平均气 温-5.3℃，气温日较差大，最高达20℃。极端最低气温-55℃，年较差47.4℃。结冻期较 长，平均每年210d以上为结冻期，整个境内遍布永冻层。

7.1　干涉 SAR 数据预处理

7.1.1　SAR 数据采集

研究使用的干涉 SAR 数据为德国航天局(DLR)的科研支撑计划(XTIVEGE7124)提 供的 TerraSAR/TanDEM 数据。DLR 于 2007 年 6 月 15 日发射 TerraSAR-X 卫星，于 2010 年 6 月 21 日发射 TanDEM-X 卫星，首要目的旨在通过 2 颗卫星获取全球范围内无 时间去相干干涉数据，进而获取全球范围内高精度的 DEM 数据。附带的目的则包括顺 轨干涉、极化干涉 SAR、双基站 SAR 成像等新体制 SAR 技术的研究。TerraSAR-X 和 TanDEM-X 构成串行星对在相距 250～500m 的轨道上运行，其运行类似单轨 SAR 干涉 测量系统，可以获取 3 种形式干涉数据：单一静态模式(PM 模式)、双基站模式(BM) 和交互收发分置模式(ABM)。PM 模式采用单发单收模式获取干涉数据，时间去相干较 小；BM 模式采用单发双收模式，无时间去相干；ABM 是交互收发分置模式，一次脉 冲改变一次发射器，该模式可以最小化时间去相干并有效利用发射能量。本研究获取 了单极化数据 1 景，详细信息见表 7.1。

表 7.1　获取的数据信息

数据参数	传感器类型 TerraSAR-TanDEM	数据参数	传感器类型 TerraSAR-TanDEM
成像日期	20130825	|HOA|	62.88
极化方式	HH	飞行方向	D
距离向分辨率	2.60m	当地入射角	42.67
方位向分辨率	3.29m		

7.1.2　Lidar 数据

研究采用的 Lidar 数据获取于 2012 年 8 月到 9 月。Lidar 飞行试验中，以"运-5"飞机为平台，载有 Leica 机载雷达系统，激光扫描仪为 ALS60，波长为 1550nm，激光发射频率为 100～200kHz，平均飞行高度为 2700m，飞行速度 220km/h，航带平均扫描宽度约为 1000m，扫描重叠率最高可达 80%，共获得 32 条航带数据，覆盖面积为 213km²，扫描角度为 ±35°，获取的激光点云密度为平均 5.6 个/m²。Lidar 点云数据通过预处理后获得了 DEM(digital elevation model)、dsm(digital surface model)和 chm (canopy height model)数据。

研究区 DEM 数据通过不规则三角网邻近像元内插算法生成。重采样后像元分辨率为 2m，如图 7.1a 所示，DEM 最小值为 742m，最大值为 1164m，平均值为 909m。研究区数字表面模型 DSM 采用最大高程值内插算法生成(图 7.1b)，重采样后像元分辨率为 2m，测区 DSM 最大值为 1186m，最小值为 742m，平均值为 915m。研究区的冠层高度模型 CHM(图 7.1c)由生成的 DSM 与 DEM 进行差值获得，因此获取的 CHM 中消除了地形起伏变化对 DSM 中树木高度和形状的干扰，具有相对准确的树木冠层信息。研究区 CHM 最小值±为 35m，最大值为 0m，大于 2.0m 的所有像元平均值为 7.39m。

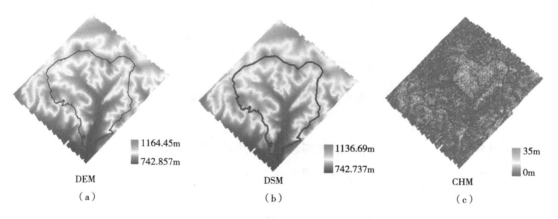

DEM	DSM	CHM
1164.45m	1136.69m	35m
742.857m	742.737m	0m
(a)	(b)	(c)

图 7.1　Lidar DEM、DSM 和 CHM 数据

7.1.3　干涉数据处理

研究中干涉 SAR 数据的处理流程如图 7.2 所示。

(1)主辅影像配准

主辅影像配准是 SAR 干涉数据处理的基本步骤，其配准精度直接影响干涉相位和干涉相干性的精度，进而影响以相位和相干性为基础的森林高度反演结果。当主辅影像精确配准时，干涉相位图中条纹明显，条纹的变化可以详细的表征地表、地形特征的变化。当配准精度较低时，干涉相位图中干涉条纹出现明显模糊，严重时会无法得到干涉条纹。通常主辅影像的配准需要达到亚像元级别。本研究中使用的干涉数据有德国航空局(DLR)提供，提供的产品直接为亚像元级的主辅影像配准后的干涉数据。

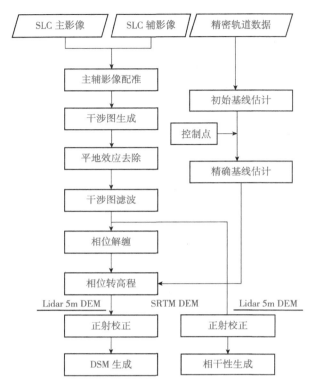

图 7.2　干涉 SAR 数据处理流程图

(2) 干涉图生成

主辅影像经过配准后，可以得到两幅影像之间的映射函数，利用映射函数可以建立主辅影像之间的对应关系，进而将辅影像进行重采样，然后计算配准后的两幅复数影像的共轭相乘即可得到干涉图，即共轭相乘后的复数影像，复数影像的模称为相干图。本研究中获得的干涉图与相干图分别为图 7.3a 和 7.3b。

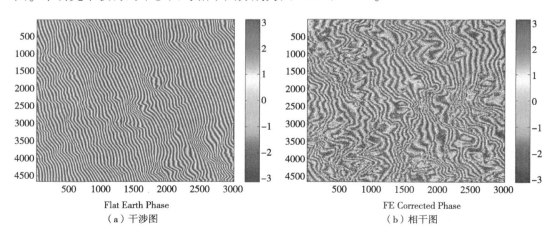

图 7.3　干涉图与相干图

(3)平地相位去除

由于平地相位的影响，使得干涉相位随方位向和距离向的变化而发生规律性变化，地形平坦时，干涉条纹会沿着方位向呈现竖直的干涉条纹。在获得 DSM 时，由平地效应引起的平地相位需要剔除。平地相位剔除通常包括两种方法：基于轨道参数去除平地相位和基于 DEM 去除平地相位。由于本书获取的数据具有精确的轨道信息，因此采用基于轨道参数去除平地相位的方法去除平地相位。平地相位和去除平地相位后的效果如图 7.4a 和 7.4b 所示。

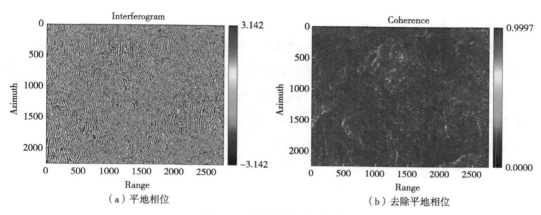

图 7.4　去除平地相位前后

(4)干涉图滤波

干涉图的噪声包含多个方面，一般可以认为是由 SAR 系统热噪声、地物散射特性变化、主辅影像配准误差、基线去相干以及影像聚焦的不一致等因素构成。噪声过大时，会使得相干幅度值降低，干涉图的质量受到严重影响，使得相位解缠的难度增大，进而影响高程反演的精度。因此，在相位解缠前，需要进行有效的滤波处理。目前常用的滤波方法包括 Lee 滤波，均值、中值滤波、等值线滤波、Boxcar 滤波、局部统计自适应滤波等。Goldstein 滤波是目前 InSAR 中最常用的一种自适应滤波方法，该方法考虑到图像的不均匀性，可以根据影像的局部直方图、灰度以及梯度等参数确定滤波的领域点、权重，并且其根据局部统计特征进行自适应，因而可以较好地去除相位噪声中的颗粒噪声，并且在平滑噪声的同时较好的保持边缘性。本研究采用了该方法进行干涉图的噪声滤波(图 7.5)。

(5)干涉相干性估计

干涉相干性一方面可以有效评价干涉图的质量，另一方面可以单独或与相位一起用来进行森林高度估测，由于相干性是一个统计特征，因此单视数据的相干性为 1，不具有意义，只有进行多视处理后的干涉相干性才具有意义。研究中在多视化(3×3)的基础上采用了 3×3 的窗口进行了滤波。

(6) 相位解缠

复干涉图中获取的干涉相位差只是主值，真实的相位值需要在该值的基础上增加或减去 2π 的整数倍，这个过程称为相位解缠。相位解缠的精度直接影响后续 DSM 高程估计的精度。理想情况下，如果没有噪声、地形叠掩等因素的干扰，通过几何关系和数学运算，可以得到真实的干涉相位差。但是，在实际应用中，由于地形起伏引起的叠掩、阴影以及噪声等的影响，使得相位解缠过程变得十分困难。目前的解缠算法较多，本研究采用了比较成熟的枝切法进行解缠。

(7) 基线估计

利用相位信息估测高程，容易受到基线的影响，如果不能很好地估计基线参数将会导致获取的 DEM 具有较大的误差。在基线估计中，一方面需要知道精确的轨道参数数据，另一方面需要精度较高的地面控制点信息，通过两者结合来获得较高的基线估计精度。本研究中分别根据 SRTM DEM 和 Lidar 获得 5m DEM 数据人工选取了 18 个地面控制点结合轨道参数进行精确的基线估计。

(8) DSM 生成

解缠后的干涉图和精确的基线能够用于生成地形高程和真实的地距。根据 SAR 影像的成像几何和地形高程，可以将 SAR 坐标转换到地图空间坐标，获得校正后的 DSM 数据。本研就基于 SRTM DEM 数据和 Lidar 生成的 5m DEM 数据分别生成 SAR 模拟影像，建立 SAR 影像空间和地理空间的坐标对照表，基于此坐标对照表，完成对生成的 DSM 数据的精确地理编码。

图 7.6 对比采用两种不同精度的 DEM 地理编码的 DSM 数据与 5m 精度 Lidar 获取的 DEM 数据的比较。从图中可以看出 3 个数据走势基本一致，但是以 Lidar 获取的 DEM 地理编码生成的 DSM 与 DEM 的走势更接近，并且在多数区域都大于 DEM 的值，而采用 SRTM DEM 数据地理编码生成的 DSM 虽然大致趋势与 DEM 一致，但是细节上则差别较大，并且很多区域的高程值低于 DEM 的高程值。

7.2 DSM–DEM 差分法森林高度反演

7.2.1 基于 SRTM DEM 和 Lidar DEM 地理编码生成 DSM

为了分析用于地理编码的 DEM 的精度对 DSM–DEM 差分法估测结果精度的影响，我们分别采用 30m 的 SRTM DEM 数据和 5m 的 Lidar DEM 数据作为地理编码源，对干涉生成的 DSM 数据进行了精确的地理校正。其中 5m Lidar DEM 数据由 Lidar 获取的 2m DEM 数据采用双线性内插生成。三者的叠加结果如图 7.7 所示。图 7.7 上方的图选取了距离向 2500 个像元，对比了两种 DSM 及 5m Lidar DEM 对应位置的高程剖面；下方的图选取了距离向 500 个像元进行相同的对比，旨在突出细节。通过对比我们可以得出，两种地理编码源生成的 DSM 与 DEM 的高程变化趋势相同，但是相比以 30m DEM 数据作为地理编码源校正的 DSM，以 5m DEM 为地理编码源校正的 DSM 数据细节特征明显，同时在部分地区存在明显"毛刺"现象，该现象由相位噪声引起，在树高估测过程中应当剔除。在图 7.7 下方 500 个像元的对比图中，两种地理编码源校正的 DSM 都明显高于 DEM，而由 5m DEM 作为地理编码源校正生成的 DSM 在多数情况下比两者均高。在图 7.6 上方 2500 个像元的比较图中，由 SRTM DEM 作为地理编码源校正生成的 DSM 则多处出现高程值低于 DEM 的现象，这说明了用于地理编码的 DEM 的精度不同，校正的 DSM 的差异比较明显，但是其精度影响仍然需要进一步探索。在下一节森林高度估测结果定量分析中，我们将对比分析两者在用于森林高度估测时的精度。

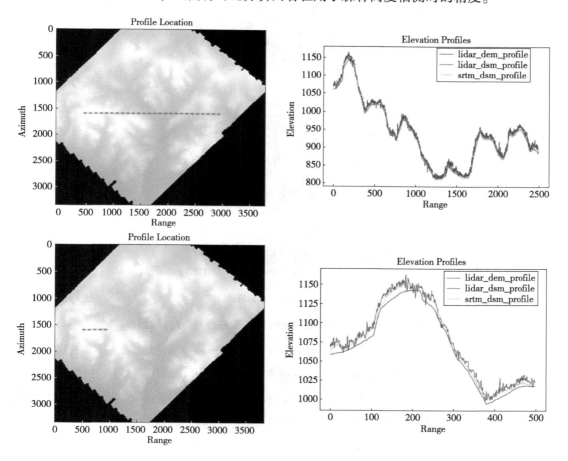

图 7.6　基于不同校正源生成的 DSM 比较

7.2.2　基于相位的 DSM–DEM 差分法森林高度估测结果分析

图 7.7a 为 Lidar CHM，图 7.7b 为采用 30m DEM 地理编码校正的 DSM 通过差分法

获得森林高度，图 7.7c 为采用 5m DEM 地理编码校正的 DSM 获得的森林高度。考虑到研究区的森林高度在 2~40m 之间，因此，3 种森林高度产品中值不在这个范围的区域全部被剔除掉。从图 7.7 中可以看出，采用 30m DEM 地理编码校正结果获得的森林高度中存在大片区域的值在 2m 以下（图中白色区域），而且相比 Lidar CHM，整个区域的森林高度出现明显的低估。而采用 5m DEM 地理编码校正结果获得的森林高度则与 Lidar 获得的 CHM 趋势基本一致。

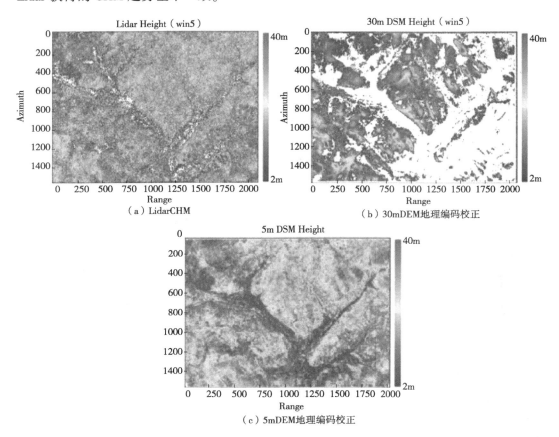

（a）LidarCHM

（b）30mDEM地理编码校正

（c）5mDEM地理编码校正

图 7.7 Lidar CHM、30m 和 5m DEM 地理编码的 DSM 获取的森林高度

为了定量分析不同精度 DEM 地理编码校正对森林高度反演结果的影响，我们以 Lidar 获得的 CHM 数据作为实测数据，采用在研究区均匀分布样地点的方法，选取了 225 个点，作为验证数据，分别对 30m 和 5m DEM 地理编码校正获取的森林高度结果进行精度评价。同时为了分析尺度对估测精度的影响，我们分别选取样本大小分别为 5m ×5m，10m×10m，20m×20m，50m×50m，100m×100m 的尺度进行估测结果的验证。图 7.8 比较了不同尺度下两种估测结果的精度验证结果。

采用 SRTM 30m DEM 地理编码校正结果获得的森林高度在不同尺度下的精度评价，右侧为采用 5m Lidar DEM 地理编码校正获得的森林高度在不同尺度下的精度评价。从左侧图中可以看出，不同尺度下森林高度估测结果的 *RMSE* 水平基本相同，大概是在

7m 左右，并且随着尺度增加，R^2 逐渐下降，由 5m 时的 0.43 下降到 100m 时的 0.18。从图 7.5 中可以发现，该估测结果由于出现负值而被剔除，导致估测结果中很多区域为空值，在 5m 尺度下，由于没有进行采样，因此空值的区域并未参加精度验证，而随着尺度的增加，导致部分空值区域加入了采样，从而使得大尺度下估测结果偏离真值较大，从而导致该结果与 CHM 的相关性随着尺度增加而降低。此外，我们还可以发现，左侧图中出现森林高度的严重低估现象。通过分析估测结果的直方图，可以发现该估测结果的峰值集中在 1.3m 左右。右侧的估测结果中，随着样方尺度的增加，估测结果的 $RMSE$ 逐渐降低，当尺度到达 50m 左右，尺度对精度的影响出现饱和。R^2 由 5m 尺度的 0.33 升高到 50m 尺度的 0.51，而尺度到达 100m 后，R^2 又降低为 0.48，因此，样地尺度到达 50m 时，该估测结果达最高精度。此外，该估测结果虽然出现了一定的低估，但是低估现象不是很严重。通过分析该估测结果的直方图，发现估测的均值出

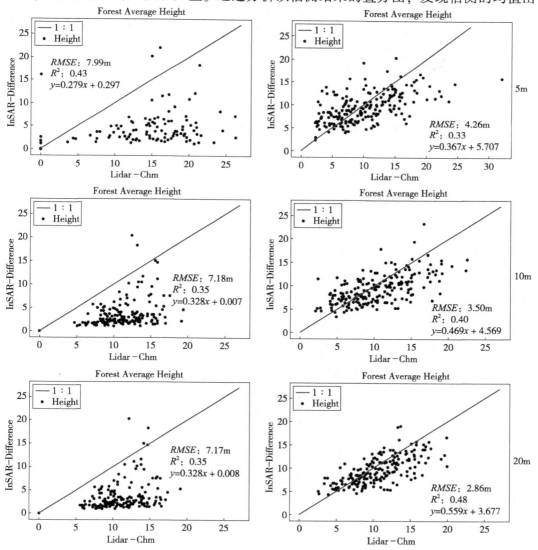

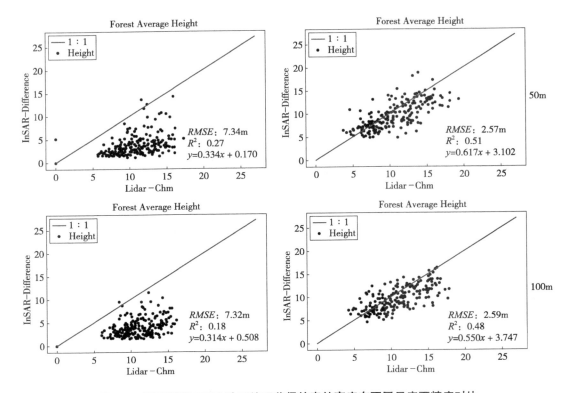

图 7.8　不同精度 DEM 地理编码获得的森林高度在不同尺度下精度对比

现在 9.22m 左右。

　　图 7.9 描述了在 5m 尺度下分别采用 30m 的 SRTM DEM 和 5m Lidar DEM 分别进行干涉 DSM 地理编码的估测结果的对比。从图 7.9 中可以看出，采用 DSM-DEM 差分法进行森林高度估测时，用于地理编码的 DEM 的精度直接影响估测结果精度，粗精度的 DEM 会导致估测结果严重偏低，并且在大区域内出现负值，从而导致这部分结果无法使用。图 7.8 研究结果表明：当用于地理编码的 DEM 精度提高时，采用 DSM-DEM 差分法的估测精度随着样方尺度的增加，估测精度逐渐提高，*RMSE* 可达 2.57m。当样方尺度为 50m 时，尺度对精度的影响不再显著。图 7.8 中两种不同精度的估测结果对比说明：采用粗尺度 DEM 地理编码的 DSM 用于差分法估测的森林高度与采用高精度 DEM 地理编码的 DSM 估测的森林高度的 *RSME* 在 5m 尺度为 6.88m，点对点的相关性较低，为 0.18m，因此可以说明用于地

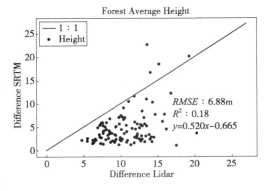

图 7.9　两种森林高度估测结果对比

理编码的 DEM 的精度直接影响采用 DSM-DEM 差分法森林高度估测的结果，当用于地理编码的 DEM 精度较低时，估测结果可信度较低。但是对于何种精度的 DEM 数据可

以得到可信的估测结果，需要进一步研究。

7.3　SINC 模型森林高度反演

　　RVoG 模型对于森林参数的估计，假设森林覆盖区的散射包括随机体散射层和地表层两层模型。在入射的微波波长较长时，入射微波穿透性强，可以穿透冠层到达地表，因此，RVoG 模型适合波长较长的 L 和 P 波段。X 波段由于波长较短，穿透性差，特别是在森林覆盖较密的地区，无法到达地表，因此，在 X 波段的应用中，RVoG 模型简化为 RV 模型，即仅考虑随机体散射层。SINC 模型是将 RV 模型中的森林垂直散射剖面能量变化函数用常数 1 代替，然后在 Fourier-Legendre 展开的一阶多项式处截断获得的模型，该模型将相干性幅度与森林高度建立了联系。已有研究多次将 SINC 模型用于森林高度反演中(罗环敏，2011)，最近，也有研究将 SINC 模型用于 TerraSAR/TanDEM-X 干涉数据的森林高度反演中(Hao et al.，2016)。这些研究结果都表明，该模型会高估森林高度，与从理论上分析该模型应该低估森林高度相违背。尽管如此，这些研究还是证实了 SINC 模型在森林高度反演中的可行性，但是对该模型的适用范围和条件，这些研究并未有详细的说明，因此 SINC 模型的适用性有待进一步研究。文献(Hao et al.，2016)研究结果表明，由于噪声的影响，使得极化特征在 TerraSAR/TanDEM-X 森林高度估测应用中优势不明显，因此相比其他采用极化信息的森林高度反演算法，SINC 模型更加具有优越性。因此本研究采用 SINC 模型进行森林高度反演，SINC 模型中的相干性采用 HH 极化的相干性。为了分析 SINC 模型的适用性，本书同时分析了用于地理编码的 DEM 精度、样本尺度对 SINC 模型估测结果的影响。

　　与 DSM-DEM 差分相似，我们分别采用 30m 精度的 SRTM DEM 和 5m 精度的 Lidar DEM 地理编码校正获得的相干性幅度。然后将校正后的相干性幅度用于 SINC 模型，通过反演得到森林高度，并对两者的反演结果进行了比较。为了描述方便，我们将采用 30m 精度的 SRTM DEM 地理编码校正的相干性估测得到的森林高度称为估测高度 1，采用 5m 精度 Lidar DEM 地理编码获得的相干性估测得到的森林高度称为估测高度 2。图 7.9 描述了样本大小分别为 5m×5m，10m×10m，20m×20m，50m×50m，100m×100m 尺度的 SINC 模型估测高度 1 和估测高度 2 的精度评价。

　　估测结果 1 与 Lidar CHM 相比，随着尺度的增加，两者之间的 R^2 稳定在 0.5 左右，$RMSE$ 稳定在 2~3m。当尺度为 10m 时，R^2 最高，值为 0.55，$RMSE$ 最小，值为 2.35m。当尺度逐渐增大时，R^2 在 0.4 左右波动，但是波动范围在 0.1 范围内，$RMSE$ 在 3m 左右波动，但是最大波动范围为 0.55m。估测结果 2 与 Lidar CHM 相比，随着尺度的增减，两者之间的 R^2 呈现稳定增高的趋势，由 5m 尺度的 0.05 增加到 100m 尺度的 0.54，同时 *RMSE* 也随着尺度的增大，逐渐降低，由 5m 尺度的 7.93m 下降到 100m 尺度的 2.26m。估测结果 1 与估测结果 2 相比，在 5m 尺度，估测结果 1 优于估测结果 2，估测结果 1 的 R^2 为 0.30，*RMSE* 为 5.93m，估测结果 2 的 R^2 为 0.05，*RMSE* 为 7.93m。这可能是由于干涉相干性计算过程中，经过多视处理(距离向和方位向都为 3 视)和 BOXCAR 滤波后，相干性的分辨率大概在 10m 左右，重采样到 5m 空间与 Lidar 5m CHM 进行比较时，误差较大，因此两者之间的 R^2 较低。而造成估测结果 2 远远低于估测结果 1 的 R^2 及较高 *RMSE* 的原因可能是：估测结果 1 采用低精度的 DEM 进行地理编码，无形中相当于在一定尺度范围内进行了平均，导致其与 CHM 的相关性相比估测结果 2 更高，而 *RMSE* 也更小。在 10m，20m，50m 尺度，估测结果 1 与估测结果 2 的 R^2 和 *RMSE* 基本相似，说明在这个尺度范围内，用于地理编码的 DEM 的精度对 SINC 模型森林高度估测结果精度的影响不明显。在 100m 尺度，估测结果 1 的 R^2 和 *RMSE* 明显低于估测结果 2。从图 7.10 可以看出，用于编码的 DEM 的精度对 SINC 模型的森林高度估测精度的影响不明显，但是采用粗尺度的 DEM 进行地理编码时，SINC 模型的估测结果随着尺度变化没有明显的规律，特别是在尺度大于 10m 以后而采用高精度的 DEM 进行地理编码时，SINC 模型的估测结果随着尺度变化出现了明显的估测精度增高的趋势，并且在尺度达到 100m 时仍然未出现明显的饱和特征。

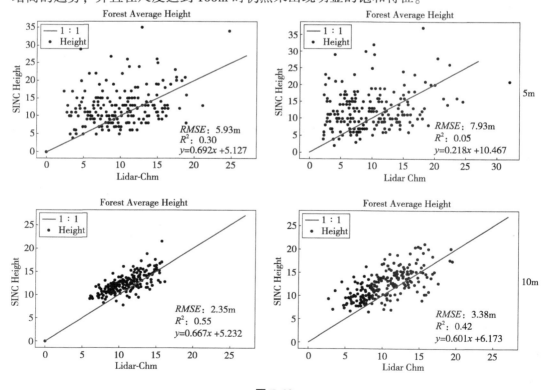

图 7.10

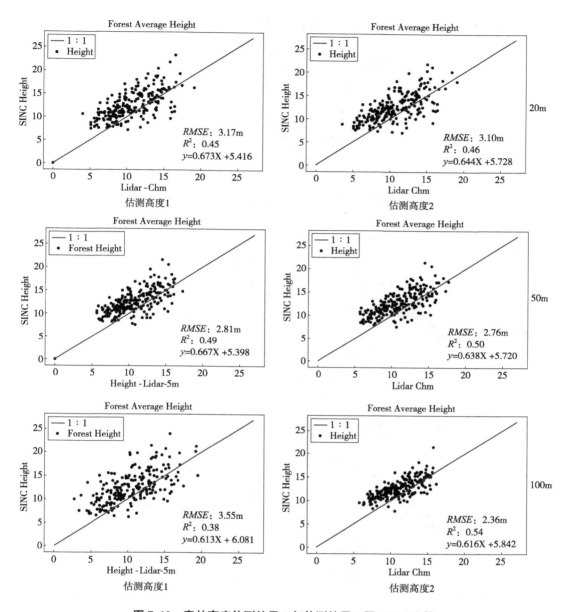

图 7.10　森林高度估测结果 1 与估测结果 2 同 CHM 比较

　　为了进一步比较估测结果 1 与估测结果 2 之间的相关性，图 7.10 描述了估测结果
1 和估测结果 2 在 5m×5m，10m×10m，20m×20m，50m×50m，100m×100m 尺度的 R^2
和 *RMSE*。

　　从图 7.11 可以发现，在 5m 尺度，估测结果 1 与估测结果 2 之间的 R^2 较低（R^2 =
0.19），*RMSE* 较高，值为 5.97m，而随着样本尺度增加，两者之间的相关性逐渐增高，
RMSE 逐渐降低。在 10m 尺度时，两者的 R^2 即达到 0.68，而 *RMSE* 仅为 1.92m。在
100m 尺度时 R^2 为 0.92m，*RMSE* 仅为 0.59m。图 7.10 的结果进一步说明了 SINC 模型
森林高度估测结果受到用于地理编码的 DEM 的精度影响较小，特别是在尺度较大的情

况下，基本不受到用于地理编码的 DEM 的精度的影响。

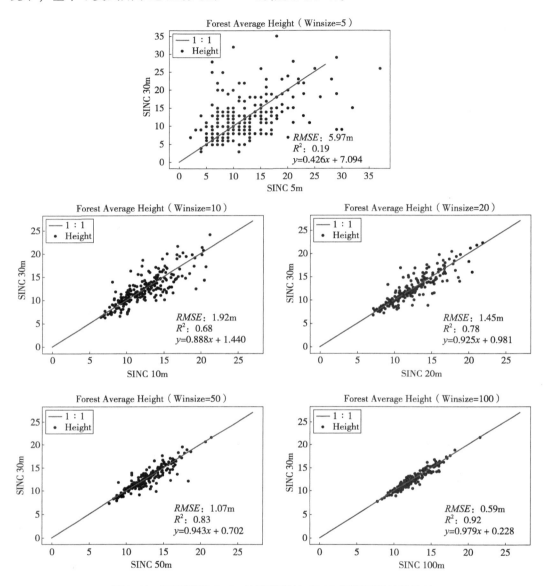

图 7.11　不同精度 DEM 地理编码的 SINC 模型估测结果比较

7.4　两种方法结果对比

最初的干涉应用，通常是通过相位信息来计算高程信息，因此在植被高度估测和反演中，特别是在有精确地表 DEM 信息时，DSM-DEM 差分法仍然被认为是可信度较高的森林高度估测方法。自从 SRTM 干涉数据获取以来，采用该方法展开了很多相关研究，这些研究结果也表明：尽管不同波段的穿透性不同，但是采用该方法估测的树高结果经过一定的校正后，仍然具有较高的估测精度。鉴于以上研究结论，本书对比了采用 SINC 模型与 DSM-DEM 差分法的估测结果，以探讨 SINC 模型的估测精度及适用性。

图 7.12 描述了采用 Lidar 5m DEM 地理编码校正的干涉数据为基础，分别采用 SINC 模型和 DSM-DEM 差分法估测的森林高度结果与 Lidar CHM 的对比。图 7.12 左侧为采用 SINC 模型的森林高度估测结果，这里我们为了方便描述，称为估测结果 1，图 7.12 右侧为采用 DSM-DEM 差分法森林高度估测结果，称为估测结果 2。对比估测结果 1 和估测结果 2，我们发现在 5m 尺度时，SINC 模型的 $RMSE$ 为 7.93m，高于差分法的 4.26m，并且 R^2 也远远低于差分法。这说明在这个尺度下，估测结果 2 与 LidarCHM

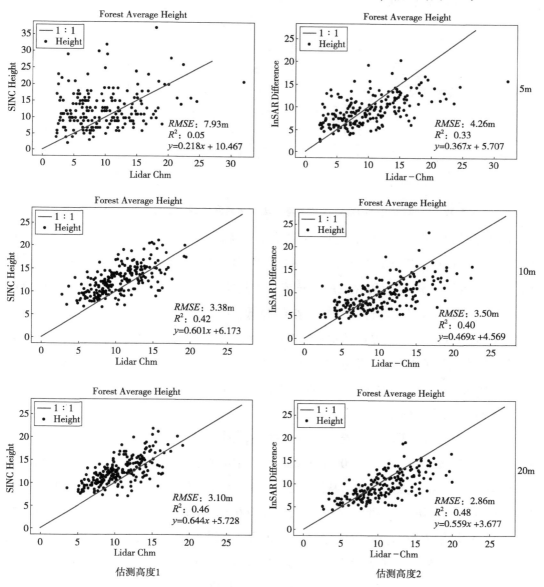

估测高度1　　　　　　　　　估测高度2

图 7.12

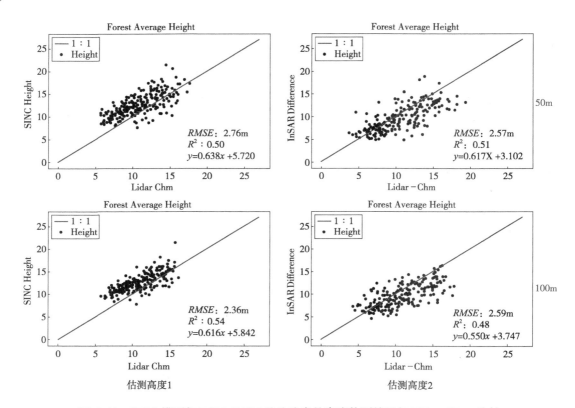

图 7.12 SINC 模型与 DSM-DEM 差分法森林高度估测结果与 Lidar CHM 比较

估测结果的相关性更高，同时估测结果精度也更高。当尺度为 10m 以上，50m 以下时，两者与 Lidar CHM 之间的 R^2 均随着尺度的增大而增大，$RMSE$ 均随着尺度的增大而降低，并且两者在各个尺度的 $RMSE$ 差异较小，差异值在 0.5m 之内。当尺度到达 100m 时，SINC 模型的 R^2 继续升高，$RMSE$ 继续降低，而差分法的 R^2 相比 50m 尺度时，开始下降，降为 0.48，$RMSE$ 的值也略有升高，相比 50m 尺度，升高了 0.2m。对比结果表明，在样本尺度较小时，差分法的估测精度高于 SINC 模型，而当尺度较大时（样本尺度大于 10m），两者的估测精度基本一致，当尺度大于 100m 时，SINC 模型估测精度高于差分法的估测精度。

为了直观的对比两者估测结果之间的关系，图 7.13 描述了研究区 5m×5m，10m×10m，20m×20m，50m×50m，100m×100m 尺度 SINC 模型（估测结果 1）和差分法估测结果（估测结果 2）点对点的对比。从图 7.13 的对比发现，估测结果 1 和估测结果 2 在 5m 尺度时，两者之间的相关性明显较低，R^2 仅为 0.09，$RMSE$ 为 6.65m，在这个尺度时相干性的分辨率为 10m，所以估测结果 2 和估测结果 1 相对真实值都有较大误差，图 7.12 也说明了该结果。随着尺度增大，两者之间的 R^2 相比 5m 尺度有明显提高，但是最高值为 100m 尺度的 0.34。在 10m 尺度到 50m 尺度之间，两者的 $RMSE$ 为 4m 左右，当尺度上升至 100m 时，$RMSE$ 减少了 1m 左右，因此在尺度较大时，两者之间的相关

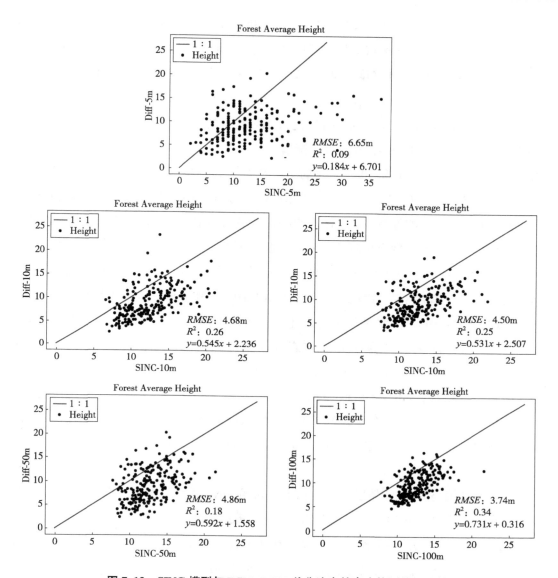

图 7.13 SINC 模型与 DSM–DEM 差分法森林高度估测结果比较

性提高明显。而 100m 尺度下，采用 Lidar DEM 地理编码 DSM 的估测结果的 *RMSE* 进一步降低，而采用 SRTM DEM 地理编码的估测结果的 *RMSE* 出现饱和，值略有提高，说明在尺度较大的情况下，采用高精度的 DEM 地理编码会让估测结果进一步接近真实值。从图 7.13 也可以看出 SINC 模型相比 DSM–DEM 差分法，表现出明显的低估现象，这与该模型的理论分析相一致。

7.5 讨论与总结

本章以 TerraSAR/TanDEM-X 单极化干涉数据为基础，分析了用于地理编码的 DEM

精度对 DSM-DEM 差分法和 SINC 模型法森林高度反演结果在不同样本尺度的影响，初步探索了这两种方法在大区域森林高度估测中应用的可行性及精度。研究结果表明：

用于地理编码的 DEM 精度严重影响基于相干相位的差分法森林高度估测结果。采用 30m SRTM DEM 地理编码获得的干涉 DSM 用于差分法森林高度估测时，在 5m 尺度 $RMSE$ 为 7.99m，而采用 5m Lidar DEM 地理编码获得的干涉 DSM 用于差分法森林高度估测结果的 $RMSE$ 为 4.26m，在尺度逐渐增加过程中，Lidar DEM 地理编码估测结果的 $RMSE$ 逐渐降低，在 50m 和 100m 尺度时 $RMSE$ 为 2.5m 左右，而 SRTM DEM 地理编码估测结果的 $RMSE$ 在 7m 左右。此外，采用低精度的 SRTM DEM 地理编码获得的森林高度估测结果呈现明显的低估，研究区有 50% 的区域估测结果为负值，而采用 Lidar DEM 地理编码的估测结果虽然也出现部分负值，但数量较少，并且多出现在地形比较复杂的地区（距离向和方位向均有坡度影响时），当作为异常值剔除后，对整个研究区域的估测结果的影响并不明显。因此，采用在采用 DSM-DEM 差分法进行森林高度估测时，用于地理编码的 DEM 精度必须考虑。此外，通过不同尺度差分法估测结果与 Lidar CHM 的比较表明：样本尺度直接影响森林高度估测结果的精度。样本尺度较小时（5m），估测结果与 Lidar CHM 点对点的相关性较低，估测结果的 $RMSE$ 较高（4.26m），但是随着尺度增加，$RMSE$ 逐渐降低，在 50m 尺度左右 $RMSE$ 不再降低，值保持在 2.57m 左右。另外，虽然采用 DSM-DEM 差分法的森林高度估测结果有一定的低估，但是低估现象并不明显，该现象可从不同尺度下 $RMSE$ 保持在 2~4m 左右进一步得到证实。

用于地理编码的 DEM 精度对基于相干性采用 SINC 模型森林高度估测结果影响不明显。在样本尺度较小时（5m），尽管两者与 Lidar CHM 的相关性都不高，但是采用 SRTM DEM 地理编码的估测结果反而明显优于 Lidar DEM 的估测结果，这主要由于相干性是一个统计值，根据其概念定义，当用于统计的值的数量足够大时，相干性才具有意义，才更接近真实值，而在 5m 尺度下，采用粗尺度的 DEM 地理编码相当于无形中对相干性的值进行了多次平均，从而使得其估测结果较好。而当尺度在 10m 到 50m 之间时，两者之间的估测精度基本一致，说明了用于地理编码的 DEM 精度对采用 SINC 模型的森林高度估测结果影响不明显。

不同尺度 SINC 模型估测结果的精度对比表明，随着样本尺度增加，在一定尺度范围内（100m），估测精度会逐步提高，特别是在有高精度的 DEM 地理编码后，估测结果随着尺度增大会逐渐接近真实测量值。

采用不同精度 DEM 地理编码后的 SINC 模型的森林高度估测值在尺度较小时（5m），两者之间的相关性较低，$RMSE$ 较大，值为 5.97m，但是随着尺度的增加，两者之间的相关性逐渐增高，$RMSE$ 逐渐降低，当尺度为 100m 时，两者之间的 R2 为

0.92，*RMSE* 仅为 0.59m。这个结果进一步证实了用于编码的 DEM 的精度对 SINC 模型森林高度估测结果的影响不明显，特别是在超过一定尺度时(100m)，几乎没有影响。

SINC 模型和 DSM-DEM 差分法森林高度估测结果的对比表明：在尺度较小时(5m)，差分法的估测结果明显由于 SINC 模型，两者的 *RMSE* 分别为 4.26m 和 7.93m。当尺度在 10~50m 之间时，两者与 Lidar CHM 结果的相关性及 *RMSE* 差别不明显，差分法估测值的 *RMSE* 略低于 SINC 模型，但两者差值不超过 0.5m。当尺度继续增大时，差分法的估测精度达到饱和，但 SINC 模型的估测精度进一步提高。两个估测结果的相关性分析表明，由于估测原理不同，两者之间的相关性较低，特别是在 5m 时，两者之间的 R^2 仅为 0.09，但是随着尺度增加，两者之间的相关性会进一步提高，估测值之间的 *RMSE* 会逐渐降低，在 100m 尺度时，值为 3.7m 左右。两种方法的对比表明，SINC 模型相比 DSM-DEM 差分法，估测结果明显偏低。

7.6　结论与展望

研究结果揭示了用于地理编码的 DEM 精度在基于相位信息的 DSM-DEM 差分法森林高度反演中的重要性，同时说明了采用粗尺度的 DEM 地理编码获得的 DSM 估测结果精度较低，并且会出现严重的低估现象，最终导致森林高度估测结果偏低。

研究同时揭示了采用基于相干性的 SINC 模型进行森林高度反演时，受用于地理编码的 DEM 精度影响不明显，并且在样本尺度在 5~50m 之间时，其估测结果与差分法估测结果的精度基本一致，而在尺度进一步增大时，估测结果的精度逐渐优于差分法。

样本尺度对差分法和 SINC 模型的估测结果精度都有较明显的影响，当尺度逐渐增加时，估测精度的 *RMSE* 均逐渐降低，与 Lidar CHM 的 R^2 均逐渐增加，但当到达一定尺度时，SINC 模型体现出更好的估测精度，更低的 *RMSE* 值。

研究发现由于 SINC 模型和差分法估测机理不同，尽管两者的森林高度估测结果在一定尺度范围内的估测精度一致，但是两者之间的相关性较低，特别是在尺度较小时，两者几乎没有相关性。但是两者之间的 *RMSE* 在尺度逐渐增大时，逐渐降低，最小达到了 2m 左右。

研究同时发现采用 SINC 模型进行森林高度反演时，随着尺度的增加，用于地理编码的 DEM 精度带来的影响快速降低，在 100m 尺度时，几乎没有影响。

通过以上研究分析表明：用于地理编码的 DEM 精度直接影响采用 DSM-DEM 差分法的估测结果，当其精度较低时，会导致采用该方法估测结果严重偏低；SINC 模型反演法估测结果精度受到用于编码的 DEM 精度影响较小，当尺度大于 100m 时，其影响结果可以忽略；当尺度大于 10m 时，DSM-DEM 差分法估测结果与 SINC 模型估测精度基本一致，当尺度达到 100m 以上时，SINC 模型估测结果略优于 DSM-DEM 差分法。

本章探讨了 DSM-DEM 差分法及 SINC 模型在森林高度反演中的适用性，在对用于地理编码的 DEM 精度的影响、尺度效应及 SINC 模型的适用性等问题上取得了一些有意义的研究结果，但是在对 TerraSAR/TanDEM-X 数据在实际应用中可行性，应用的具体方法等，仍然有不少问题需要进一步探讨：

①本研究基于 30m SRTM DEM 和 5m Lidar DEM 地理编码对 DSM-DEM 差分法的影响结果进行了分析，得出来该方法受到用于地理编码的 DEM 精度影响严重的结论，但是对于采用何种精度的 DEM 数据用于干涉 SAR 数据的地理编码即可达到广泛应用的要求，并未进一步深入讨论。

②本研究探讨了 SINC 模型的适用性，但是仅仅考虑用于地理编码的 DEM 精度和样本尺度的影响，对其背后深层次的理论原因仍需要进一步的剖析。

③针对现有森林高度反演方法在 TerraSAR/TanDEM-X 双极化、全极化数据中的可行性和适用性还未展开相应的研究，需要在未来开展相关研究。

参 考 文 献

姬永杰，岳彩荣，赵磊，等，2016. 基于 DEM 差分法的 TanDEM-X 数据森林高度估测[J]. 西南林业大学学报，36(3)：73-78.

刘茜，杨乐，柳钦火，等，2015. 森林地上生物量遥感反演方法综述[J]. 遥感学报，19(1)：62-74.

罗环敏，2011. 基于极化干涉 SAR 的森林结构信息提取模型与方法[D]. 成都：电子科技大学.

施建成，杜阳，杜今阳，等，2012. 微波遥感地表参数反演进展[J]. 中国科学：地球科学，(6)：814-42.

王璟睿，沈文娟，李卫正，等，2015. 基于 RapidEye 的人工林生物量遥感反演模型性能对比[J]. 西北林学院学报，30(6)：196-202.

Askne J I H, Dammert P B G, Ulander L M H, et al., 1995. C-Band Repeat-Pass interferometric SAR observations of the forest [J]. IEEE Transactions on Geoscience and Remote 35(1)：25-35.

Askne J I H, Santoro M, 2003. Multitemporal Repeat Pass SAR Interferometry Of Boreal Forests [J]. IEEE Transactions on Geoscience and Remote Sensing, 41(6)：1540-1550.

Balzter H, Luckman A, Skinner L, et al. 2007. Observations of forest stand top height and mean height from interferometric SAR and lidar over a conifer plantation at Thetford forest [J]. UK. International Journal of Remote Sensing, 28 (6)，1173-1197.

Bamler R , Hartl P, 1998. Synthetic aperture radar interferometry[J]. Inverse Problems, 14(4)：1-54.

Cloude S R, 2006. Polarization coherence tomography [J]. Radio Science, 41(4)：495-507.

Cloude S R, 2009. Polarization applications in remote sensing [M]. Oxford：Oxford University Press.

Cloude S R, Papathanassiou K P, 2003. Three-stage inversion process for polarimetric SAR interferometry [J]. IEE Proceedings-Radar Sonar and Navigation, 150(3)：125-134.

Garestier F, Dubois-Fernandez P C, Champion I, 2008. Forest height inversion using high-resolution P-Band Pol-InSAR data [J]. IEEE Transactions on Geoscience and Remote Sensing, 46 (11)：3544-3559.

Kaasalainen S, Holopainen M, Karjalainen M, et al., 2015. Combining lidar and synthetic aperture radar data to estimate forest biomass：Status and prospects [J]. Forests, 6(1)：252-270.

Kellndorfer J, Walker W, Pierce L, et al., 2004. Vegetation height estimation from shuttle radar topography mission and national elevation datasets [J]. Remote Sensing of Environment, 93(3)：339-358.

Kenyi L W, Dubayah R, Hofton M, et al., 2009. Analysis of SRTM-Ned vegetation canopy height to lidar-derived vegetation canopy metrics [J]. International Journal of Remote Sensing, 30(11): 2797-2811.

Krieger G, Moreira A, Fiedler H, et al., 2007. Tandem-X: A satellite formation for high-resolution SAR interferometry [J]. IEEE Transactions on Geoscience and Remote Sensing, 45(11): 3317-3341.

Kugler F, Schulze D, Hajnsek I, et al., 2014. TanDEM-X PolInSAR performance for forest height estimation [J]. IEEE Transactions on Geoscience and Remote Sensing, 52(2014): 6404-6422.

Kugler F, Lee S K, Hajnsek I, et al., 2015. Forest height estimation by means of Pol-InSAR data inversion: the role of the vertical wavenumber [J]. IEEE Transactions on Geoscience and Remote Sensing, 53(10): 5294-5311.

Lee J S, Ainsworth T L, Wang Y, 2011. Recent advances in scattering model-based decompositions: an overview [C]. IEEE International Geoscience and Remote Sensing Symposium, IGARSS.

Li C, Tian X, Li Z, et al., 2016. Retrieval of forest above ground biomass using automatic KNN model [C]. IEEE International Geoscience and Remote Sensing Symposium, IGARSS.

Lu D, Chen Q, Wang G, et al., 2014. A survey of remote sensing-based aboveground biomass methods in forest ecosystems [J]. International Journal of Digital Earth, 9(13): 1-43.

Mcroberts R E, Næsset E, Gobakken T, 2013. Inference for lidar-assisted estimation of forest growing stock volume [J]. Remote Sensing of Environment, 128(1): 268-275.

Neeff T, Dutra L V, Jrdos S, et al., 2006. Tropical forest measurement by interferometric height modeling and P-band radar backscatter [J]. Forest Science, 51(6): 585-594.

Ni W, Guo Z, Sun G, et al., 2010. Investigation of forest height retrieval using SRTM-DEM and Aster-GDEM [J]. Geoscience and Remote Sensing Symposium, 38(5): 2111-2114.

Papathanassiou K P, Cloude S R, 1998. Single-baseline polarimetric SAR interferometry [J]. IEEE Transactions on Geoscience and Remote Sensing, 36(5): 2352-63.

Pardini M, Torano-Caicoya A, Kugler F, et al., 2013. Estimating and understanding vertical structure of forests from multibaseline TanDEM-X PolInSAR data [C]. Geoscience and Remote Sensing Symposium (IGARSS).

Praks I, Antropov O, Hallikainen M T, 2012. lidar-aided SAR interferometry studies in boreal forest: Scattering phase center and extinction coefficient at X-and L-Band [J]. IEEE Transactions on Geoscience and Remote Sensing, 50(10): 3831-3843.

Raney R K, 2007. Hybrid-polarity SAR architecture [J]. IEEE Transactions Geoscience and Remote Sensing (45): 3397-3404.

Sadeghi Y, Papathanassiou K, 2015. Role of vegetation phenology (leaf-on, leaf-off) in the accuracy of forest height maps derived from TanDEM-X interferograms [C]. PolInSAR, Frascati.

Santoro M, Shvidenko A, McCallum I, et al., 2007. Properties of ERS-1/2 coherence in the Siberian boreal forest and implications for stem volume retrieval [J]. Remote Sensing of Environment, 106 (2): 154-172 .

Solberg S, Astrup R, Breidenbach J, et al., 2013. Monitoring spruce volume and biomass with InSAR data from TanDEM-X [J]. Remote Sensing of Environment, 139(12): 60-67.

Souyris J C, Imbo P, Fjortoft R, et al., 2005. Compact polarimetry based on symmetry properties of geophysical media: the $\pi/4$ mode [J]. IEEE Transactions Geoscience and Remote Sensing, 43, 634-646.

Treuhaft R N, Cloude S R, 1999. The structure of oriented vegetation from polarimetric interferometry [J]. IEEE Transactions on Geoscience and Remote Sensing, 37(5): 2620-2624.

WalkerW S, Kellndorfer J, Pierce L E, 2007. Quality assessment of SRTM C-and X-band interferometric data: implications for the retrieval of vegetation canopy height [J]. Remote Sensing of Environment, 106 (4): 428-448.